高等职业院校“十三五”土木工程实用人才培养优质教材

U0794365

建筑 CAD 制图

主　编　韩永光　刘为民
副主编　卜　涛　秦　岭
　　　　黄圆圆　周秋平

西南交通大学出版社
·成　都·

图书在版编目（CIP）数据

建筑 CAD 制图 / 韩永光，刘为民主编. —成都：西南交通大学出版社，2020.9
ISBN 978-7-5643-7553-9

Ⅰ. ①建… Ⅱ. ①韩… ②刘… Ⅲ. ①建筑制图 - 计算机辅助设计 - AutoCAD 软件 - 高等职业教育 - 教材 Ⅳ. ①TU204

中国版本图书馆 CIP 数据核字（2020）第 155592 号

Jianzhu CAD Zhitu
建筑 CAD 制图

主编 韩永光 刘为民

责任编辑 罗在伟
封面设计 何东琳设计工作室

出版发行 西南交通大学出版社
（四川省成都市金牛区二环路北一段 111 号
西南交通大学创新大厦 21 楼）
邮政编码 610031
发行部电话 028-87600564 028-87600533
网址 http://www.xnjdcbs.com
印刷 成都蓉军广告印务有限责任公司

成品尺寸 185 mm × 260 mm
印张 12.25
字数 308 千
版次 2020 年 9 月第 1 版
印次 2020 年 9 月第 1 次
定价 36.00 元
书号 ISBN 978-7-5643-7553-9

课件咨询电话：028-81435775
图书如有印装质量问题 本社负责退换

前　　言

AutoCAD 是由 Autodesk 公司开发的一款通用计算机辅助设计软件，现已被广泛用于建筑、室内装潢、园林、机械、电子、航天等领域。该软件经过不断的完善，逐渐赢得了各行各业的青睐。AutoCAD 2019 与以前的版本相比，有了很大的改进和提高，版本所提供的新增功能可以帮助用户提高制图效率、更加便捷地共享设计数据以及更有效地管理软件。

1. 本书内容

全书由 7 个项目组成，主要运用 AutoCAD 2019 软件绘制一套完整的建筑施工图，通过边学边绘、边绘边学全方位介绍 AutoCAD，使用户能够全面地学习建筑 CAD 制图。

项目 1：AutoCAD 2019 及其基本操作认知。

项目 2：绘制建筑平面图。

项目 3：绘制建筑立面图。

项目 4：绘制建筑剖面图。

项目 5：绘制建筑详图。

项目 6：创建建筑三维模型。

项目 7：AutoCAD 绘图实训。

本书以简练的语言，全面地介绍了 AutoCAD 2019 的命令和操作过程，使用户能够轻松地掌握 AutoCAD 的基本操作和绘图技巧。项目 1 介绍了 AutoCAD 的基础知识、绘图环境的设置、二维图形的基本绘制、图形的修改及编辑、尺寸标注和文字标注等内容，旨在使用户通过本项目的学习，掌握 AutoCAD 的二维绘图功能。从项目 2 开始，通过一个典型案例某山地别墅一套完整的建筑施工图来进行讲解，用户可按讲解进行操作，熟悉并掌握建筑平面图、立面图、剖面图以及详图的绘制方法。项目 6 对别墅建筑三维模型的创建及三维实体的显示形式、贴图、材质与渲染等内容进行讲解，使用户掌握 AutoCAD 软件创建三维模型的方法技巧。项目 7 为 AutoCAD 绘图实训，旨在通过实训提升用户的绘图技能。

2. 本书特点

（1）本书通过一个实际案例引领操作，步骤清晰直观，并与建筑制图知识相呼应，通俗易懂，针对性和逻辑性都非常强。

（2）本书并非按部就班地从 AutoCAD 软件功能角度来进行常规介绍，而是从设计师或绘图者的角度来进行实用性讲解，少了一些冗长繁虚的内容，多了一些简单实用的技能。

（3）本书融入了编者在大量绘图中总结出来的绘制操作技巧，不仅可以让绘图者大大提高绘图效率，还增添了一些绘图乐趣。

本书由重庆城市职业学院韩永光、卜涛、秦岭、黄圆圆，成都农业科技职业学院刘为民，北京精彩装饰工程有限公司周秋平共同编写。全书由韩永光统稿并定稿。本书编写过程中参考了众多 CAD 制图教材，在此特向相关作者表示感谢。

鉴于时间仓促，编者水平有限，书中难免存在纰漏和不足，恳请广大读者批评指正。

编　者

2020 年 4 月

目　录

项目 1 AutoCAD 2019 及其基本操作认知

1.1 AutoCAD 2019 制图基础介绍

在绘制一套完整的建筑施工图之前，首先要了解 AutoCAD 制图的基础知识，熟练掌握 AutoCAD 各功能的操作，本项目将 AutoCAD 制图基础知识的主要内容概括为以下几部分：

（1）AutoCAD 2019 工作界面（空间）认知。

（2）介绍基本文件操作及坐标系统。

（3）介绍绘图环境设置。

（4）介绍二维图形的基本绘制、编辑及修改。

（5）介绍尺寸标注和文字标注。

1.2 AutoCAD 2019 工作界面（空间）认知

从 AutoCAD 2015 版本开始，CAD 只提供了 3 种工作空间，分别为：（1）草图与注释；（2）三维基础；（3）三维建模。每种空间具有不同的操作界面，可满足用户的不同需求。

1.2.1 工作界面（空间）的设置

AutoCAD 2019 启动后，一般系统默认的工作空间是“草图与注释”，用户可单击“工作空间”，在下拉列表中选择所需要的工作空间，如图 1-1 所示。用户还可以通过“工作空间设置”对话框（见图 1-2）和“自定义”对话框（见图 1-3）命令来设置需要的工作空间，并保存成用户自己的工作空间。

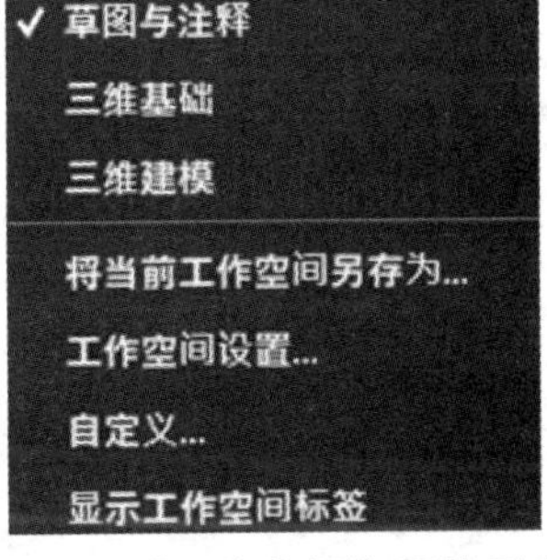

图 1-1 “工作空间”下拉列表

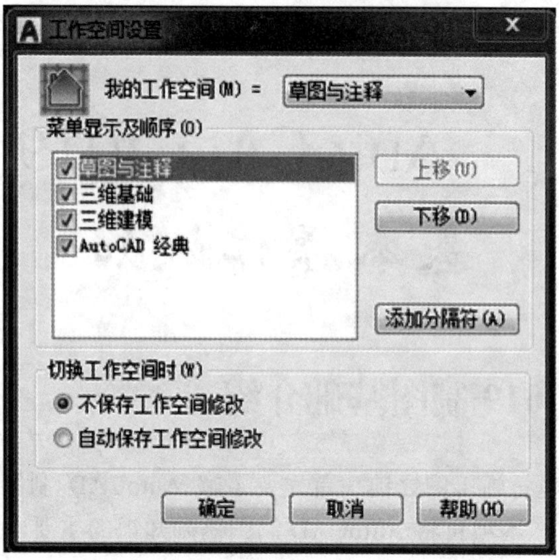

图 1-2 “工作空间设置”对话框

图 1-3 自定义用户界面对话框

1.2.2　工作界面（空间）认识

很多用户都习惯使用 AutoCAD 早期版本的经典工作界面（空间），为了方便用户接下来对 AutoCAD 2019 功能的学习及满足用户的需要，将工作空间修改为经典工作空间，具体操作如下：

（1）显示菜单栏。单击快捷菜单栏上最右侧▾按钮，在下拉列表中选择“显示菜单栏”命令，如图 1-4 所示。此时菜单栏就会出现在快捷菜单栏下方。

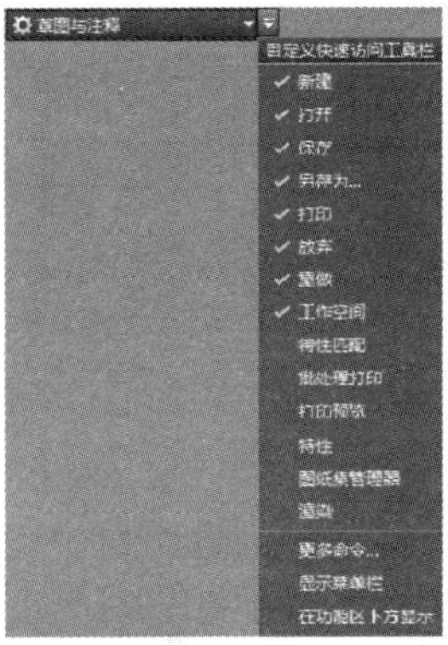

图 1-4　“显示菜单栏”命令

（2）隐藏功能区。选择“菜单栏”中的“工具”→“选项板”→“功能区”命令，如图 1-5 所示，这时功能区便会隐藏起来。

注：本书为了方便介绍各功能的使用，将显示功能区。

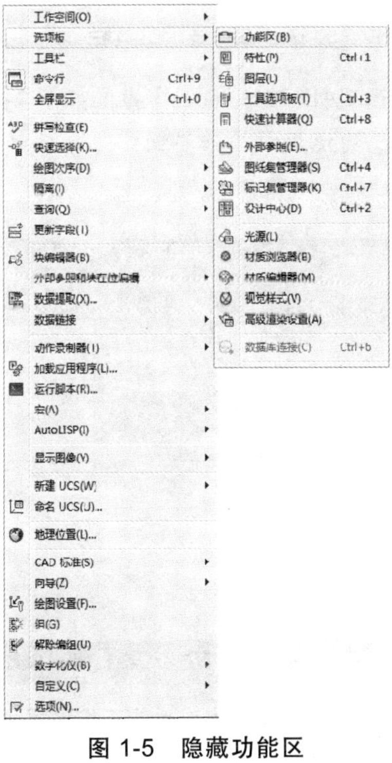

图 1-5　隐藏功能区

（3）显示工具栏。选择“菜单栏”中的“工具”→“工具栏”→“AutoCAD”命令，如图 1-6 所示，然后选择用户所需要的工具栏。

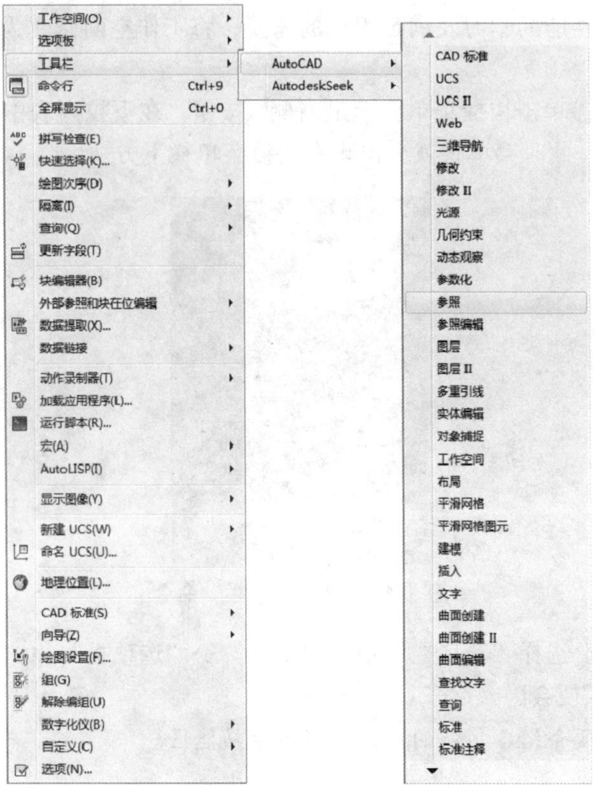

图 1-6　显示工具栏

（4）完成操作后，整个 AutoCAD 2019 的工作界面如图 1-7 所示。

注：本书在介绍各功能时，均使用该工作界面。

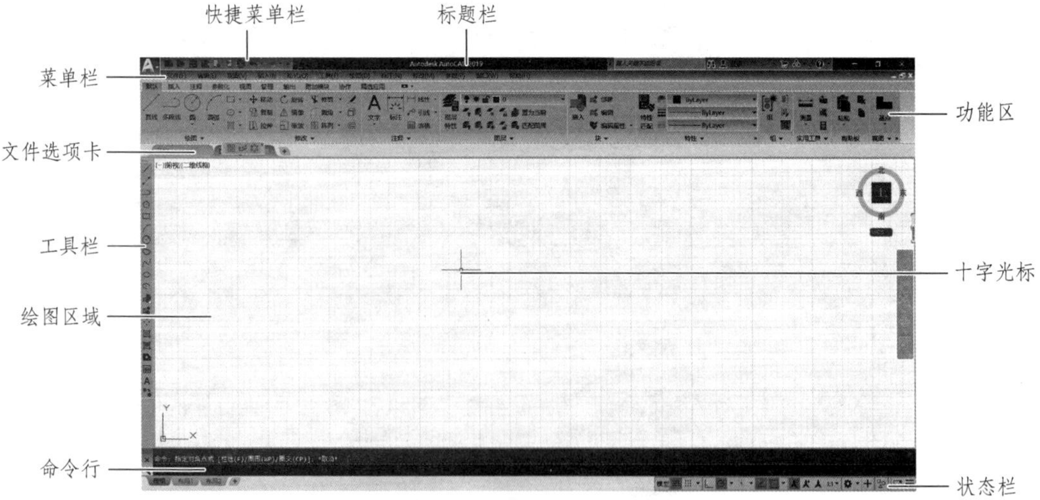

图 1-7　修改完成后的工作界面

1.3　基本文件的操作

1.3.1　新建文件

启动 AutoCAD 2019 后，系统将显示如图 1-8 所示的界面。用户可以通过以下方法新建文件：

（1）单击“开始绘制”进入工作界面，系统会新建一个名为“Drawing1.dwg”的图形文件，如图 1-9 所示。

图 1-8　打开界面

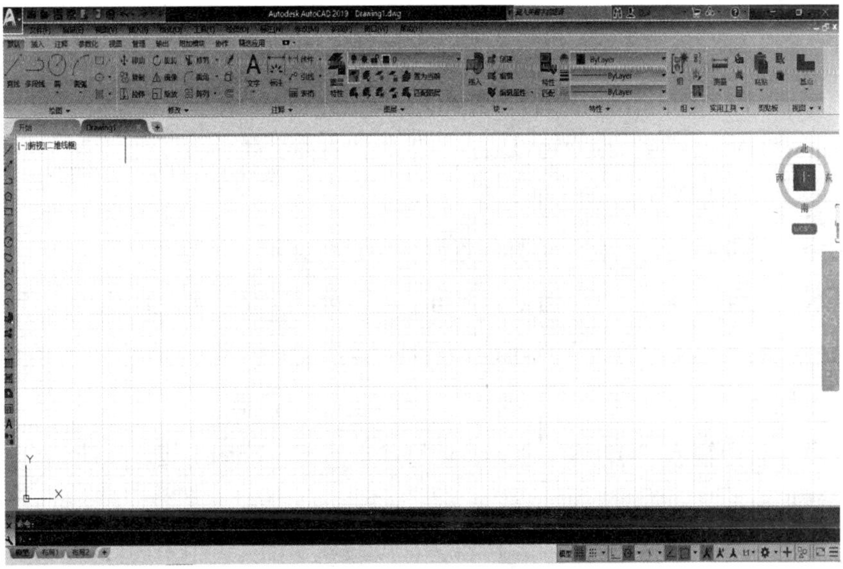

图 1-9　新建文件

（2）执行“文件”→“新建”命令来新建文件。

（3）单击快捷菜单栏中的A按钮，在下拉列表中选择“新建”命令，弹出“选择样板”对话框，如图 1-10 所示，在列表中选择“acadiso”，然后单击“打开”完成操作。

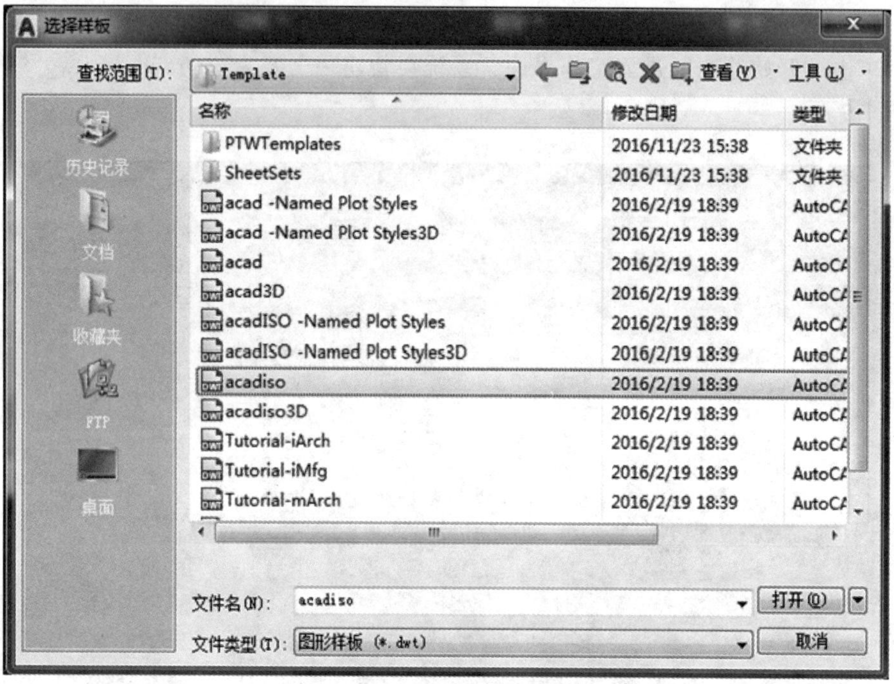

图 1-10 “选择样板”对话框

（4）单击快捷菜单栏中的按钮，同样可以打开“选择样板”对话框。

1.3.2 打开文件

启动 AutoCAD 2019 后，用户可以通过以下方法打开文件：

（1）执行文件选项卡中的“打开文件”命令。

（2）选择“最近使用的文档”可打开近期使用过的文件。

（3）执行“文件”→“打开”命令，弹出“选择文件”对话框，如图 1-11 所示，找到需要打开的文件，然后单击“打开”按钮，即可打开文件。

（4）单击快捷菜单中的按钮，弹出“选择文件”对话框。

（5）在命令行中输入“OPEN”命令，然后单击回车（Enter）键，系统将自动弹出“选择文件”对话框。

此外，单击“打开”按钮右侧的按钮，可以选择下拉列表中不同的打开方式，若选择“只读方式打开”，用户则不能保存对文件所做的更改。

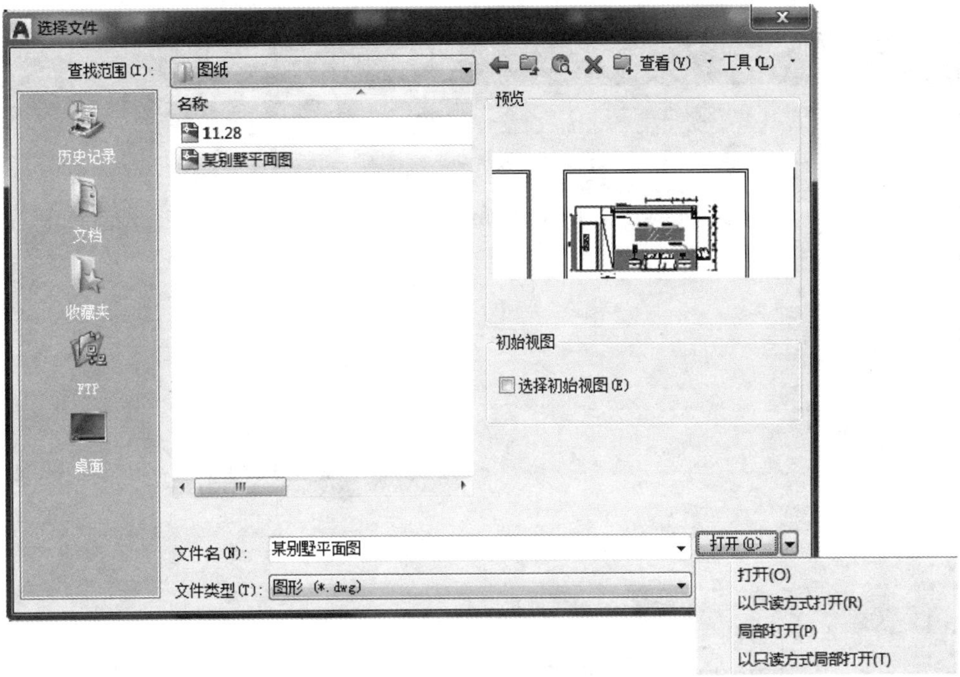

图 1-11　“选择文件”对话框

1.3.3　保存文件

当图形绘制完成后，要对图形文件进行保存，用户可以通过以下方法保存文件：

1. 将图形以当前的名字命名或指定的名字保存

（1）执行“文件”→“保存”命令。

（2）单击快捷菜单栏中的按钮，在下拉列表中选择“保存”命令。

（3）单击快捷菜单中的按钮。

（4）使用快捷键：Ctrl + S。

2. 另名保存

（1）执行“文件”→“另保存”命令。

（2）单击快捷菜单栏中的按钮，在下拉列表中选择“另存为”命令。

（3）单击快捷菜单中的按钮。

（4）在命令行中输入“SAVE”命令，然后单击回车键。

（5）使用快捷键：Ctrl + Shift + S。

执行以上任意一种操作，系统将自动弹出“图形另存为”对话框，如图 1-12 所示，用户可自行设置名称，单击“保存”按钮完成操作。

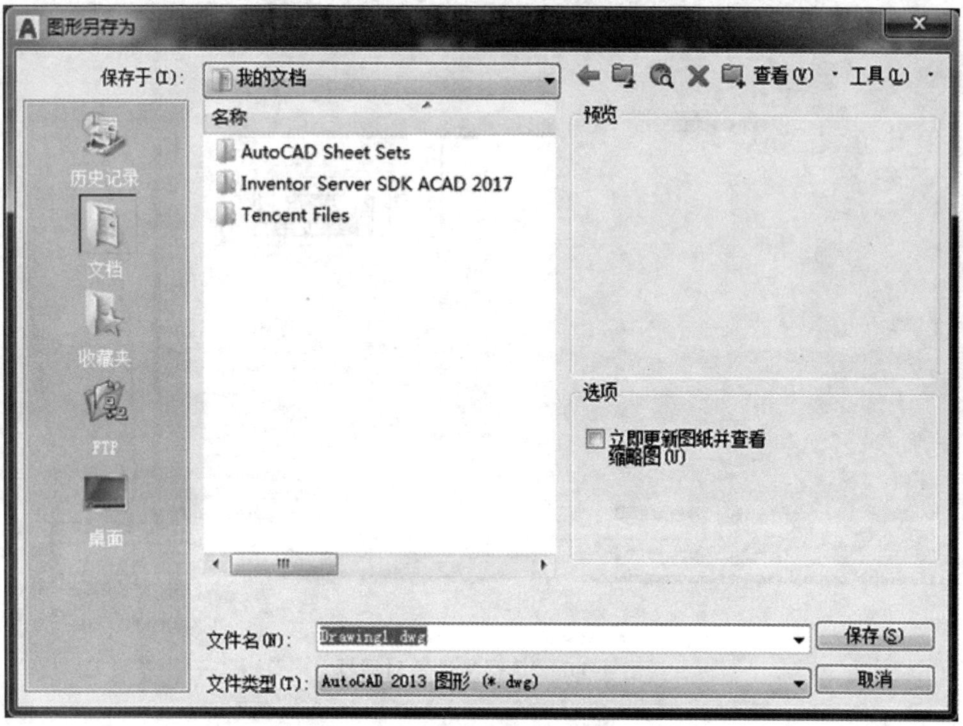

图 1-12 “图形另存为”对话框

1.4 坐标系的认知

在绘图时，AutoCAD 通过坐标系来确定点的位置，AutoCAD 提供了两种坐标系，分别为世界坐标系和用户坐标系，用户可以通过 UCS 命令对坐标系进行转换。

1.4.1 世界坐标系

世界坐标系也称为 WCS 坐标系，是系统默认的坐标系。用户可通过三个相互垂直的坐标轴 X、Y、Z 来确定空间中的位置，沿 X 轴为水平方向，沿 Y 轴为垂直方向，Z 轴正方向垂直于屏幕向外，坐标原点位于绘图区的左下角。世界坐标系是固定不变的，可以从任意角度，任意方向观察和旋转世界坐标，而不用改变其坐标系。

图 1-13 所示为二维空间的坐标系，图 1-14 所示为三维空间的坐标系。

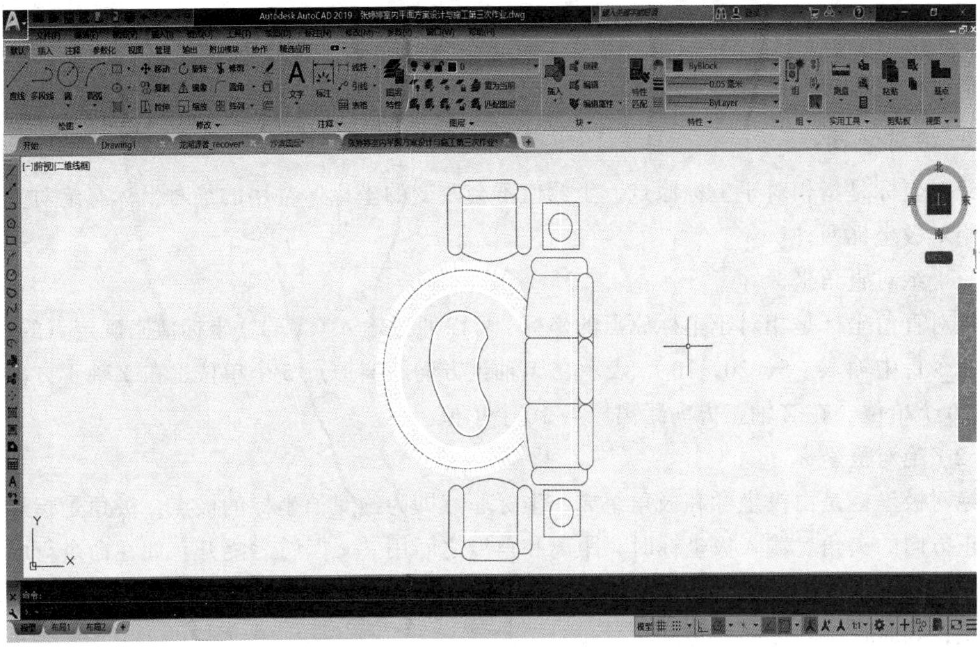

图 1-13　二维空间坐标系

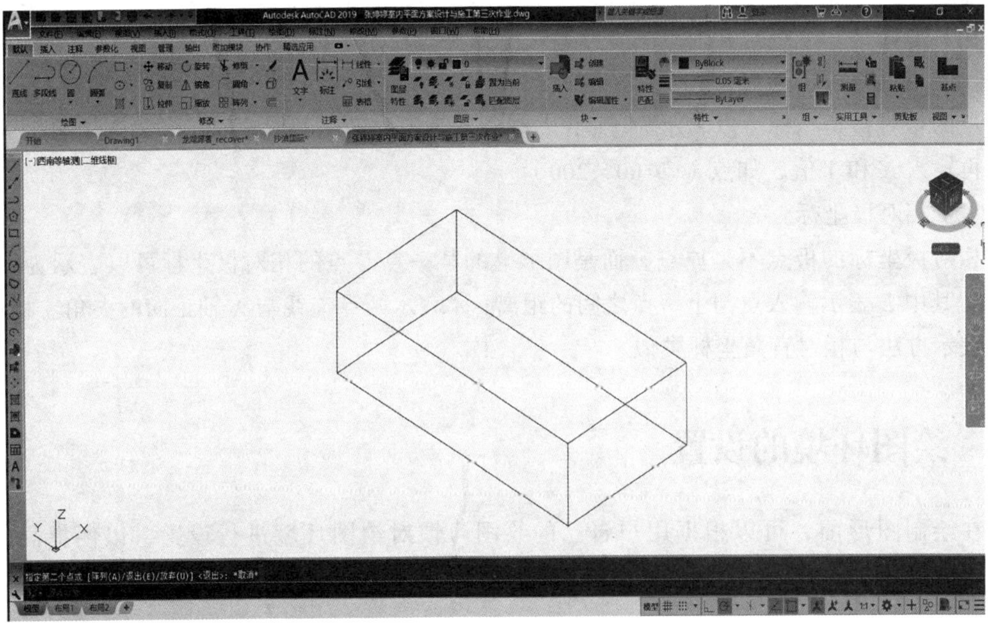

图 1-14　三维空间坐标系

1.4.2　用户坐标系

用户坐标系也称为 UCS 坐标系。与世界坐标系不同的是，用户坐标系是可以进行更改的，它主要为图形的绘制提供参考。用户可以通过执行“工具”→“新建”命令下的子命令来创建用户坐标系，也可以通过在命令行中输入“UCS”命令来完成。

1.4.3 坐标的输入方法

通过坐标可以准确确定点的位置，下面介绍两种用来确定点的位置坐标的方法。

1. 绝对坐标

绝对坐标是指相对于坐标原点，坐标值不会改变的坐标。常用的绝对坐标有绝对直角坐标和绝对极坐标两种。

（1）绝对直角坐标

绝对直角坐标是相对于坐标原点的坐标，可以通过输入（X，Y）坐标值来确定点的位置。如在命令行中输入（5，20，10），表示在 X 轴正方向距离原点 5 个单位，在 Y 轴正方向距离原点 20 个单位，在 Z 轴正方向距离原点 10 个单位。

（2）绝对极坐标

绝对极坐标是由极坐标和极角组成，坐标原点即为绝对值坐标的极点，极角是指连接与 X 轴正方向的夹角。输入极坐标时，距离和角度之间用“＜”符号隔开。如在命令行中输入（10＜30），表示该点与 X 轴成 30°角，距离原点 10 个单位。在默认情况下，以逆时针旋转方向为正，顺时针旋转方向为负。

2. 相对坐标

相对坐标是一个点与其他点的坐标差，分为相对直角坐标和相对极坐标。

（1）相对直角坐标

点的相对直角坐标可以表示为（@X，Y），当使用这种表示方法时，先输入符号“@”，然后再输入 X 和 Y 值，如点（@100，200）。

（2）相对极坐标

相对极坐标的极点不是原点，而是图形上的某一点。点的相对极坐标可以表示为（@L＜A），其中 L 表示输入点与上一点之间的距离；A 表示两点连线与 X 轴正向的夹角。相对极坐标表示方法与相对直角坐标类似。

1.5 绘图环境的设置

在绘制图形前，可以根据用户自己的绘图习惯对绘图环境进行设置，以便提高绘图效率。

1.5.1 设置图形界限

由于 AutoCAD 的绘图窗口是无限大的，用户可以对绘图区域设置边界，以便于观察和操作。通过执行“格式”→“图形界限”命令；或在命令行中输入“LIMITS”命令，然后单击回车。

命令行内容如下：

命令：LIMITS

重新设置图形界限

指定左下角或[开（ON）/关（OFF）] <0.0000，0.0000>：

指定右上角点<12.0000，9.0000>：420，297（尺寸大小自行设置，按回车键，完成操作。）

1.5.2　设置图形单位

在绘制图形前先设置图形单位，系统默认的图形单位为十进制单位，包括长度单位、角度单位、缩放单位、光源单位以及方向控制等，通过执行“格式”→“单位”命令，或在命令行中输入“UNITS”命令，系统将自动弹出“图形单位”对话框，如图 1-15 所示，用户可以直接在对话框中进行设置。在“图形单位”对话框中，单击“方向”按钮，打开“方向控制”对话框，如图 1-16 所示。在该对话框中，用户可以设置角度测量的起始位置，一般系统默认水平向右为角度测量的起始位置。

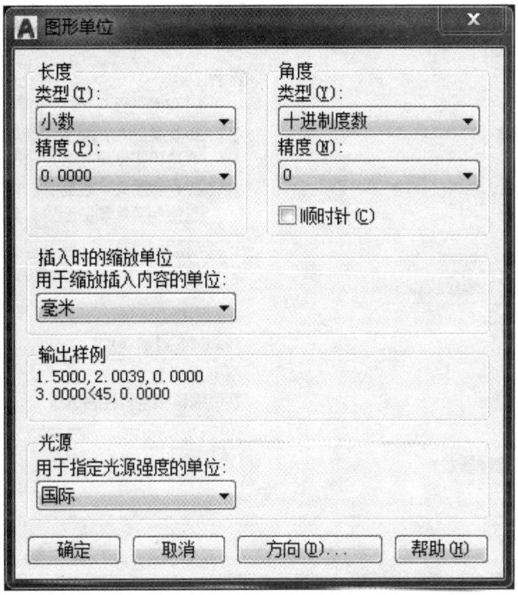

图 1-15　“图形单位”设置对话框

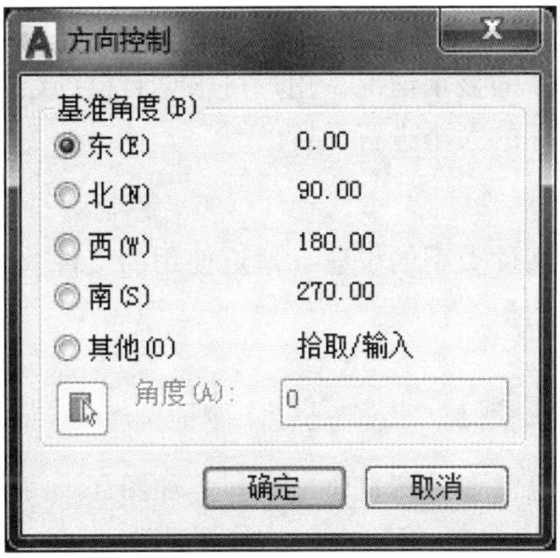

图 1-16　“方向控制”对话框

1.5.3 设置系统选项

安装 AutoCAD 2019 后，系统选项设置将自动完成默认的初始系统配置。可通过执行“工具”→“选项”命令；或在命令行中输入“OPTIONS”命令，然后按回车键，系统将自动弹出“选项”对话框，如图 1-17 所示，在改对话框中，用户可以对“显示”、“打开与保存”等进行设置。

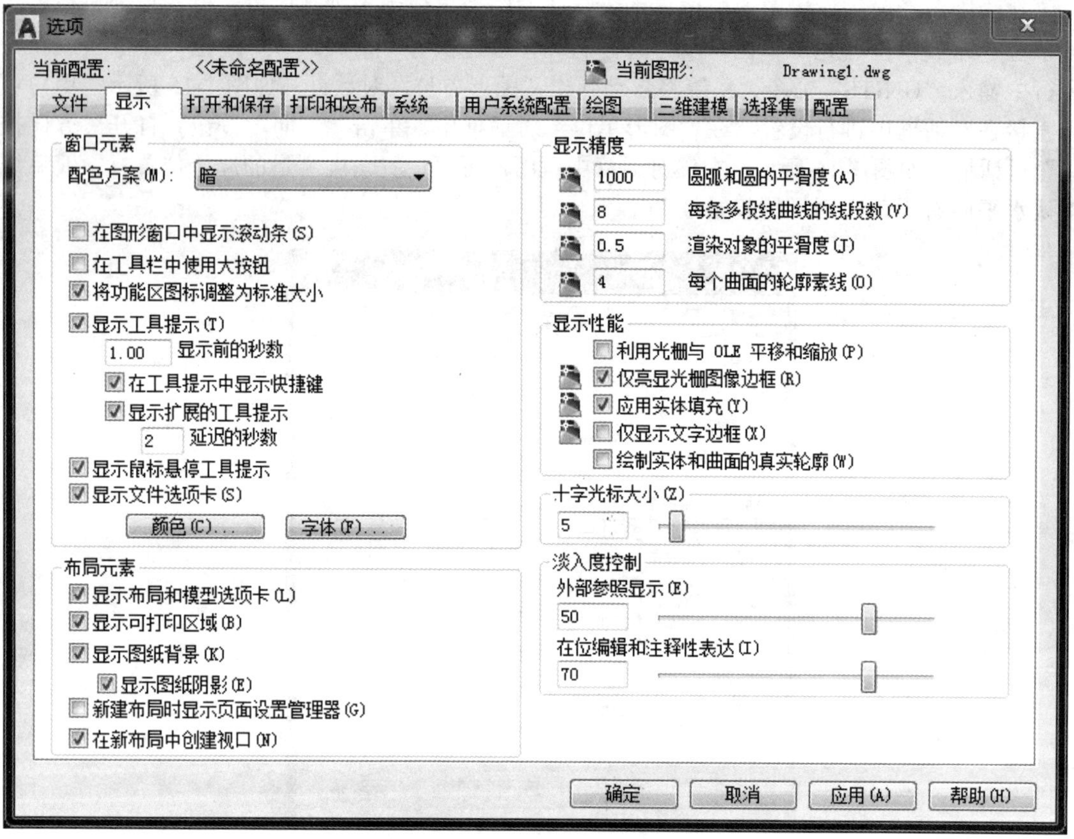

图 1-17 “选项”对话框

1. 显示设置

主要用于设置 AutoCAD 的显示情况，用户可根据自己的绘图习惯，对窗口元素、布局元素、显示精度以及十字光标的大小进行设置。

2. 打开与保存

打开与保存设置包括对文件类型的设置、最近使用的文件数的设置、自动保存频率设置以防文件的丢失，以及加密图形文件等。

1.5.4 设置辅助绘图工具

辅助绘图工具可根据自己需要进行自定义选择，如图 1-18 所示，点击按钮，选择需要的工具即可。

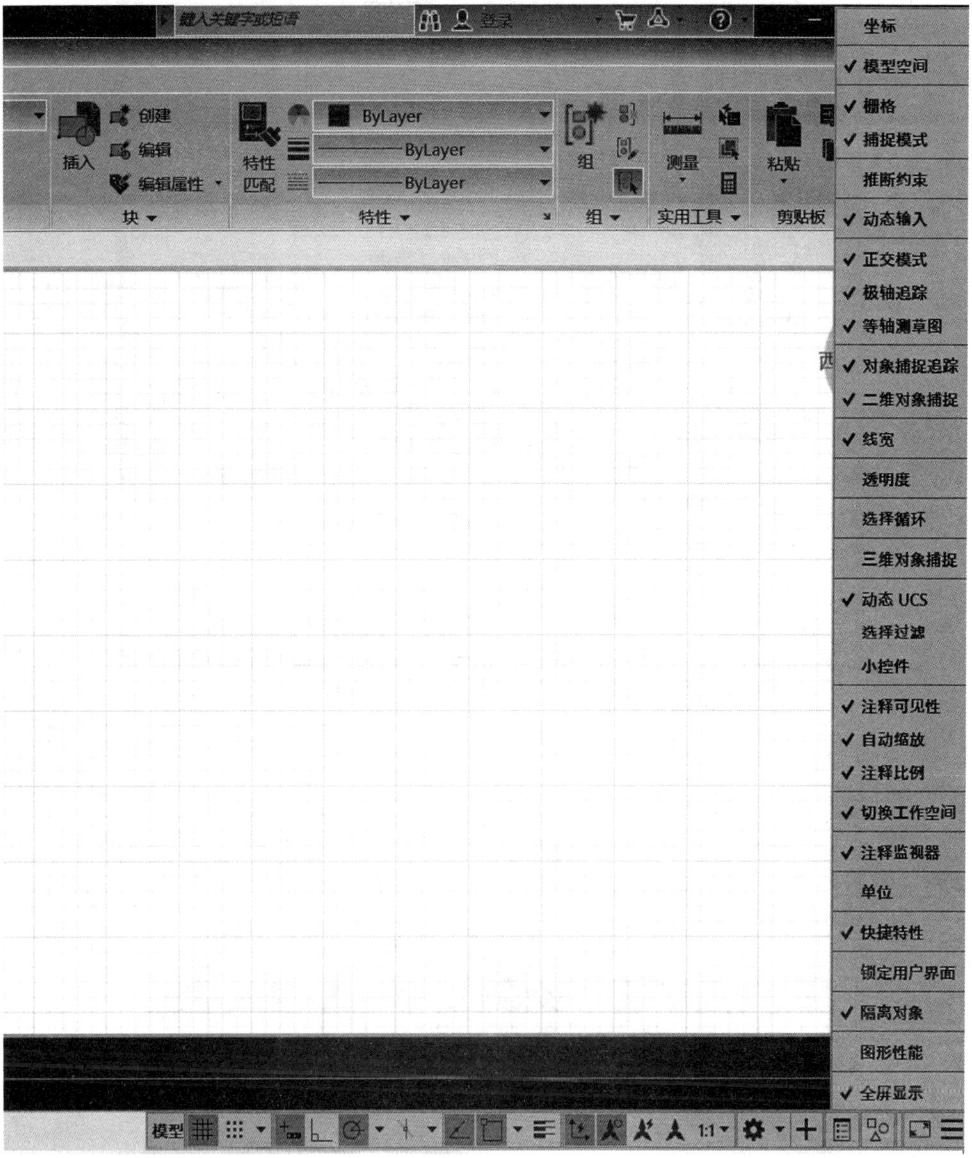

图 1-18　状态栏中的辅助工具自定义

1. 捕捉和栅格

显示“栅格”等同于传统的坐标纸，有助于定位，可以提供直观的距离和位置作为参照。

右键点击状态栏中的按钮，在下拉列表中选择“捕捉设置”，或执行“工具”→“绘图设置”，系统将自动弹出“草图设置”对话框，如图 1-19 所示。用户可以根据绘制图形的需要决定是否要启用“捕捉”或“栅格”，并且对极轴间距、捕捉类型、栅格间距等进行设置。

2. 正　交

点击状态栏中按钮，打开正交模式，按快捷键【F8】。光标限制在水平或垂直方向上移动，可以精确地创建或修改对象。

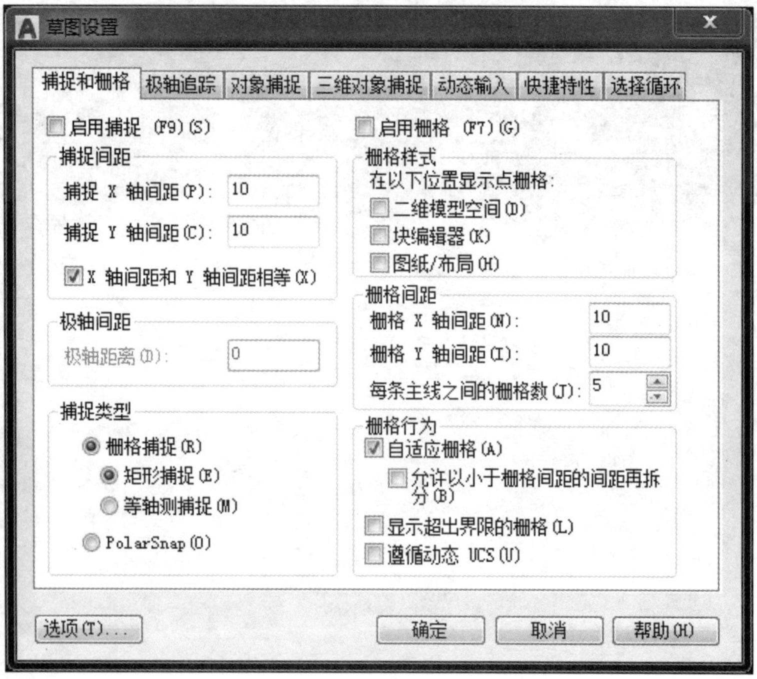

图 1-19 “草图设置”对话框

3. 对象捕捉

用户在绘制图形时，常需利用一些特殊点，如中点、切点、垂直点、圆心等，可以通过对象捕捉功能予以实现，点击状态栏中按钮，打开对象捕捉模式，按快捷键【F3】。在使用前需右键点击按钮，在下拉列表中选择“对象捕捉设置”，弹出“草图设置”对话框，如图1-20 所示，用户可根据绘制图形的需要，对对象捕捉模式进行设置。

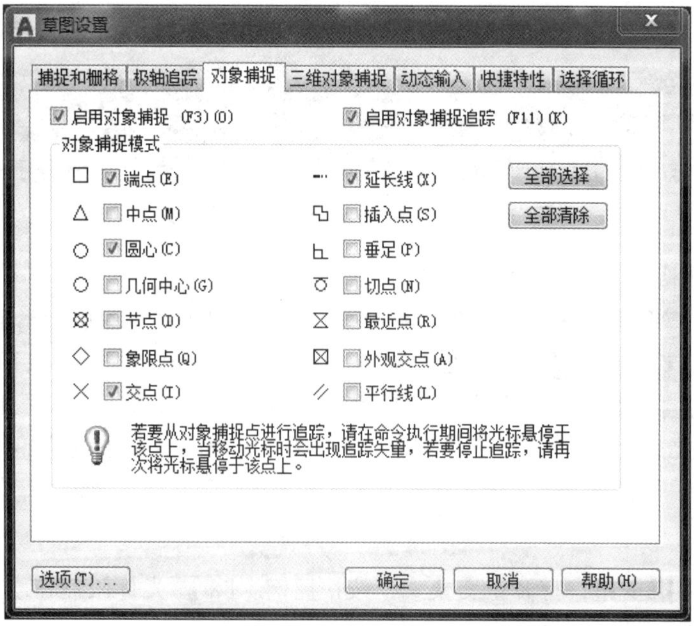

图 1-20 “草图设置”对话框

1.5.5 图层设置与管理

图层是组织和管理图形对象的工具，在绘制图形时可将图形中不同特性的对象放置在不同的图层中，以便用户对不同图层上的对象进行绘制、修改和编辑，例如颜色、线型以及线宽等。用户还可以对各图层进行打开、关闭、冻结、解冻、锁定以及解锁等操作。点击“默认”功能区下的“图层特性”按钮，或使用快捷键 LA，如图 1-21 所示，弹出“图层特性”管理器对话框（见图 1-22），用户可以在该对话框中自行设置。

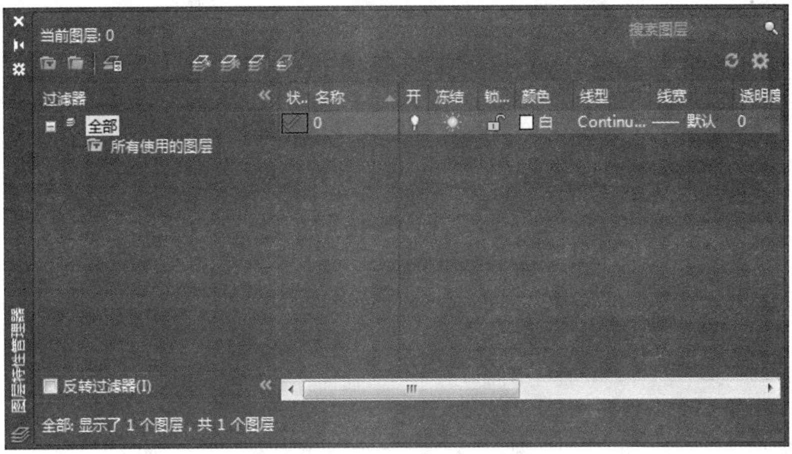

图 1-21 图层面板

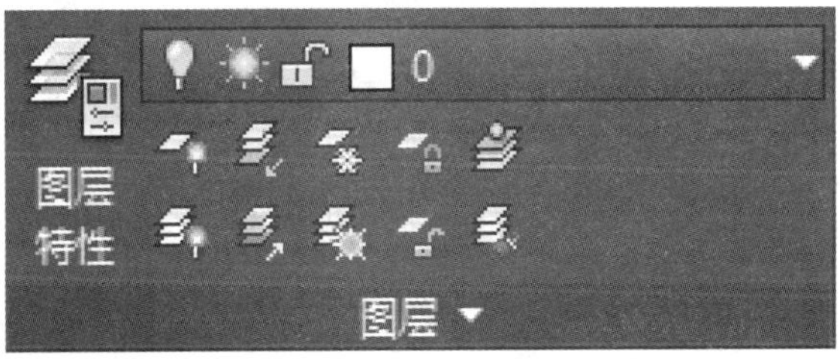

图 1-22 “图层特性管理器”对话框

1.6 绘制基本二维图形

1.6.1 绘制点

1. 点样式设置

绘制点的命令有：单点、多点、定数等分点和定距等分点。在默认情况下点对象仅被显示为一个小圆点，所以在绘制图形之前要对点样式进行设置。

执行“格式”→“点样式”命令，或在“默认”功能区下“实用工具”面板的下拉列表中选择“点样式”按钮，系统将自动弹出“点样式”对话框，如图 1-23 所示。用户可自行选择所需的点样式，并在“点大小”文本框中输入相应数值，然后单击“确定”按钮完成操作。

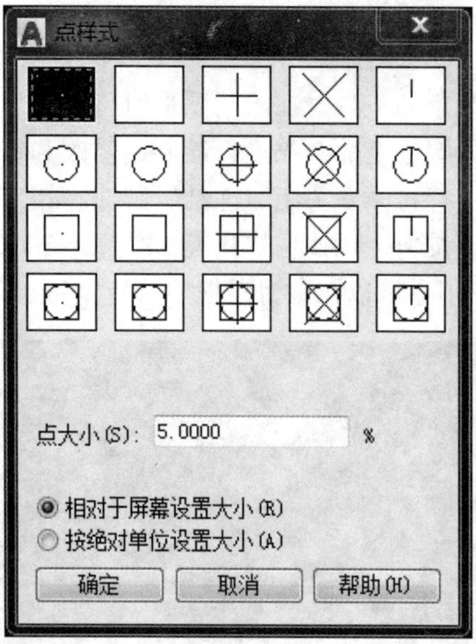

图 1-23　点样式对话框

2. 绘制单点或多点

（1）绘制单点

设置完成点样式后，执行“绘图”→“点”→“单点”命令，如图 1-24 所示。在绘图区域中单击左键或输入点的坐标确定点，即可完成点的绘制。

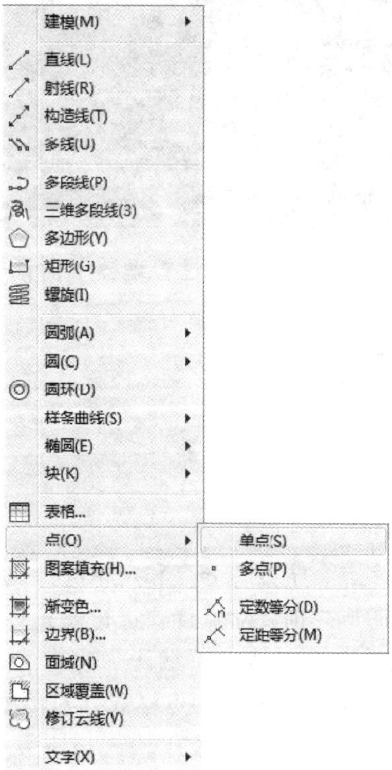

图 1-24　绘制单点

（2）绘制多点

执行“绘图”→“点”→“多点”命令，或在“默认”功能区中，单击“绘图”面板，在下拉列表中选择“多点”按钮，如图 1-25 所示，操作步骤与单点绘制相同。

3. **定数等分点**

通过“定数等分点”命令，可以将所选对象按照指定线段数目进行等分。

（1）执行“绘图”→“点”→“定数等分”命令。

（2）在“默认”功能区中，单击“绘图”面板，在下拉列表中选择“定数等分”按钮。

（3）在命令行中输入“LIMITS”命令，然后单击回车键。

命令行内容如下：

命令：DIVIDE（或 DIV）

选择要定数等分对象；

输入线段数目或【块（B）】：（线段数目自行设置，单击回车键，完成操作。）

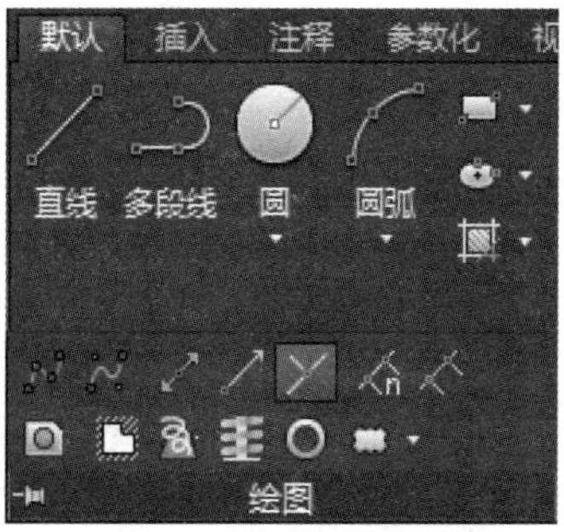

图 1-25　绘制多点

4. **定距等分点**

通过“定距等分点”命令，可以用指定的对象，按照指定的长度进行等分，等分对象的最后一段有可能比指定的间隔短。

（1）执行“绘图”→“点”→“定距等分”命令。

（2）在“默认”功能区中，单击“绘图”面板，在下拉列表中选择“定距等分”按钮。

（3）在命令行中输入“MEASURU”命令，然后单击回车键。

命令行内容如下：

命令：DIVIDE（或 DIV）

选择要定距等分对象；

输入线段数目或【块（B）】：（线段数目自行设置，单击回车键，完成操作。）

1.6.2　绘制线

绘制线命令是绘图中最常用的命令，线条的类型有多种：直线、射线、构造线、多线、多段线、样条曲线等。

1. **绘制直线**

单击“绘图”工具栏中的“直线”按钮，进行直线绘制。

命令行内容如下：

命令：LINE（或 L）

指定第一个点；（在绘图区域任意拾取一点）

指定下一个点或[放弃（U）]；

指定下一个点或[放弃（U）]；

指定下一个点或[闭合（C）/放弃（U）]；

指定下一个点或[闭合（C）/放弃（U）]；C（单击回车键，完成操作。）

2. 绘制构造线

构造线是无限延伸的线，通常用作辅助线，可以创建出水平、垂直、具有一定角度的构造线。单击“绘图”工具栏中的“构造线”按钮，进行构造线绘制。

命令行内容如下：

命令：XLINE （或 XL）

指定点或[水平（H）/垂直（V）/角度（A）/二等分（B）/偏移（O）]；（用户自行选择，根据命令行的提示进行操作。）

指定通过点：（单击回车键，完成操作。）

3. 绘制射线

射线是一一个起点为中心，向某一方向无限延伸的直线，通常也可用作辅助线。

（1）执行“绘图”→“射线”命令。

（2）在“默认”功能区中，单击“绘图”面板，在下拉列表中选择“射线”按钮。

（3）在命令行中输入“RAY”命令，然后单击回车键。

命令行内容如下：

命令：RAY

指定起点；（在绘图区域任意拾取一点）

指定通过点：（单击回车键，完成操作。）

4. 绘制多段线

使用多段线绘制的图形都是连在一起的一个复合对象，可以是直线也可以是圆弧，并且可以随时选择下一条线的线宽、线型和定位方法，从而绘制出不同属性线段的多段线。

（1）执行“绘图”→“多段线”命令。

（2）单击“绘图”工具栏中的“多段线”按钮。

（3）在命令行中输入“PLINE”命令，然后单击回车键。

命令行内容如下：

命令：PLINE（或 PL）

指定起点；（在绘图区域任意拾取一点）

当前线宽为 0.0000

指定下一点或[圆弧（A）/半径（H）/长度（L）/放弃（U）/宽度（W）]：（用户自行选择，根据命令行的提示进行操作。）

指定下一点或[圆弧（A）/闭合（C）/半宽（H）/长度（L）/放弃（U）/宽度（W）]：（单击回车键，完成操作。）

5. 绘制样条曲线

样条曲线通常用来绘制不规则的、光滑的曲线，如小路、人工湖等。

（1）执行“绘图”→“样条线”命令。

（2）单击“绘图”工具栏中的“样条线”按钮。

（3）在命令行中输入“SPLINEDI”命令（或 SPL），然后单击回车键。

命令行内容如下：

命令：SPLINE（或 SPL）

当前设置：方式 = 拟合　节点 = 弦

指定第一个点或[方式（M）/节点（K）对象（O）]：

输入下一个点或[起点切向（T）/工差（L）]：

输入下一个点或[端点相切（T）/公差（L）/放弃（U）]：

输入下一个点或[端点相切（T）/公差（L）/放弃（U）/闭合（C）]：C（单击回车键，完成操作。）

6. 绘制多线

多线是一种由多条平行线组成的对象，平行线的间距与数目是可以设置的，在制图中常用于绘制室内平面图的墙体等。

（1）执行“绘图”→“多线”命令。

（2）在命令行中输入“MLINE”命令（或 ML），然后单击回车键。

例如：绘制 240 mm 厚的墙体。

命令行内容如下：

命令：MLINE（或 ML）

当前设置：对正 = 上，比例 = 20.00，样式 STANDARD

指定起点或[对正（J）/比例（S）/样式（ST）]：S

输入多线比例‹20.00›：240

当前设置：对正 = 上，比例 = 240，样式 STANDARD

指定起点或[对正（J）/比例（S）/样式（ST）]：J

输入对正类型[上（T）/无（Z）/下（B）]‹上›：Z

指定起点或[对正（J）/比例（S）/样式（ST）]:（在绘图区域选择起点，开始进行墙体绘制，单击回车键，完成操作。）

1.6.3　绘制矩形和多边形

1. 绘制矩形

绘制矩形时，可以通过两个角点，或指定矩形的长宽和旋转角度来进行绘制，并且可以控制角的类型，如圆角或直角等。

（1）执行“绘图”→“矩形”命令。

（2）单击“绘图”工具栏中的“矩形”按钮。

（3）在命令行中输入“REC”命令（或 REC），然后点击回车键。

命令行内容如下：

命令：RECTANG（或 REC）

指定第一个角点或[倒角（C）/标高（E）/圆角（F）/厚度（T）/宽度（W）]:（在绘图区域任意拾取一点）

指定另一个角点或[面积（A）/尺寸（D）/旋转（R）]：D

指定矩形长度 10.0000›：（用户自行设置数值）

指定矩形宽度 10.0000›：（用户自行设置数值，单击回车键，完成绘制。）

2. 绘制多边形

通过多边形命令可以绘制三角形、四边形、五边形、六边形等图形。

（1）执行“绘图”→“多边形”命令。

（2）单击“绘图”工具栏中的“多边形”按钮。

（3）在命令行中输入“POLYON”命令（或 POL），然后单击回车键。

命令行内容如下：

命令：POLYON（或 POL）

输入侧面数‹4›：（用户自行设置侧面数目）

指定正多边形的中心点或[边（E）]：（在绘图区任意拾取一点）

输入选项[内接于圆（I）/外切于圆（C）]‹I›：（用户自行选择类型，根据命令行的提示进行操作。）

指定圆的半径：（输入数值，单击回车键，完成操作。）

1.6.4 绘制圆和圆弧

1. 绘制圆

绘制圆的方法有多种，如图 1-26 所示，比如：两点方式、三点方式和相切、相切、半径方式等。

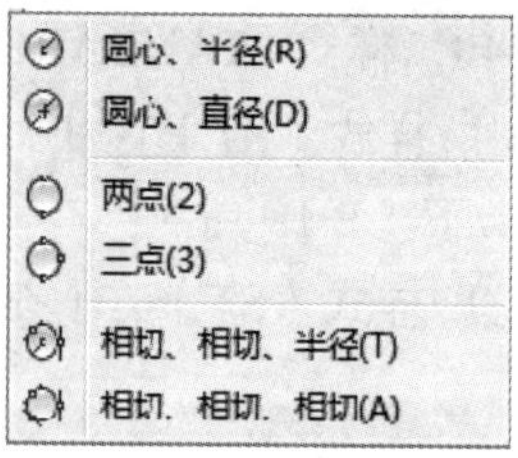

图 1-26 绘制圆的命令

（1）执行“绘图”→“圆”命令。

（2）单击“绘图”工具栏中的“圆”按钮。

（3）在命令行中输入“CIRCLE”命令（或 C），然后单击回车键。

命令行内容如下：

命令：CIRCLE（或 C）

指定圆的圆心或[三点（3P）/两点（2P）/切点、切点、半径（T）]：在绘图区域任意拾取一点（用户自行选择绘制模式，根据命令行的提示进行操作。）

指定圆的半径或[直径（D）]：（输入所绘制圆的半径，单击回车键，完成操作。）

2. 绘制圆弧

圆弧是圆对象上的一部分，绘制圆弧的方法有多种，如图 1-27 所示，一般需要指定三个点，分别为起点、圆弧上的点和端点。

（1）执行“绘图”→“圆弧”命令。

（2）单击“绘图”工具栏中的“圆弧”按钮。

（3）在命令行中输入“ARC”（或A），然后单击回车键。

命令行内容如下：

命令：ARC（或A）

指定圆弧的起点或[圆心（C）]：（在绘图区域任意拾取一点或用户自行选择绘制模式，根据命令行的提示进行操作。）

指定圆弧的第二个点或[圆心（C）/端点（E）]：（拾取第二个点）

指定圆弧的端点或[圆心（C）]：（拾取端点，完成绘制。）

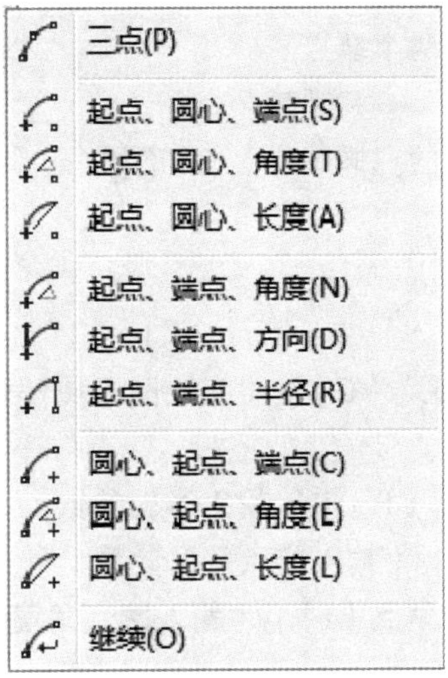

图 1-27　绘制圆弧的命令

3. 绘制圆环

圆环是由两个相同的圆心、不同直径的圆组成。绘制圆环主要用到圆心、内直径、外直径等参数。

（1）行“绘图”→“圆环”命令。

（2）在命令行中输入“DONUT”（或DO）命令，然后单击回车键。

命令行内容如下：

命令：DONUT

指定圆环的内径‹12.0000›：（输入内径参数）

指定圆环的外径‹0.00›：（输入外径参数）

指定圆环中心点或‹退出›：（单击回车键，完成操作。）

1.6.5　绘制椭圆和椭圆弧

1. 绘制椭圆

椭圆是由长半轴和短半轴组成，长半轴和短半轴的值决定了椭圆的形状。

（1）执行“绘图”→“椭圆”命令。

（2）单击“绘图”工具栏中的“椭圆”按钮。

（3）在命令行中输入“ELLIPSE”命令（或 EL），然后单击回车键。

命令行内容如下：

命令：ELLIPSE

指定椭圆的轴端点或[圆弧（A）/中心点（C）]：（在绘图区域任意拾取一点）

指定轴的另一个端点：（拾取第二个点）

指定另一条半轴长度或[旋转（R）]：（输入半轴参数，单击回车键，完成操作。）

2. 绘制椭圆弧

椭圆弧是椭圆的部分弧线，绘制椭圆弧的方法与绘制椭圆的方法相似，先指定长半轴与短半轴的长度，再指定椭圆弧的两个端点。

（1）执行“绘图”→“椭圆”→“圆弧”命令。

（2）单击“绘图”工具栏中的“椭圆弧”按钮。

命令行内容如下：

命令：ELLIPSE

指定椭圆的轴端点或[圆弧（A）/中心点（C）]：A

指定椭圆弧的轴端点或[中心点（C）]：（在绘图区域任意拾取一点）

指定轴的另一个端点：

指定另一条半轴长度或[旋转（R）]：（输入半轴参数）

指定起点角度或[参数（P）]：（输入起点角度参数）

指定端点角度或[参数（P）/角点（I）]：（输入端点角度参数，单击回车键，完成操作。）

1.6.6 图案填充

1. 图案填充

在绘制剖面图时，常用到图案填充。使用图案填充对封闭的区域进行多种样式的图案填充，可以表示不同的材料类型等。

（1）执行“绘图”→“图案填充”命令。

（2）单击“绘图”工具栏中的“图案填充”按钮。

（3）在命令行中输入“H”命令，然后单击回车键。

执行以上任意一种操作，系统将自动打开“图案填充创建选项卡”，如图 1-28 所示。用户可以直接在选项卡上设置图案填充的边界、图案、特性和其他属性等。

边界面板：用来选择所要填充对象的边界或边界线段，也可以对边界进行删除或重新创建来改变所要填充的区域。

图案面板：用于显示所有预定义和自定义图案的预览图像。在下拉列表中选择所要填充图案的类型。

特性面板：用来设置填充方式、填充颜色、明度、角度以及比例等功能。

若要打开“图案填充和渐变色”对话框，可在“图案填充创建”选项卡中，单击“选项”面板右下角按钮，即可打开该对话框，如图 1-29 所示。

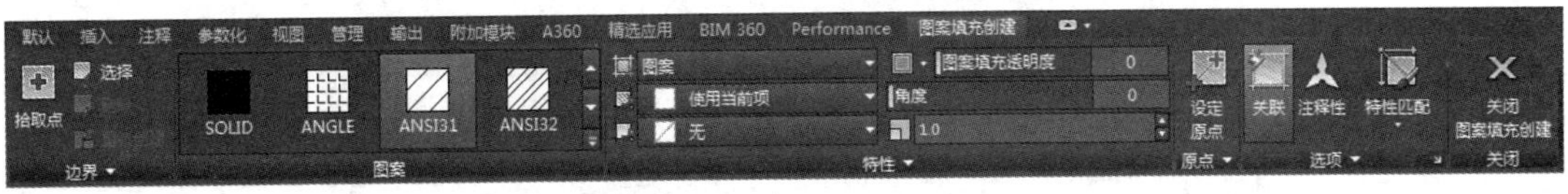

图 1-28　图案填充创建选项卡

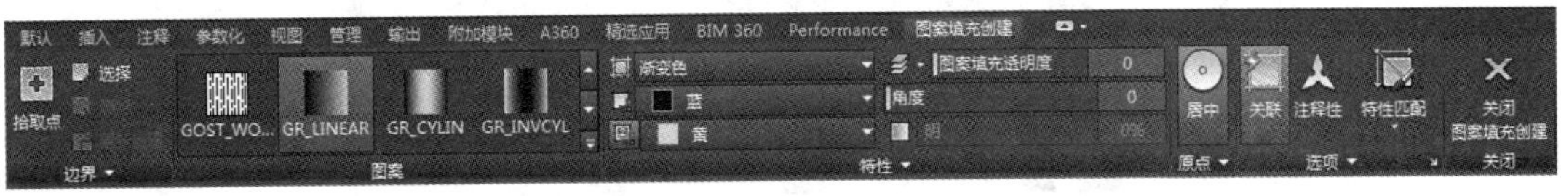

图 1-29　图案填充创建选项卡单击“选项”面板

2. **填充渐变色**

使用填充渐变色对封闭的区域添加一种或两种颜色平滑过渡的渐变填充。

（1）执行“绘图”→“渐变色”命令。

（2）单击“绘图”工具栏中的“渐变色”按钮。

执行以上任意一种操作，系统将自动打开“图案填充和渐变色”对话框，如图 1-30 所示。用户可以直接在选项卡上设置图案填充边界、图案、特性和其他属性等，功能选项卡的使用与图案填充相似。若要进行渐变色操作，可在“图案填充创建”选项卡中，单击“选项”面板右下角按钮，即可打开“图案填充和渐变色”对话框，如图 1-31 所示。

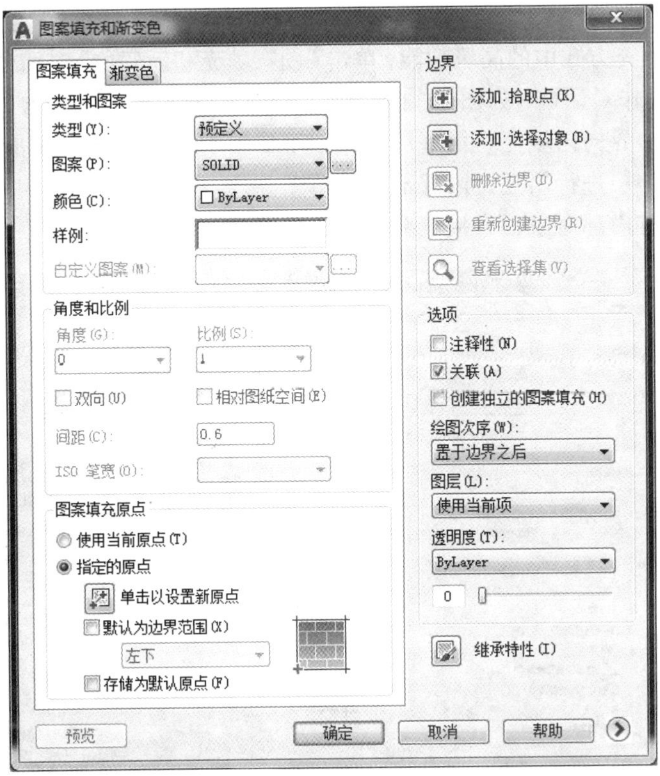

图 1-30　进行“图案填充”操作对话框

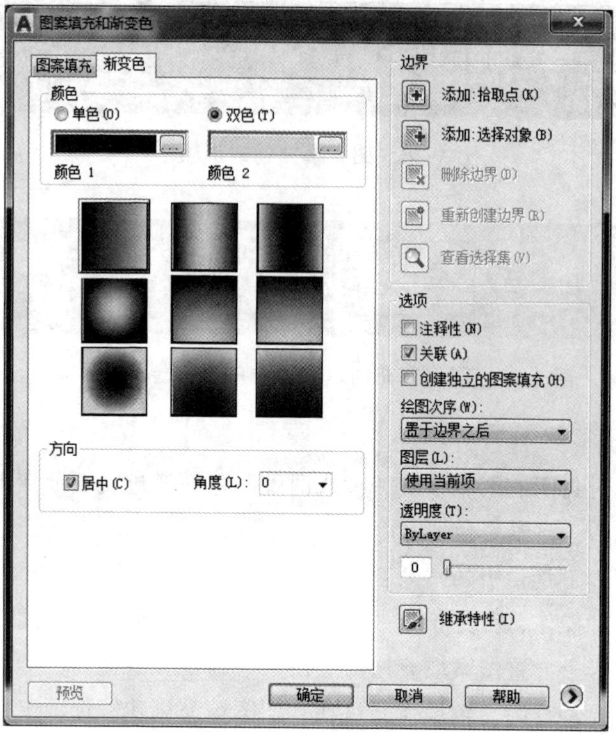

图 1-31　进行“渐变色”操作对话框

3. 孤岛检测

孤岛检测属于填充方式中的高级功能，单击“图案填充和渐变色”对话框的右下角按钮⊙，弹出“孤岛检测”操作对话框，如图 1-32 所示。孤岛检测显示样式有普通、外部和忽略 3 种。

普通：从外部边界向内填充。第一层填充，第二层不填充循环交替进行填充。

外部：只对最外层进行填充，内部不进行填充。

忽略：忽略所有内部对象，直接整个图案全部填充。

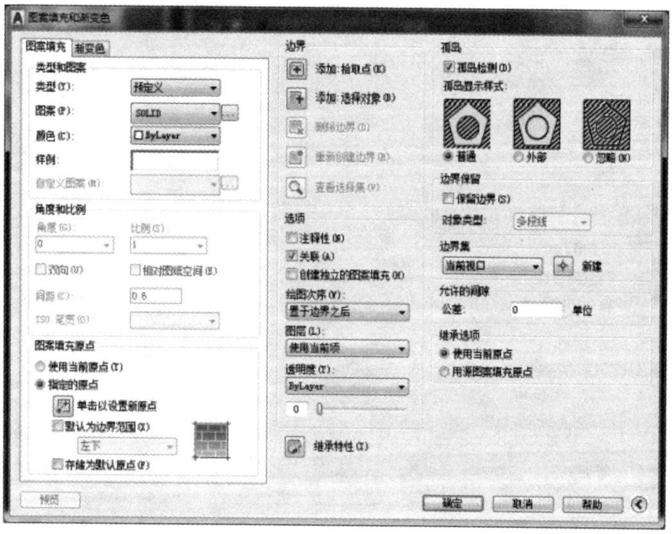

图 1-32　进行“孤岛检测”操作对话框

1.6.7 绘制图块

1. 块定义

块是由一个或多个图形对象组成的对象集合，常用于绘制复杂或重复的图形，用户可以直接调用块，快速实现图形的插入，减少大量重复操作步骤，从而提高绘图的效率。

（1）执行“绘图”→“块”→“创建”命令。

（2）单击“绘图”工具栏中的“创建块”按钮。

（3）在命令行中输入“B”命令，然后单击回车键。

执行以上操作，系统将自动弹出“块定义”对话框，如图 1-33 所示。用户可直接在对话框中设置定义块的名称、基点以及对象等内容。先设置名称，再点击选择对象，对所需图形进行选择，最后单击“确定”按钮，完成块定义操作。

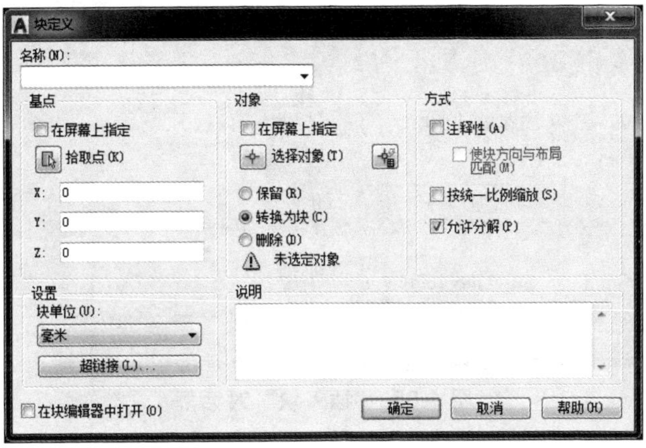

图 1-33 “块定义”对话框

2. 写 块

写块也称为存储块，用户可将文件中的块作为单独的对象保存为一个新的文件，从而方便在其他图形文件中随时调用。在命令行中输入“W”命令，然后单击回车键，系统将自动弹出“写块”对话框，如图 1-34 所示。写块的操作步骤与块定义操作相似。

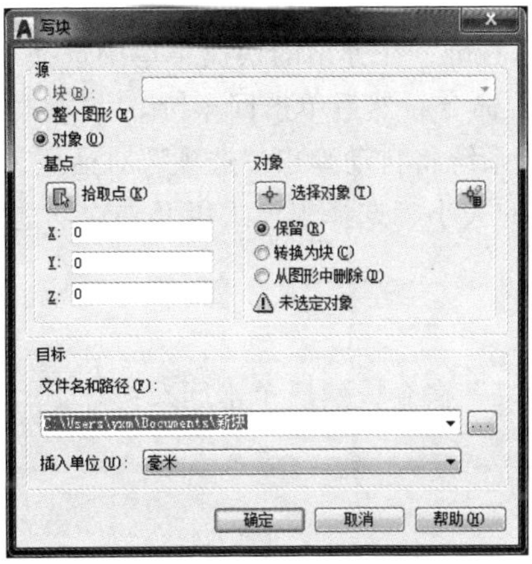

图 1-34 “写块”对话框

3. 插入块

当图形被定义为块后，可以通过“插入块”命令直接将块插入到图形中去，可以一次插入一个或者多个。

（1）执行“插入”→“块”命令。

（2）单击“绘图”工具栏中的“插入块”按钮。

（3）命令行中输入“I”命令，然后单击回车键。

执行以上任意一种操作，系统将自动弹出“插入块”对话框，如图 1-35 所示。用户可通过该对话框浏览创建的内部图块，也可以通过名称查找，然后选择所需要的图块，插入到当前图形中去。

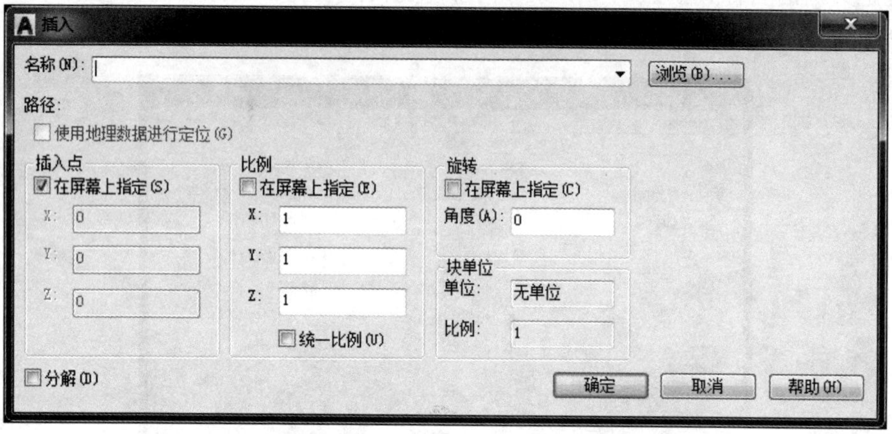

图 1-35 “插入块”对话框

1.7 编辑及修改二维图形

1.7.1 选择对象

1. 设置对象的选择模式

（1）执行“工具”→“选项”命令。

（2）在绘图区域单击鼠标右键，在弹出的快捷菜单中选择“选项”命令。

（3）命令行中输入“OP”命令，然后单击回车键。

执行以上任意一种操作，系统将自动弹出“选项”对话框，如图 1-36 所示。用户可以在“选项”对话框中设置拾取框的大小、选择集模式以及夹点功能等。

2. 选择对象的方法

（1）目标选择

在命令行中输入“SELECT”命令，然后单击回车键。

命令行内容如下：

命令：SELECT

选择对象：

需要点或窗口（W）/上一个（L）/窗交（C）/框（BOX）/全部（ALL）/栏选（F）/圈围（WP）/圈交（cp）/编组（G）/添加（A）/删除（R）/多个（M）/前一个（P）/放弃（U）/单个（SI）/子对象（O）

选择对象：（用户自行选择模式即可选定对象。）

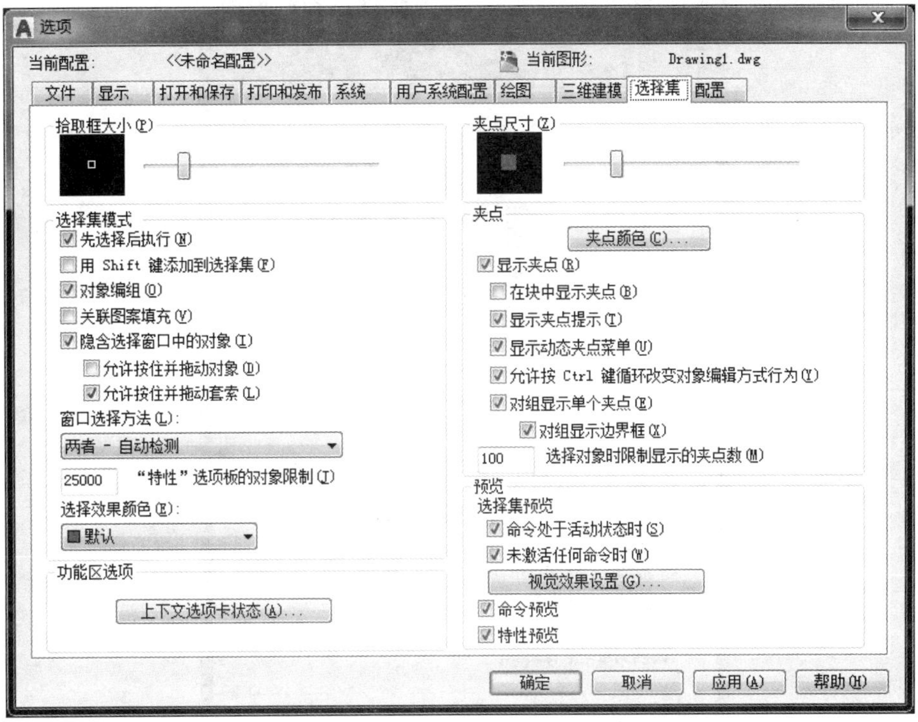

图 1-36　“选项”对话框

（2）单击选择

单击选择是最简单的选择方式，也是最常用的选择方式。移动十字光标到要选择的对象上，然后单击鼠标左键，即可选择该对象。依次单击要选择的对象，即可依次加选多个对象。

（3）矩形选择

使用矩形选择可以进行多个对象同时选择，可以提高绘制图形的效率。

① 点选　最基本、简单的一种选择方式。使用点选方式，鼠标直接点选图形，点击鼠标左键，选择图形，选中的图形会变为虚线。

② 窗口选择　使用窗口选择方式，在绘图区域选择第一个角点，从左向右移动十字光标绘制一个实线矩形框，然后再选择第二个角点，即可选中矩形框内的对象，而部分位于矩形框外的对象将不会被选中。

③ 窗交选择　使用窗交选择方式，在绘图区域选择第一个角点，从右向左移动十字光标绘制一个虚线矩形框，然后再选择第二个角点，即可选中全部位于虚线矩形框内的对象。

3. 快速选择

当图形文件过大时，可以通过快速选择工具来选择具有共同特性的对象。

（1）执行“工具”→“快速选择”命令。

（2）在“默认”功能区的“实用工具”面板中，单击“快速选择”按钮。

（3）命令行中输入“QSELECT”命令，然后单击回车键。

执行以上任意一种操作，系统将自动弹出“快速选择”对话框，如图 1-37 所示。用户可根据图形对象的图层、颜色、线型比例以及线宽等特性来创建选择集。

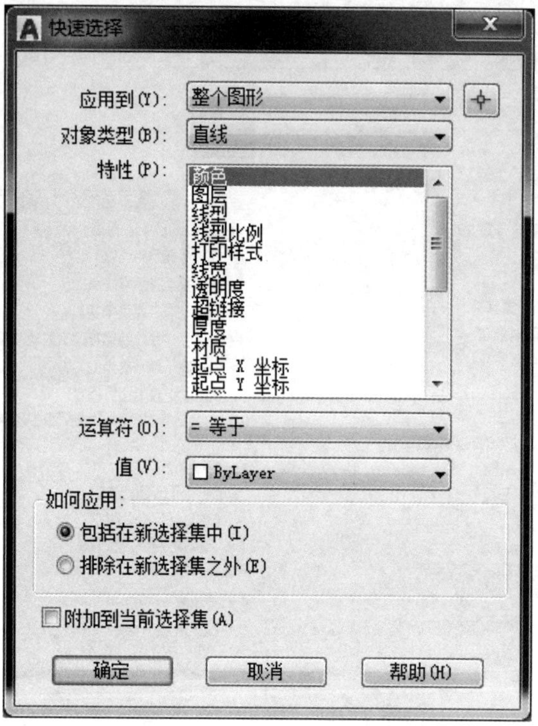

图 1-37 “快速选择”对话框

1.7.2 删除与恢复

1. 删 除

在绘制图形时，有时会用到辅助线或绘制错误的图形，用户可通过“删除”命令来删除指定对象。

（1）执行“修改”→“删除”命令。

（2）单击“修改”工具栏中的“删除”按钮。

（3）在命令行中输入“E”命令，然后单击回车键。

（4）选择要删除的对象后，直接按【Delete】键进行删除。

2. 恢 复

在绘制图形时，有时不小心误删了图形，用户可使用“恢复”命令来恢复误删的图形。

（1）单击快捷菜单栏中的“放弃”按钮。

（2）在命令行中输入“OOPS”命令，然后单击回车键。

（3）通过快捷键【Ctrl + Z】恢复。

1.7.3　复制图形

1. 复　制

复制对象是将原对象保留，移动对象的副本图形，复制后的对象将继承原对象的属性。

（1）执行“修改”→“复制”命令。

（2）单击“修改”工具栏中的“复制”按钮。

（3）在命令行中输入“COPY”命令（或 CO），然后单击回车键。

命令行内容如下：

命令：COPY

选择对象：（选择要复制的对象）

选择对象：指定对角点：（找到一个对象，然后单击回车键）

当前设置：复制模式 = 多个

指定基点或[位移（D）/模式（O）]‹位移›：（指定基点）

指定第二个点或[阵列（A）]‹使用第一个点作为位移›：（指定第二个点）

2. 阵　列

使用陈列工具可以按照特定的排列方式创建出多个对象副本，阵列的类型有 3 种，分别为：矩形阵列、环形路径、路径阵列。

（1）执行“修改”→“阵列”命令，选择阵列模式。

（2）单击“修改”工具栏中的“矩形阵列”按钮。

（3）在命令行中输入“ARRAY”命令（或 AR），然后单击回车键。

命令行内容如下：

命令：ARRAY

选择对象：（选择要阵列的对象）

选择对象：（单击回车键）

选择对象：输入阵列类型[矩形（R）/路径（PA）/极轴（PO）]‹矩形›：R（选择阵列类型，工具提示操作，以矩形为例。）

类型 = 矩形　　关联 = 是

选择夹点以编辑阵列或[关联（AS）/基点（B）/计数（COU）/间距（S）/列数（COL）/行数（R）/层数（L）/退出（X）]‹退出›：（单击回车键，完成操作。）

执行以上命令，系统将自动弹出“阵列”面板，按选择“阵列”类型不同，面板有 3 种显示：矩形阵列（见图 1-38），极轴阵列（见图 1-39），路径阵列（见图 1-40）。用户可根据提示对面板中的各项参数进行设置。

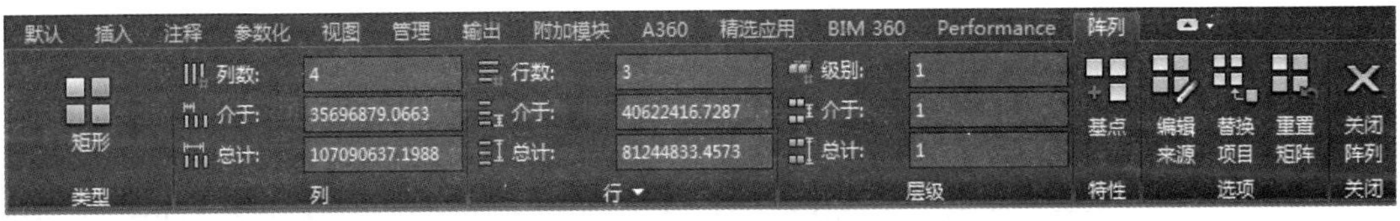

图 1-38　矩形阵列面板

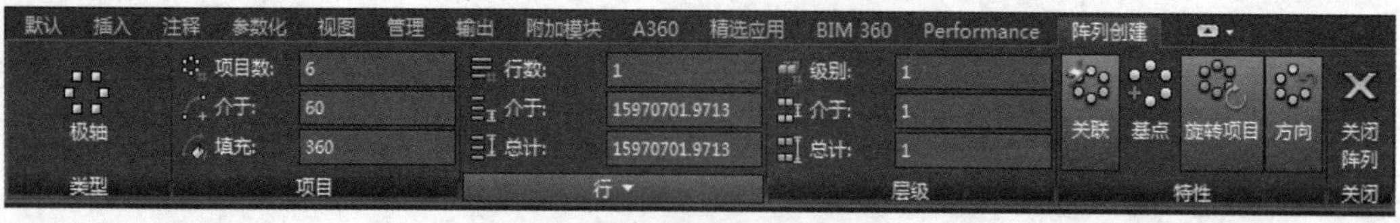

图 1-39　极轴阵列面板

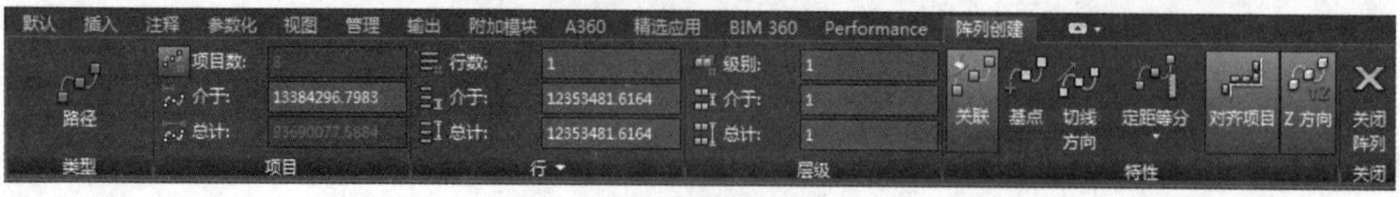

图 1-40　路径阵列面板

3. 镜　像

通过镜像工具可以将指定对象绕指定轴翻转，创建对称的镜像图形，从而提高绘制图形的效率。

（1）执行“修改”→“镜像”命令。

（2）单击“修改”工具栏中的“镜像”按钮。

（3）在命令行中输入“MIRROR”命令（或 MI），然后单击回车键。

命令行内容如下：

命令：MIRROR

选择对象：（选择要　镜像的对象）

选择对象：指定对角点：找到 1 个

选择对象：（单击回车键）

选择对象：指定镜像线的第一点：（指定对称轴线的第一点）

指定镜像线的第二点：（指定对称轴线的第二点）

要删除对象源吗？[是（Y）/否（N）]‹否›：（用户自行选择是否删除对象源。单击回车键，完成操作。）

1.7.4　缩放图形

通过缩放工具，可以将图形对象按照给定基点和比例因子进行成比例扩大或缩小。

（1）执行“修改”→“缩放”命令。

（2）单击“修改”工具栏中的“缩放”按钮。

（3）在命令行中输入“SCALE”命令（或 SC），然后单击回车键。

命令行内容如下：

命令：SCALE

选择对象：（选择要　缩放的对象）

选择对象：指定对角点：找到 1 个

选择对象：（单击回车键）

指定基点：（在绘图区域指定一点）

指定比例因子或[复制（C）/参照（R）]：（输入比例参数或选择其他模式，根据命令行的提示进行操作。单击回车键，完成绘制。）

1.7.5 拉伸图形

通过拉伸工具，将选定对象按指定的方向和角度进行拉伸。拉伸工具只适应于窗交窗口部分包围的对象。

（1）执行“修改”→“拉伸”命令。

（2）单击“修改”工具栏中的“拉伸”按钮。

（3）在命令行中输入“STRETCH”命令（或 S），然后单击回车键。

命令行内容如下：

命令：STRETCH

以交叉窗口或交叉多边形选择要拉伸的对象…

选择对象：（选择要拉伸的对象）

选择对象：（指定对角点：找到 1 个对象）

指定基点：（单击回车键）

指定基点或[位移（D）]‹位移›：（在绘图区域指定一点）

指定第二个点或‹使用第一个点作为位移›：（指定第二个点）

1.7.6 移动图形

通过移动工具，可以将选定对象在不改变对象的方向和大小的情况下，从当前的位置移动到另一个位置。

（1）执行“修改”→“移动”命令。

（2）单击“修改”工具栏中的“移动”按钮。

（3）在命令行中输入“MOVE”命令（或 M），然后单击回车键。

命令行内容如下：

命令：MOVE

选择对象：（选择要移动的对象）

选择对象：（指定对角点：找到 1 个对象）

指定基点：（单击回车键）

指定基点或[位移（D）]‹位移›：（点击所选对象上的点）

指定第二个点或‹使用第一个点作为位移›：（指定所要移动到最新位置的点。）

1.7.7 偏移图形

通过偏移工具，可以创建与选定对象平行的新对象。

（1）执行“修改”→“偏移”命令。

（2）单击“修改”工具栏中的“偏移”按钮。

（3）在命令行中输入“OFFSET”命令（或 O），然后单击回车键。

命令行内容如下：

命令：OFFSET

当前设置：删除源 = 否 图层 = 源 OFFSETGAPTYPE = 0

指定偏移距离或[通过（T）/删除（E）/图层（L）]‹通过›：（输入偏移距离）

选择要偏移的对象，或[退出（E）/放弃（U）]‹退出›：（选择要偏移的对象）

指定要偏移的那一侧的点，或[退出（E）/多个（M）/放弃（U）]‹退出›：（指定要偏移方向点）

1.7.8 旋转图形

通过旋转工具，可以将选定对象按指定的角度围绕基点进行旋转。

（1）执行“修改”→“旋转”命令。

（2）单击“修改”工具栏中的“旋转”按钮。

（3）在命令行中输入“ROTATE”命令（或 RO），然后单击回车键。

命令行内容如下：

命令：ROTATE

当前的正角方向：ANGDIR = 逆时针 ANGBASE = 0

选择对象：（选择要旋转的对象）

选择对象：找到一个对象 （单击回车键）

指定基点：（在绘图区域指点一个基点，是选定对象围绕基点进行旋转。）

指定旋转角度，或[复制（C）/参照（R）]‹0›：（输入旋转角度，单击回车键，完成绘制。）

1.7.9 修改图形特性

用户可以通过改变图形对象本身的特性来满足绘制图形的需要，例如打断、修剪、延伸、分解等。

1. 打　断

通过打断工具，可以将选定对象分成两个部分或将其中的一部分删除。

（1）执行“修改”→“打断”命令。

（2）单击“修改”工具栏中的“打断”按钮。

（3）在命令行中输入“BREAK”命令（或 BR），然后单击回车键。

命令行内容如下：

命令：BREAK

选择对象：（选择要打断的对象）

指定第二个打断点或[第一个点（F）]：（指定打断的点）

2. 修　剪

通过修剪工具，可以将选定对象的超出部分修剪掉。

（1）执行“修改”→“修剪”命令。

（2）单击“修改”工具栏中的“修剪”按钮。

（3）在命令行中输入“TRIM”命令（或 TR），然后单击回车键。

命令行内容如下：

命令：TRIM

选择对象或‹全部选择›：（选择要修剪的对象，单击回车。）

选择要修剪的对象，或按住 Shift 键选择要延伸的对象，或[栏选（F）/窗交（C）/投影（P）/边（E）/删除（R）/放弃（U）]：（选择对象进行修剪，或选择其他模式，根据命令行的提示进行操作。）

3. 延　伸

通过延伸工具，可以将选定对象延伸到指定的边界。

（1）执行“修改”→“延伸”命令。

（2）单击“修改”工具栏中的“延伸”按钮--/。

（3）在命令行中输入“EX”命令，然后单击回车键。

命令行内容如下：

命令：EXTEND

选择对象或‹全部选择›：（选择要延伸到的边界，单击回车键）

选择要修剪的对象，或按住 Shift 键选择要延伸的对象，或[栏选（F）/窗交（C）/投影（P）/边（E）/删除（R）/放弃（U）]：（选择要剪掉的对象，或选择其他模式，根据命令行的提示进行操作。）

4. 分　解

通过分解工具，可以将选定对象。

（1）执行“修改”→“分解”命令。

（2）单击“修改”工具栏中的“分解”按钮。

（3）在命令行中输入“EXPLODE”命令（或X），然后单击回车键。

命令行内容如下：

命令：EXPLODE

选择对象：（选择要分解的对象，单击回车键，完成操作。）

1.7.10　图形的倒角与圆角

图形的倒角和圆角主要是对图形进行修饰，改变图形的形状。

1. 倒　角

通过图形倒角工具，可以将相邻的两条直角边或锐角进行倒角。

（1）执行“修改”→“倒角”命令。

（2）单击“修改”工具栏中的“倒角”按钮。

（3）在命令行中输入“CHAMFER”命令（或CHA），然后单击回车键。

命令行内容如下：

命令：CHAMFER

（“修剪”模式）当前倒角距离1 = 0.0000，距离2 = 0.0000

选择第一条直线或[放弃（U）/多段线（P）/距离（D）/角度（A）/修剪（T）/方式（E）/多个（M）]：D

指定第一个倒角距离‹0.0000›：（输入倒角距离）

指定第二个角点距离‹0.0000›：（输入倒角距离）

选择第一条直线或[放弃（U）/多段线（P）/距离（D）/角度（A）/修剪（T）/方式（E）/多个（M）]:（选择第一条直线）

选择第二条直线，或按住 Shift 键选择直线以应用角点或[距离（D）/角度（A）/方法（M）]:选择第二条直线:（选择第二条直线）

2. 圆　角

通过圆角工具，可以将指定的半径圆弧与对象相切来连接两个对象。

（1）执行“修改”→“圆角”命令。

（2）单击“修改”工具栏中的“圆角”按钮。

（3）在命令行中输入“FILLET ”命令（或 F），然后单击回车键。

命令行内容如下：

命令：FILLET

当前模式：模式 = 修剪，半径 = 0.0000

选择第一个对象或[放弃（U）/多段线（P）/半径（R）/修剪（T）/多个（M）]：R

指定圆角半径‹0.0000›：（输入圆角半径）

选择第一个对象或[放弃（U）/多段线（P）/半径（R）/修剪（T）/多个（M）]:（选择第一条直线）

选择第二个对象或按住 Shift 键选择对象以应用角点或[半径（R）]:（选择第二条直线）

1.7.11　编辑多线

绘制建筑平面图时，通常运用多线绘制墙体。图绘制完成后，都需要对绘制的多线进行编辑。用户可以添加或编辑顶点，并且控制角点接头的显示来编辑多线，或者通过编辑多线样式来实现。

执行“修改”→“对象”→“多线”命令，系统将自动弹出“多线编辑工具”对话框，如图 1-41 所示。该对话框提供了 12 个编辑选项，用户可以利用这些选项对多线进行编辑。

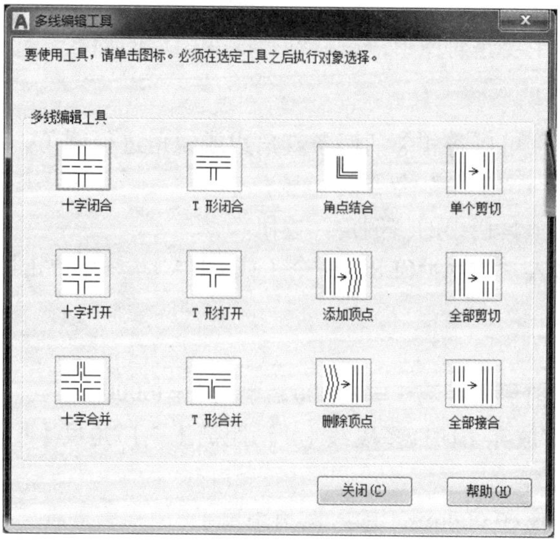

图 1-41　“多线编辑工具”对话框

1.8　尺寸标注和文字标注

1.8.1　尺寸标注样式的认识与创建

尺寸标注是建筑制图的重要组成部分，主要用于表达图形的尺寸大小和位置。一个完整的尺寸标注由标注文字、尺寸起止符号、尺寸界线及箭头等组成，如图 1-42 所示。

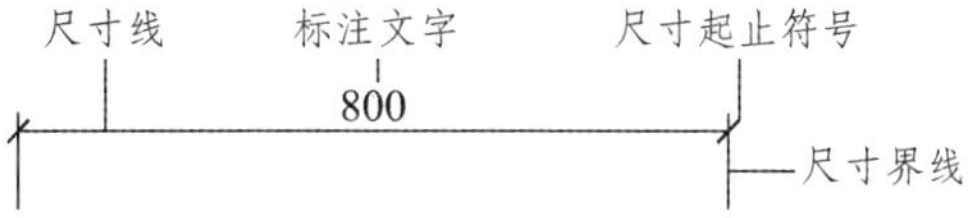

图 1-42　尺寸标注组成

通过“标注样式管理器”，用户可以对默认的尺寸标注样式进行修改，也可以新建自己的尺寸标注，还可以对其进行删除处理。

（1）执行“标注”→“标注样式”命令。

（2）执行“格式”→“标注样式”命令。

（3）在“默认”功能区的“注释”面板中单击“注释”，在下拉面板中选择按钮。

（4）在命令行中输入“D”命令，然后单击回车键。

执行以上任意一种操作，系统将自动弹出“标注样式管理器”对话框，如图 1-43 所示。系统将提供一个默认的标注样式 IOS-25，用户可通过该对话框进行修改、新建及替换等操作。

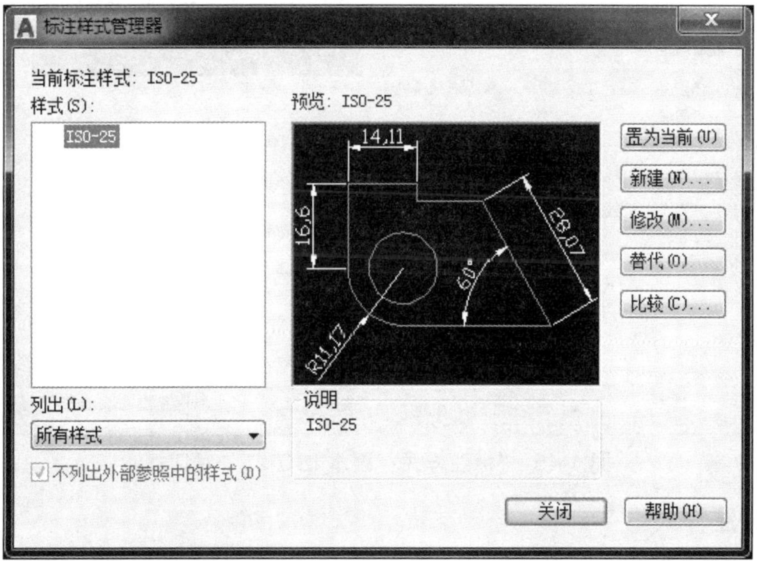

图 1-43　“标注样式管理器”对话框

1. 新建标注样式

单击“标注样式管理器”对话框的“新建”按钮，系统将自动弹出“创建新标注样式”对话框，如图 1-44 所示。用户可通过该对话框在“新建样式”文本框中输入新样式名称；在“基础样式”下拉列表中选择新样式的基础样式；在“用于”下拉列表中选择使用类型。

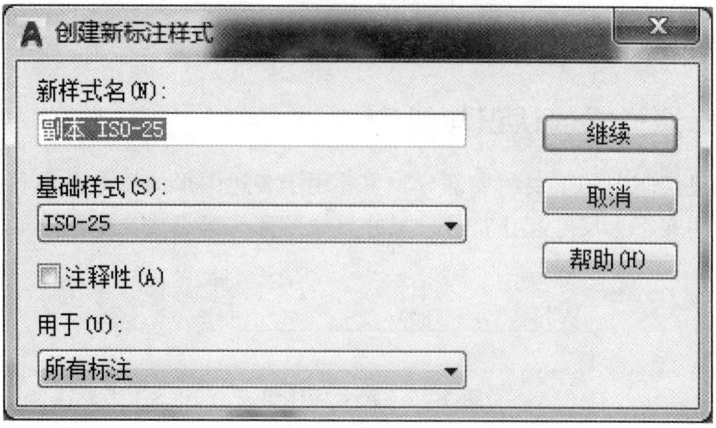

图 1-44 “创建新标注样式”对话框

单击“继续”按钮。系统将自动弹出“标注样式：副本 ISO-25”对话框，如图 1-45 所示。用户可通过该对话框对线、符号和箭头、文字、调整、主单位以及换算单位等进行设置。

图 1-45 “标注样式：副本 ISO-25”对话框

2. 修改标注样式

单击“标注样式管理器”对话框的“修改”按钮，系统将自动弹出“修改新标注样式”对话框，如图 1-46 所示。用户可通过该对话框对线、符号和箭头、文字、调整、主单位以及换算单位等进行修改。

3. 删除或重命名标注样式

在“标注样式管理器”对话框中的“样式”列表中，选择所要删除或重命名的样式，单击鼠标右键对其进行删除或重命名。

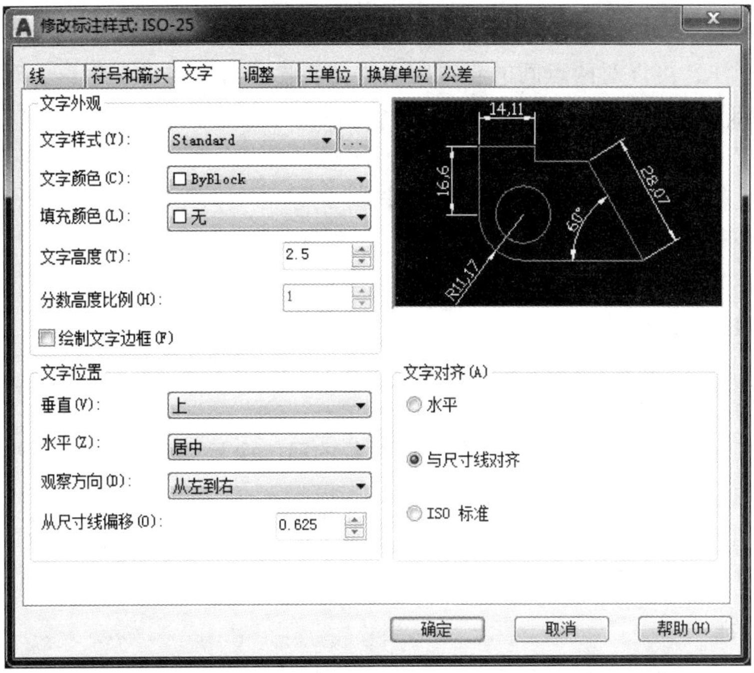

图 1-46　“修改标准样式 ISO-25”对话框

4. 比较标注样式

单击“标注样式管理器”对话框的“比较”按钮，系统将自动弹出“比较标注样式”对话框，如图 1-47 所示。用户可以对不同的标注样式进行比较。

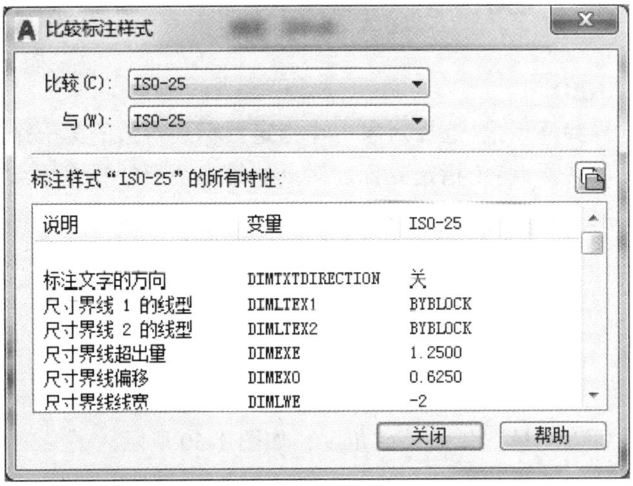

图 1-47　“比较标注样式”对话框

1.8.2　尺寸标注的类型

系统共提供了多种尺寸标注类型，比如：线性标注、对齐标注、弧长标注、坐标标注、半径标注、直径标注、圆心标记、角度标注、快速标注、基线标注以及连续标注等类型，用户可根据需要选择尺寸标注类型。

1. 线性标注

使用线性标注，可以对两点间的直线距离进行测量，可以水平、垂直、对齐或选择线性标注，如图 1-48 所示。

（1）执行“标注”→“线性”命令。

（2）在“注释”功能区中单击“线性”按钮。

（3）在命令行中输入“DIM”命令，然后单击回车键。

命令行内容如下：

命令：DIMLINEAR

指定第一个尺寸界线原点或‹选择对象›：（指定要标注对象的第一个尺寸界线原点）

指定第二条尺寸界线原点：（指定要标注对象的第二个尺寸界线原点）

指定尺寸线位置或

[多行文字（M）/文字（T）/角度（A）/水平（H）/垂直（V）/旋转（R）]：（用户可以直接指定出尺寸线的位置或者根据需要选择其他模式，根据提示进行操作。）

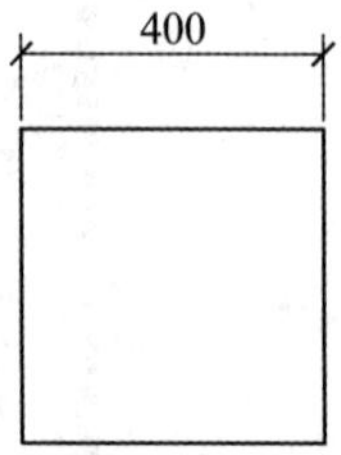

图 1-48　线性标注

2. 对齐标注

使用对齐标注，可以创建与指定位置或对象平行的标注，如图 1-49 所示。

（1）执行“标注”→“对齐”命令。

（2）在“注释”功能区中单击“线性”，在下拉列表中选择“已对齐”按钮。

（3）在命令行中输入“DAL”命令，然后单击回车键。

命令行内容如下：

命令：DIMALIGNED

指定第一个尺寸界线原点或‹选择对象›：（指定要标注对象的第一个尺寸界线原点）

指定第二条尺寸界线原点：（指定要标注对象的第二个尺寸界线原点）

指定尺寸线位置或

[多行文字（M）/文字（T）/角度（A）]：（用户可以直接指定出尺寸线的位置或者根据需要选择其他模式，根据命令行的提示进行操作。）

标注文字 = 400

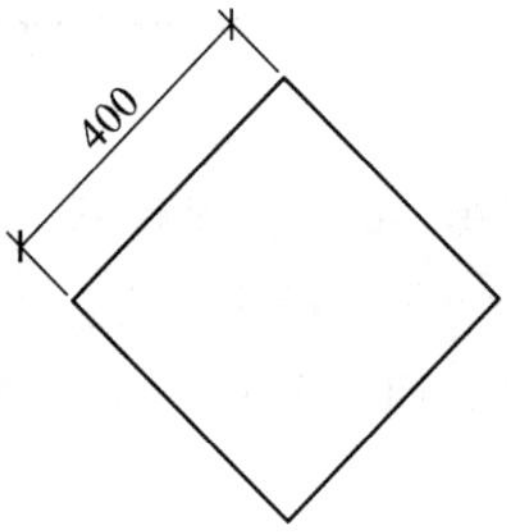

图 1-49　对齐标注

3. 弧长标注

使用弧长标注，可以测量圆弧弧长或角度，如图 1-50 所示。

（1）执行“标注”→“弧长”命令。

（2）在“注释”功能区中单击“线性”，在下拉列表中选择“弧长”按钮。

（3）在命令行中输入“DIMARC”命令，然后单击回车键。

命令行内容如下：

命令：DIMARC

选择弧线段或多段线圆弧段：（选择要标注的对象）

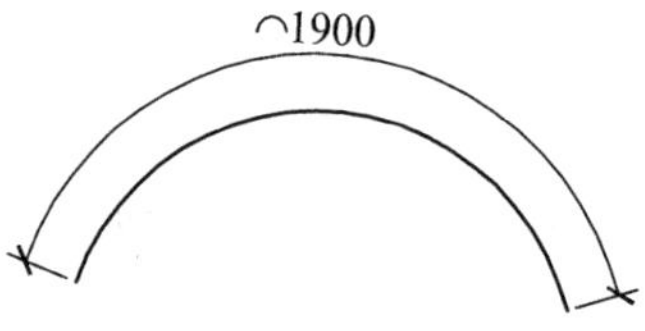

图 1-50　弧长标注

指定弧长标注位置或[多行文字（M）/文字（T）/角度（A）/部分（P）/引线（L）]:（用户可以直接指定出尺寸线的位置或者根据需要选择其他模式，根据命令行的提示进行操作。）

4. 坐标标注

使用坐标标注，可以标注指定点的坐标，由 *X* 坐标或 *Y* 坐标和引线组成，如图 1-51 所示。

（1）执行“标注”→“坐标”命令。

（2）在“注释”功能区中单击“线性”，在下拉列表中选择“坐标”按钮。

（3）在命令行中输入“DAN”命令，然后单击回车键。

命令行内容如下：

命令：DIMORDINATE

指定点坐标：（指定要标注的点）

指定引线端点或[X 基准（X）/Y 基准（Y）/多行文字（M）/文字（T）/角度（A）]:（用户可以直接指定引线端点或者根据需要选择其他模式，根据命令行的提示进行操作。）

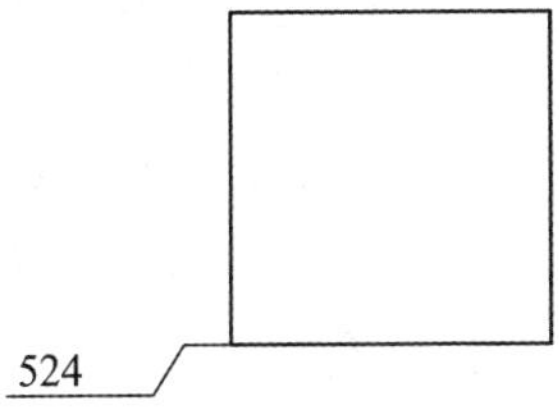

图 1-51　坐标标注

5. 半径标注

使用半径标注，可以标注图形中的圆或圆弧半径尺寸，如图 1-52 所示。

（1）执行“标注”→“半径”命令。

（2）在“注释”功能区中单击“线性”，在下拉列表中选择“半径”按钮。

（3）在命令行中输入“DRA”命令，然后单击回车键。

命令行内容如下：

命令：DRA　DIMRADIUS

选择圆弧或圆：（选择要标注对象）

标注文字 = 20

指定尺寸线位置或[多行文字（M）/文字（T）/角度（A）]:（用户可以直接指定尺寸线位置或者根据需要选择其他模式，根据命令行的提示进行操作。）

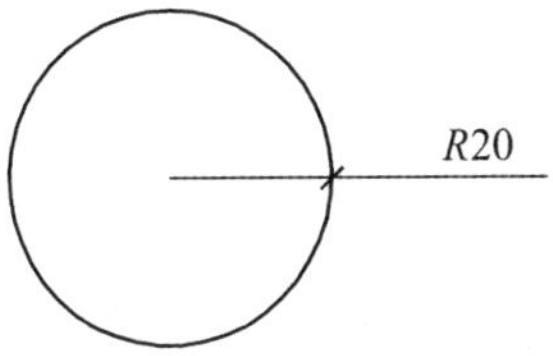

图 1-52　半径标注

6. 直径标注

使用直径标注，可以标注图形中的圆或圆弧直接尺寸，如图 1-53 所示。

（1）执行“标注”→“直径”命令。

（2）在“注释”功能区中单击“线性”，在下拉列表中选择“直径”按钮。

（3）在命令行中输入“DDI”命令，然后单击回车键。

命令行内容如下：

命令：DDI　DIMDIAMETER

选择圆弧或圆：（选择要标注对象）

标注文字 = 40

指定尺寸线位置或[多行文字（M）/文字（T）/角度（A）]:（用户可以直接指定尺寸线位置或者根据需要选择其他模式，根据命令行的提示进行操作。）

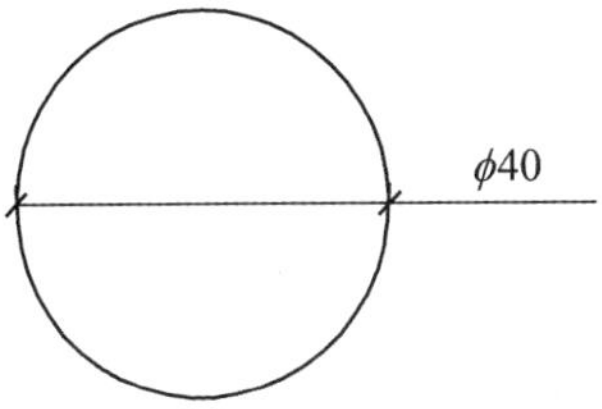

图 1-53　直径标注

7. 圆心标记

使用圆心标记，可以标注图形中的圆或圆弧的圆心，如图 1-54 所示。

（1）执行“标注”→“圆心标记”命令；

（2）在“注释”功能区中单击“圆心标记”按钮。

（3）在命令行中输入“DIMCENTER”命令，然后单击回车键。

命令行内容如下：

命令：DIM　CENTERARK

选择圆弧或圆：（选择要标注对象，完成操作。）

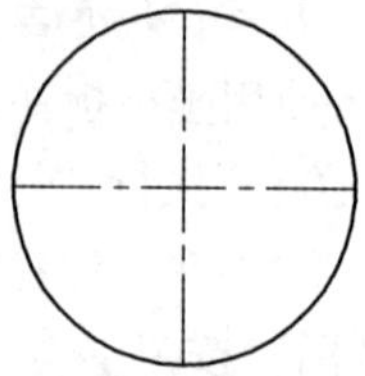

图 1-54　圆心标记

8. 角度标注

使用角度标注，可以测量圆、圆弧或两条线段的夹角，如图 1-55 所示。

（1）执行“标注”→“角度”命令。

（2）在“注释”功能区中单击“线性”旁的倒三角按钮，在下拉列表中选择“角度”按钮。

（3）在命令行中输入“DAN”命令，然后单击回车键。

命令行内容如下：

命令：DAN　DIMANGULAR

选择圆弧、圆、直线或‹指定顶点›：（以直线为例，选择一条直线）

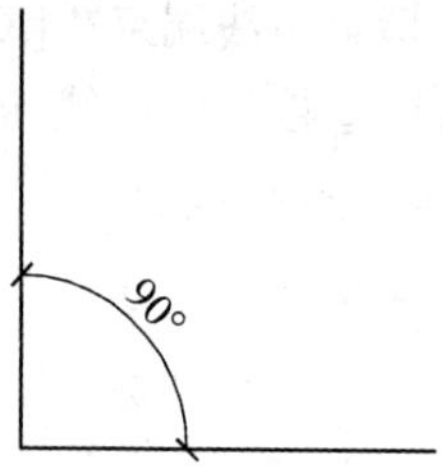

图 1-55　角度标注

选择第二条直线：（选择第二条直线）

指定标注弧线位置或[多行文字（M）/文字（T）/角度（A）/象限点（Q）]：（用户可以直接指定标注弧线位置或者根据需要选择其他模式，根据命令行的提示进行操作。）

标注文字 = 90

9. 基线标注

使用基线标注，以某一个尺寸标注的第一条尺寸界线为基线，创建另一个尺寸标注，如图 1-56 所示。注意：在进行基线标注之前，要必须先创建一个尺寸标注作为基准标注；并且在使用基线标注之前，应先设置基线间距，避免出现尺寸线覆盖状况。

（1）执行“标注”/“基线”命令。

（2）在“注释”功能区中单击“连续”旁的倒三角按钮，在下拉列表中选择“基线”按钮；

（3）在命令行中输入“DBA”命令，然后单击回车键。

命令行内容如下：

命令：DBA　DIMBASELINE

指定第二个尺寸界线原点或[选择（S）/放弃（U）]：（指定第二个尺寸界线原点）

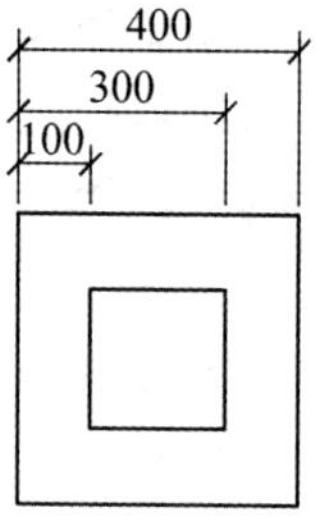

图 1-56　基线标注

选择第二条直线：（选择第二条直线）

标注文字 = 300

指定第二个尺寸界线原点或[选择（S）/放弃（U）]‹选择›：（指定第三个尺寸界线原点，如此循环操作，单击 Esc 键结束命令。）

10. 连续标注

使用连续标注，可以创建一系列首尾相连放置的标注，如图 1-57 所示。与基线标注一样，在进行连续标注之前，要必须先创建一个尺寸标注。

（1）执行“标注”→“连续”命令。

（2）在“注释”功能区中单击“连续”按钮。

（3）在命令行中输入“DCO”命令，然后单击回车键。

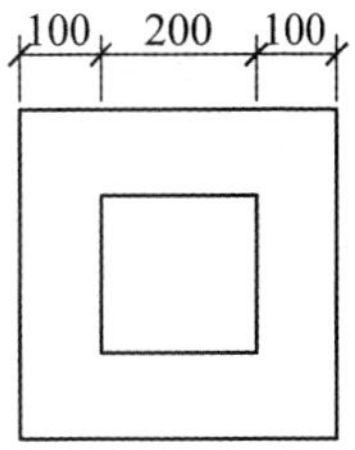

图 1-57　连续标注

命令行内容如下：

命令：DCO　DIMCONTINUE

指定第二个尺寸界线原点或[选择（S）/放弃（U）]：（指定第二个尺寸界线原点）

选择第二条直线：（选择第二条直线）

标注文字 = 100

指定第二个尺寸界线原点或[选择（S）/放弃（U）]‹选择›：（指定第三个尺寸界线原点，如此循环操作，单击 Esc 键结束命令。）

11. 多重引线

使用多重引线，可以创建一个或多个引线、多种格式的标注文字、旁注以及说明文字等，如图 1-58 所示。在使用多重引线之前，要对“多重引线样式管理器”进行设置。在“注释”功能区中，单击“引线”面板中的右下角按钮，系统将自动弹出“多重引线样式管理器”对话框，如图 1-59 所示。用户可以通过该对话框新建或修改多重引线样式。

（1）执行“标注”→“多重引线”命令。

（2）在“注释”功能区中单击“多重引线”按钮。

（3）在命令行中输入“MLEADER”命令，然后单击回车键。

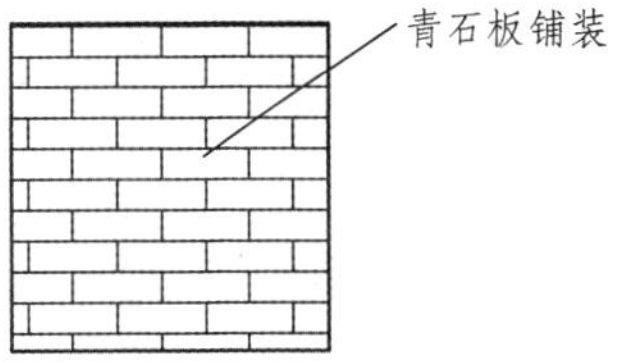

图 1-58　多重引线标注

命令行内容如下：

命令：MLEADER

指定引线箭头的位置或[引线基线优先（L）/内容优先（C）/选项（O）]‹选项›：（指定引线箭头位置）

指定引线基线的位置：（指定引线基线位置后输入文字说明，在绘图区单击鼠标左键，完成操作。）

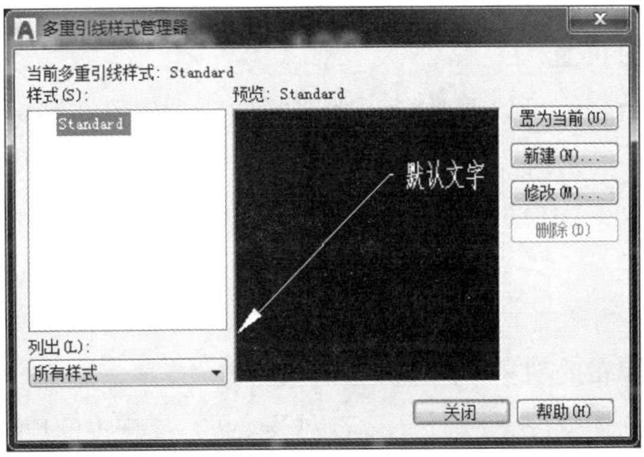

图 1-59　“多重引线样式管理器”对话框

12. 快速标注

使用快速标注，可以一次性选择多个对象，自动生成尺寸标注，如图 1-60 所示。

（1）执行“标注”→“快速标注”命令。

（2）在“注释”功能区中单击“快速”按钮。

（3）在命令行中输入“QDIM”命令，然后单击回车键。

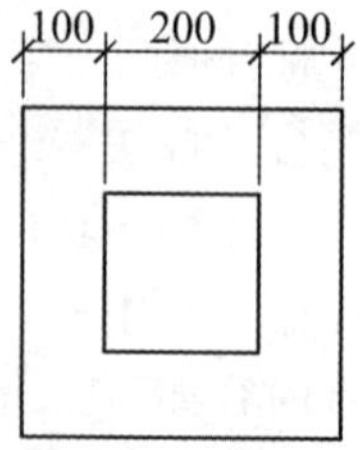

图 1-60　快速标注

命令行内容如下：

命令：QDIM

关联标注优先级 = 端点

选择要标注的几何图形：（选择要标注的第一个对象）

选择标注几何图形：找到 1 个

选择要标注的几何图形：（选择要标注的第二个对象，单击回车键。）

指定尺寸线位置或[连续（C）/并列（S）/基线（B）/坐标（O）/半径（R）/直径（D）/基准点（P）/编辑（E）/设置（T）]‹连续›：（用户可以直接指定尺寸线位置或者根据需要选择其他模式，根据命令行的提示进行操作。）

1.8.3　编辑尺寸标注

在完成标注后，用户可以对标注对象的文字、样式及位置等内容进行修改，而不必重新绘制。

1. 编辑标注

通过编辑标注命令，可对标注对象的文字及尺寸界线等进行修改。在命令行中输入“DED”命令，然后单击回车键。

命令行内容如下：

命令：DED DIMEDIT

输入标注编辑类型[默认（H）/新建（W）/旋转（R）/倾斜（O）]‹默认 ›：（用户可以自行选择编辑类型，根据提示命令行的进行操作，以 R 为例。）

指定标注文字的角度：（输入角度值）

选择对象：（选择要编辑的对象）

选择对象：找到 1 个

选择对象：（单击回车键，完成操作。）

2. 编辑标注文字的位置

通过编辑标注文字命令，可以调整标注文字的位置或放置文字标注。

（1）执行“标注”→“对齐文字”命令。

（2）在命令行中输入“DIMTEDIT”命令，然后单击回车键。

命令行内容如下：

命令：DIMTEDIT

选择标注：选择要编辑的对象

为标注文字指定新位置或[左对齐（L）/右对齐（R）/居中（C）/默认（H）/角度（A）]：（指定标注的新位置或用户可以自行选择编辑类型，根据命令行的提示进行操作。）

3. 替代标注

通过替代标注命令，可临时修改尺寸标注的系统变量，并按照该设置修改尺寸标注。在“标注样式管理器”对话框中，单击“替代”按钮，打开“替代当前样式”对话框，如图 1-61 所示。用户可以对对话框所需的参数进行设置，然后单击“确定”按钮完成设置。返回“标注样式管理器”对话框，在“样式”列表中显示“样式替代”，如图 1-62 所示。

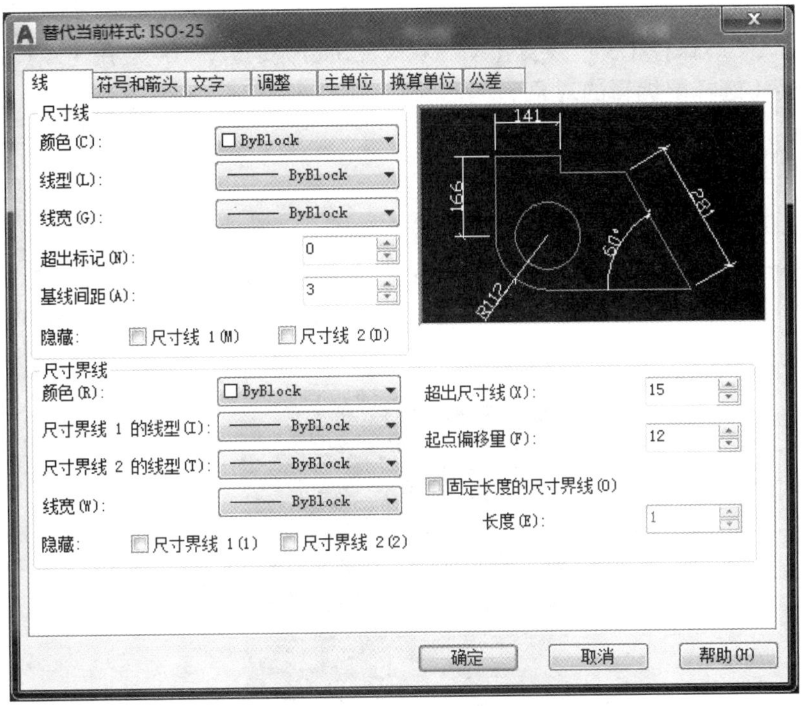

图 1-61 “替代当前样式”对话框

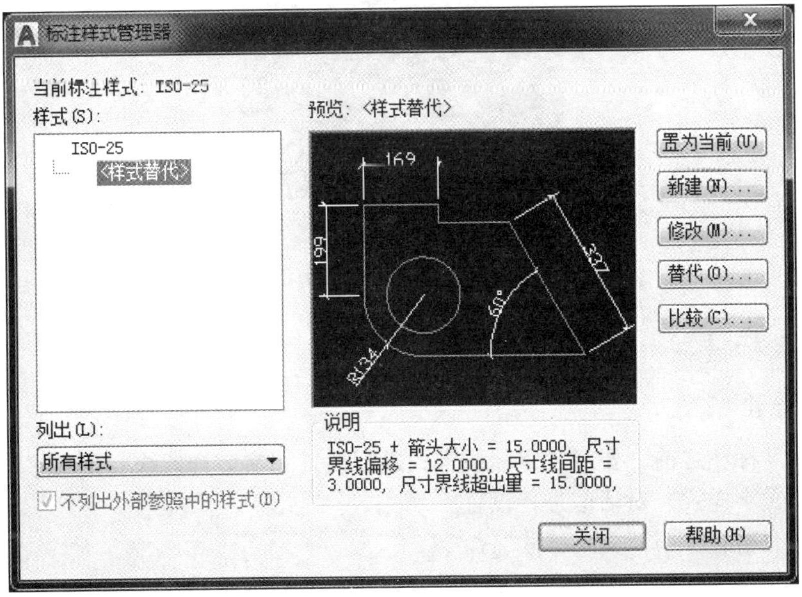

图 1-62 “标注样式管理器”对话框

4. 更新标注

通过更新标注命令，可以将已标注的尺寸更新为当前标注样式。

（1）执行“标注”/“更新”命令。

（2）在“注释”功能区中单击“替代”按钮。

（3）在命令行中输入“APPLY”命令，然后单击回车键。

命令行内容如下：

[注释性（AN）/保存（S）/恢复（R）/状态（ST）/变量（V）/应用（A）/?]-APPLY

选择标注：（选择要编辑的对象）

选择对象：找到 1 个

选择对象：（单击回车键，完成操作。）

5. 使用“特性”选项板修改尺寸标注

通过“特性”选项板，可对标注进行快速修改。选择修改对象，单击鼠标右键，在下拉列表中选择“特性”，系统将自动弹出“特性”选项板，如图 1-63 所示。用户可以直接对该选项板的参数进行设置。

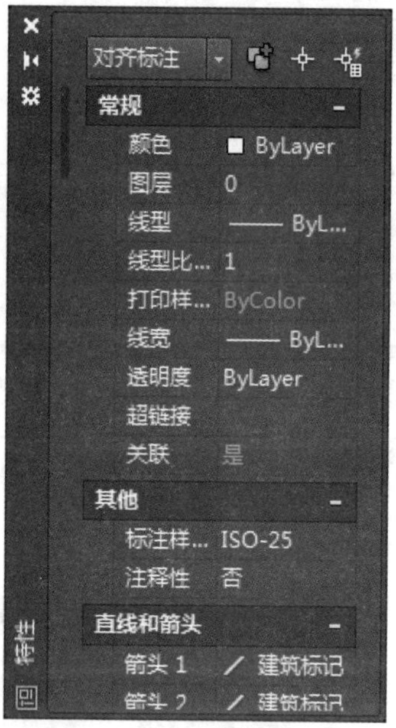

图 1-63 “特性”选项板

1.8.4 文字标注

1. 文字样式

在进行文字标注之前，要对文字标注样式进行设置，文字样式决定了文字的外观形状，用户可通过“文字样式”对话框进行设置。

（1）执行“格式”→“文字样式”命令。

（2）在“注释”功能区中单击“文字”面板的右下角按钮。

（3）在“默认”功能区中单击“注释”，在下拉面板中选择“文字样式”按钮。

（4）在命令行中输入“ST”命令，然后单击回车键。

执行以上任意一种操作，系统将自动弹出“文字样式”对话框，如图 1-64 所示。用户可以通过该对话框创建新的文字样式，也可以对已有的文字样式进行编辑。单击“新建”按钮，系统自动弹出“新建文字样式”对话框，如图 1-65 所示，用户可以在“样式名”文本框中输入样式名。单击“确定”按钮返回“文字样式”对话框，如图 1-66 所示，在“样式”列表中显示新建的样式名称“样式 1”，即可对新建样式的字体、大小及效果进行设置。

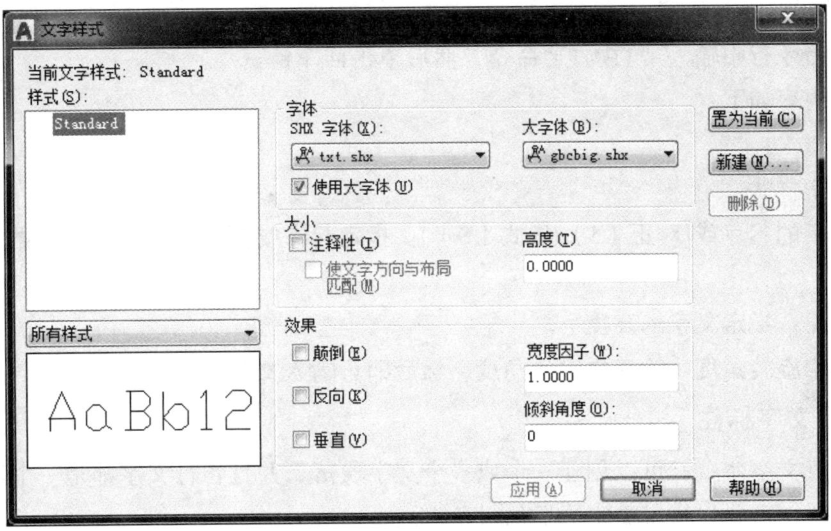

图 1-64 “文字样式”对话框

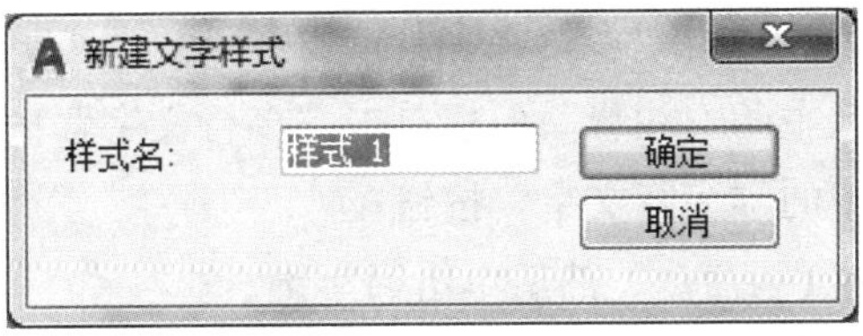

图 1 65 “新建文字样式”对话框

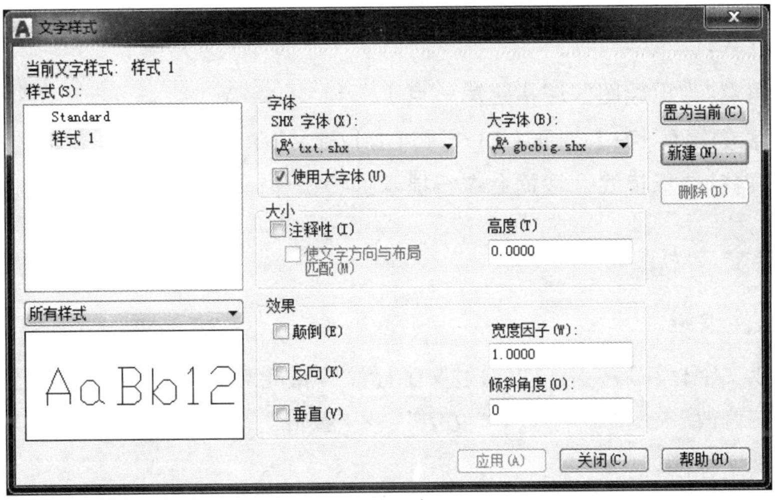

图 1-66 新建好文字样式后的对话框

2. 单行文字标注

通过单行文字命令，可以创建一行或多行文字，并且用户可以对每个文字对象进行单独修改。在创建单行文字时，要先设置好文字样式。

（1）执行“绘图”→“文字”→“单行文字”命令。

（2）在“注释”功能区中单击“多行文字”，在下拉面板中选择“单行文字”按钮A。

（3）在“默认”功能区中的“注释”面板单击“文字”，在下拉面板中选择“单行文字”按钮A。

（4）在命令行中输入“TEXT”命令，然后单击回车键。

命令行内容如下：

命令：TEXT

当前文字样式：

指定文字的起点或[对正（J）/样式（S）]：指定起点或自行选择模式，根据命令行的提示进行操作。

指定高度：指定文字的高度

指定文字旋转角度：输入文字的角度，然后即可输入文字。

3. 多行文字标注

通过多行文字命令，可以创建一个或多个文字段落，并且各行文字都是一个整体。在创建多行文字时，需要先指定文字边框的对角点。

（1）执行“绘图”→“文字”→“多行文字”命令。

（2）在“注释”功能区中单击“多行文字”按钮A。

（3）在“默认”功能区中的“注释”面板单击“多行文字”按钮A。

（4）单击绘图工具栏中的“多行文字”按钮A。

（5）在命令行中输入“T”命令，然后单击回车键。

命令行内容如下：

命令：T

当前文字样式：

指定第一角点：（再绘图区域指定第一点）

指定对角点或[高度（H）/对正（J）/行距（L）/旋转（R）/样式（S）/宽度（W）/栏（G）]：（指定对角点或自行选择模式，根据命令行提示进行操作，然后即可输入文字。）

1.8.5 编辑文字标注

1. 文字标注编辑

在创建完成文字标注后，用户可通过文字标注编辑能对其内容、特性、位置等进行修改。

（1）执行“修改”→“对象”→“文字”→“编辑”命令。

（2）双击文字标注。

（3）在命令行中输入“DDEDIT”命令，然后单击回车键。

命令行内容如下：

当前设置：编辑模式 = Multiple

选择注释对象或[放弃（U）/模式（M）]：（选择要编辑的文字即可进行修改）

执行以上任意一种操作，选择编辑多行文字标注时，系统自动弹出文字编辑器选项板，如图 1-67 所示，用户可以通过文字编辑器选项板对多行文字进行字体属性设置。

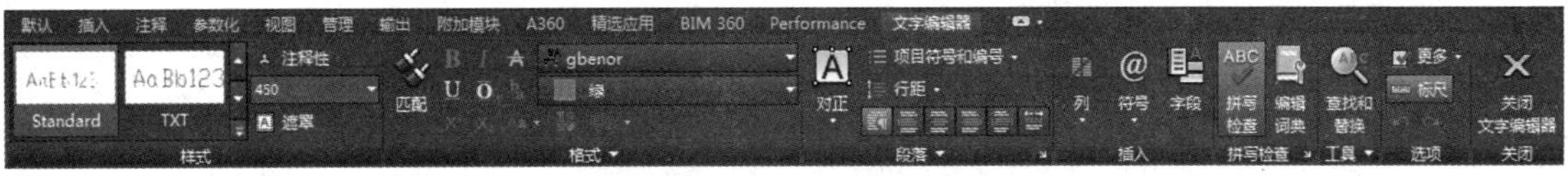

图 1-67 文字编辑器选项板

2. 查找与替换文本

通过查找和替换功能，可以快速实现对某段文字中的一部分文字进行查找和替换。

（1）执行“编辑”→“查找和替换”命令。

（2）双击文字标注。

（3）在命令行中输入“FIND”命令，然后单击回车键。

执行以上任意一种操作，系统将自动弹出“查找和替换”对话框，如图 1-68 所示，用户可在“查找内容”文本框中输入或显示选择的文字，然后将替换文字输入“替换为”文本框中进行替换处理。

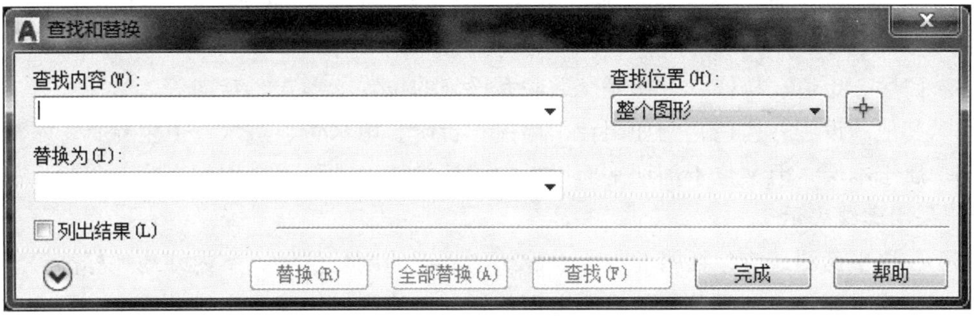

图 1-68 “查找和替换”对话框

项目 2　绘制建筑平面图

2.1　建筑平面图概述

2.1.1　平面图的绘制内容

建筑平面图的形成是用假想一水平剖切面，将建筑物在某层门窗洞口范围内剖开，移去剖切平面以上的部分，对剩下的部分作水平面的正投影图所得。因此，建筑平面图应能反映出建筑的平面形状和尺寸、房间的大小和布置、门窗的开启方向等。另外，设计上由土建施工完成的建筑构件和装置，应在建筑平面图中按照视图规律表示其位置、大小、做法等，例如讲台、坡道、卫生间的便池等。同时建筑设计还应协调其他专业，例如结构、给排水专业等，这些专业的设计成果在建筑中也要合理、完善地满足使用要求。因此，这些专业的构造要求，也应在建筑平面图中得到表示。

本项目将建筑平面图的主要内容概括为以下几部分：

（1）反映建筑物某一层的平面形状、房间的位置、形状、大小、用途以及相互关系。

（2）墙、柱的位置、尺寸、材料、形式，例如各房间门、窗的标号及其位置和开启形式等。

（3）门厅、走道、楼梯、电梯等交通联系设施的位置、形式、走向等。

（4）其他的设施、构造，例如阳台、雨篷、台阶、雨水管、散水、卫生器具、水池等。

（5）属于本层，但又位于剖切平面以上的建筑构造以及设施，例如高窗、隔板、吊柜等（按规定采用虚线表示）。

（6）一层平面图还应包括指北方向、建筑剖面图的剖切位置、室内外地坪标高等。

（7）表明主要楼、地面及其他主要台面的标高、注明总尺寸、定位轴线间的尺寸和细部尺寸。

（8）屋顶平面图则主要表明屋面的平面形状、屋面坡度、排水方式、雨水口位置、挑檐、女儿墙、烟囱、上人孔、电梯间、水箱间等构造和设施。

（9）在另外有详图的部位，注有详图的索引符号。

（10）图名和绘制比例。

2.1.2　建筑平面图的绘制步骤

步骤 1　创建新图形，设置绘图环境。

步骤 2　绘制定位轴线。

步骤 3　绘制墙线。

步骤 4　绘制门窗。

步骤 5　绘制楼梯、卫生间。

步骤 6　文字、尺寸标注。

图 2-1 为某山地别墅的一层平面图，本项目将以此为例，来介绍运用 AutoCAD 2019 来绘制建筑平面图的步骤。

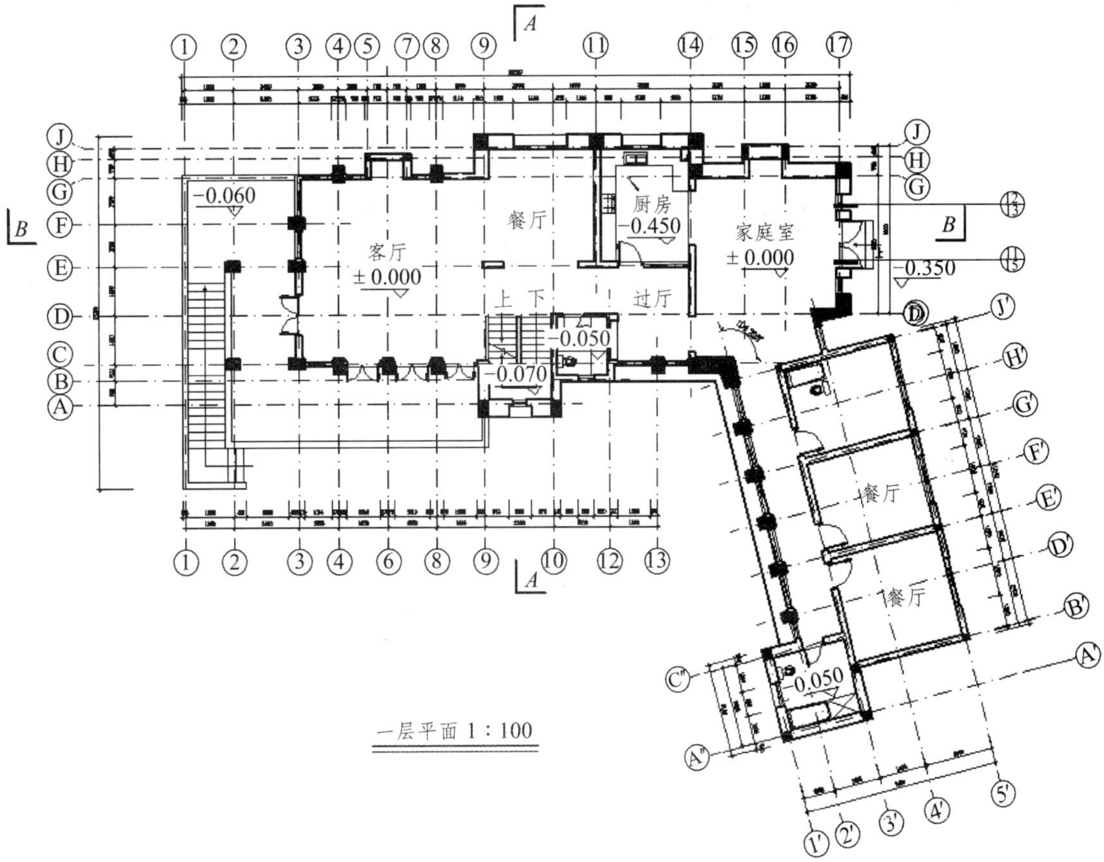

图 2-1　某山地别墅一层平面图

2.1.3　设置绘图环境

用户在绘图前，首先需要设置绘图环境。

（1）选择“工具”→“选项”命令，弹出“选项”对话框，修改系统配置的背景底色、自定义右键功能、调整线宽显示等选项内容以符合用户自己的绘图习惯。

（2）在命令行中输入“UNITS”，或选择“格式”→“单位”命令，设置绘图单位，选取“长度”和“角度”的单位格式类型分别为“小数”和“十进制度数”；绘图“精度”为 0.00；“角度方向”为默认值。

（3）在命令行中输入“LIMITS”或选择“格式”→“图形界限”命令，设置绘图区域的大小，根据所绘制图形的大小和比例定义与其大小相一致的图形界限。

（4）首先打开状态栏右侧的“栅格”按钮，选择“视图”→“缩放”→“全部”命令，全屏居中显示绘图界限。

（5）选择“工具”→“绘图设置”命令，弹出“草图设置”对话框，根据平面图的绘图需要，设置如下：

①“捕捉和栅格”选项卡：按默认值设置。

②“极轴追踪”选项卡：在“极轴角设置”中，设置“增量值”为 90，其他按默认值。

③“对象捕捉”选项卡：设置如图 2-2 所示。

④“动态输入”选项卡：按默认值设置。

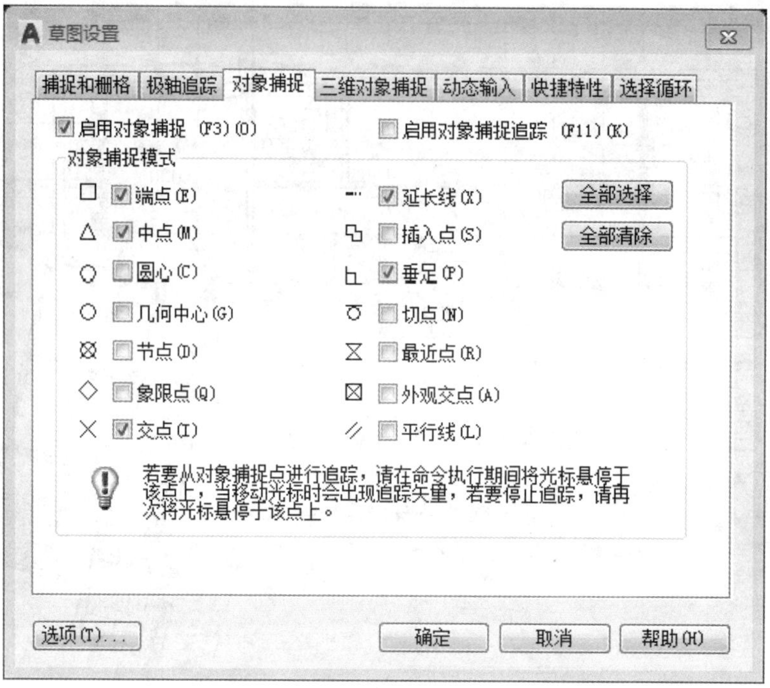

图 2-2 “对象捕捉”设置对话框

（6）打开“图层特性管理器”对话框，在该对话框中设置图层。根据底层平面图中组成元素的不同，为方便管理和编辑，进行图层设置，如图 2-3 所示。

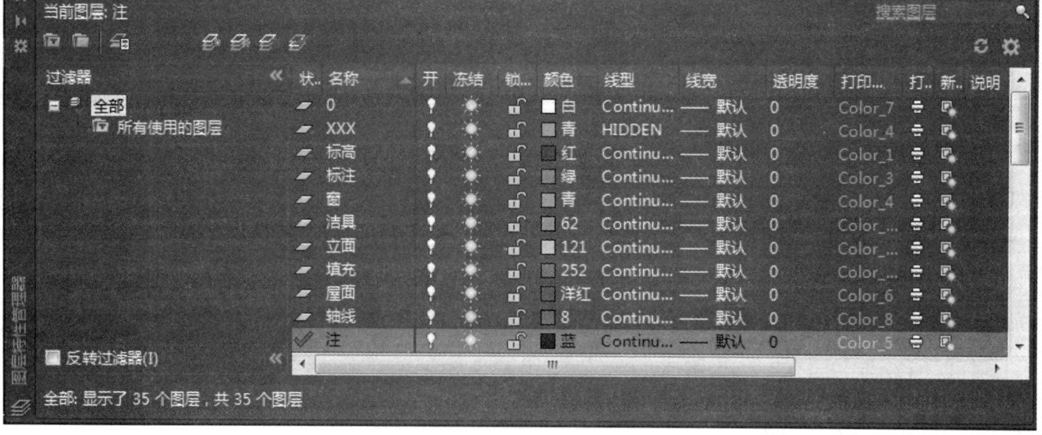

图 2-3 图层设置

（7）选择“格式”→“线型”命令，弹出“线型管理器”对话框，设置线型比例，如图 2-4 所示。单击对话框右上方的“显示细节”按钮，然后在“全局比例因子”文本框中输入数值，根据本图的线型可设为 0.3 ~ 0.4。

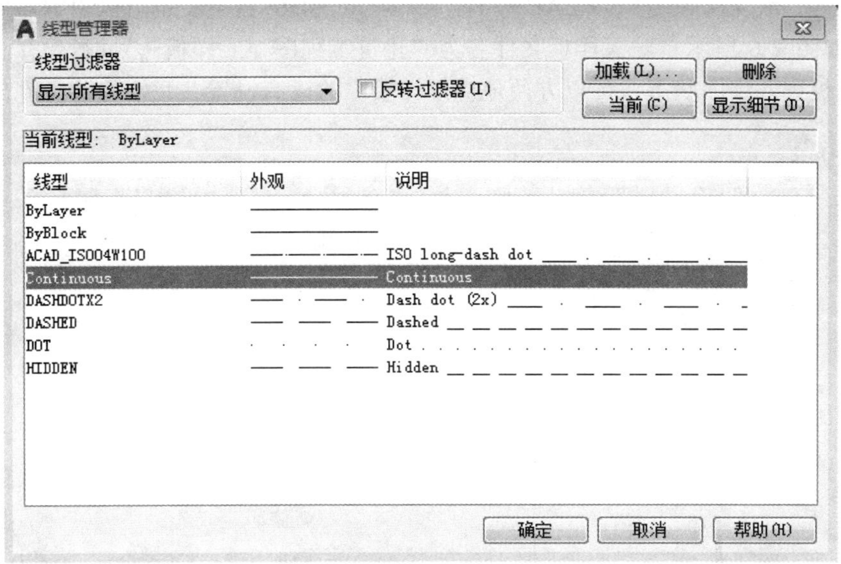

图 2-4　线型设置

（8）切换到“图标”层为当前层，单击“绘图”工具栏中的“矩形”按钮和“直线”按钮，绘制图幅线、图框线、标题栏、会签栏。

（9）在命令行中输入 Style，或选择“格式”→“文字样式”命令，设置平面图中要用到的“数字”和“汉字”两种文字样式。

（10）设置平面图中要用到的“建筑直线”标注样式。

（11）先绘制出一个图形，然后选择“修改”→“缩放”命令，缩放绘图范围，实现 1∶1 绘图。

命令行内容如下：

命令：SCALE（选择“缩放”命令）

选择对象：all（采用“全选”方式选择缩放的对象）

找到 1 个

选择对象：（按回车键退出选择状态）

指定基点：0，0（输入基点的坐标或用“对象捕捉”方式选择基点）

指定比例因子或[复制（C）/参照（R）]<1.0000>：100（输入缩放的比例值）

命令：ZOOM（输入“显示缩放”命令）

指定窗口的角点，输入比例因子（nX 或 nXP），或者[全部（A）/中心（C）/动态（D）/范围（E）/上一个（p）/比例（S）/窗口（w）/对象（0）]<实时>：a（选择“全部”选项）正在重生成模型。（放大后的整个绘图范围全屏显示在绘图区界面上，这时的栅格因间距太密而无法显示）

（12）选择“文件”→“保存”命令，将图形保存为“建筑平面图.dwg”，如图 2-5 所示。

（13）因建筑平、立、剖面图中的绘图环境比较类似，为重复利用上述设置好的绘图环境，把上述设置创建为样板文件。

选择“文件”→“另存为”命令，弹出“图形另存为”对话框，指定文件的保存类型为图形样板文件，默认路径为 AutoCAD 软件包中的 Template 目录（也可以根据需要指定其他的路径），如图 2-6 所示，输入样板文件名为“建筑工程图 A1 样板”，进行保存。以后绘图时通过该样板进入绘图状态，可以方便地应用样板中的已有设置，只需修改少许部分即可。

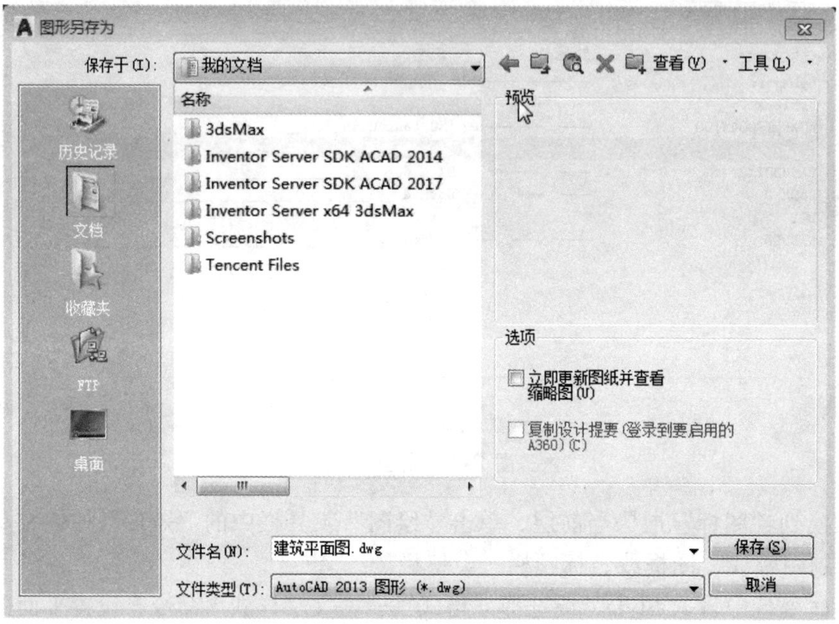

图 2-5　图形保存

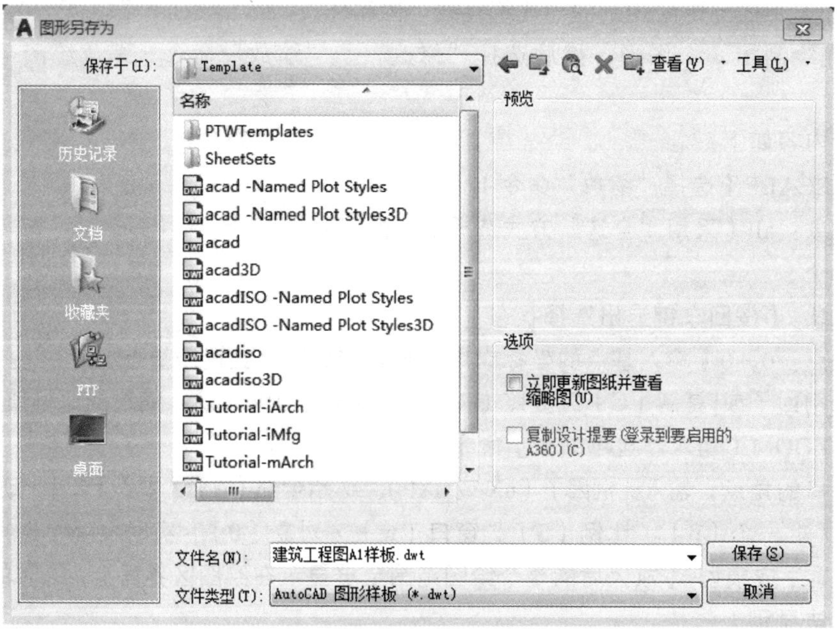

图 2-6　创建样板文件

2.2　建筑平面图的绘制

本项目 2.1 主要向用户介绍了建筑平面图的内容和绘制步骤，在本节中，将要利用上节所介绍的方法，通过一个具体的实例，向用户展示如何利用 AutoCAD 绘制建筑平面图。

2.2.1　定位轴线的绘制

根据建筑物的开间和进深尺寸绘制墙和柱子的定位轴线，定位轴线应用细点划线来绘制。

（1）切换“定位轴线”层为当前层。

（2）“构造线”命令，在命令行中分别输入 V 和 H，绘制垂直构造线和水平构造线，如图 2-7 所示。

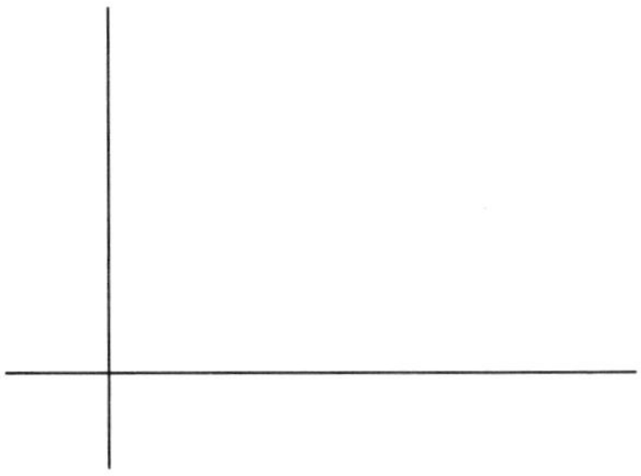

图 2-7　绘制垂直和水平构造线

（3）执行“偏移”命令。

命令行内容如下：

命令：OFFSET（单击“修改”工具栏中的“偏移”按钮）

当前设置：删除源 = 否　图层 = 源　0FFSETGAPTYPE = 0

指定偏穆距离或[通过（T）/删除（E）/图层（L）]<通过>：1830（输入偏移距离）

选择要偏移的对象，或[退出（E）/放弃（u）]<退出>：（选择直线 A）

指定要偏移的那一侧上的点，或[退出（E）/多个（M）/放弃（u）]<退出>：（指定偏移方向，如 P，点在直线 A 的右侧，表明向右方偏移）

选择要偏移的对象，或[退出（E）/放弃（u）]<退出>：（按 Enter 键结束命令）

（4）继续执行“偏移”命令，将垂直构造线和水平构造线按图 2-8 所示的尺寸偏移。

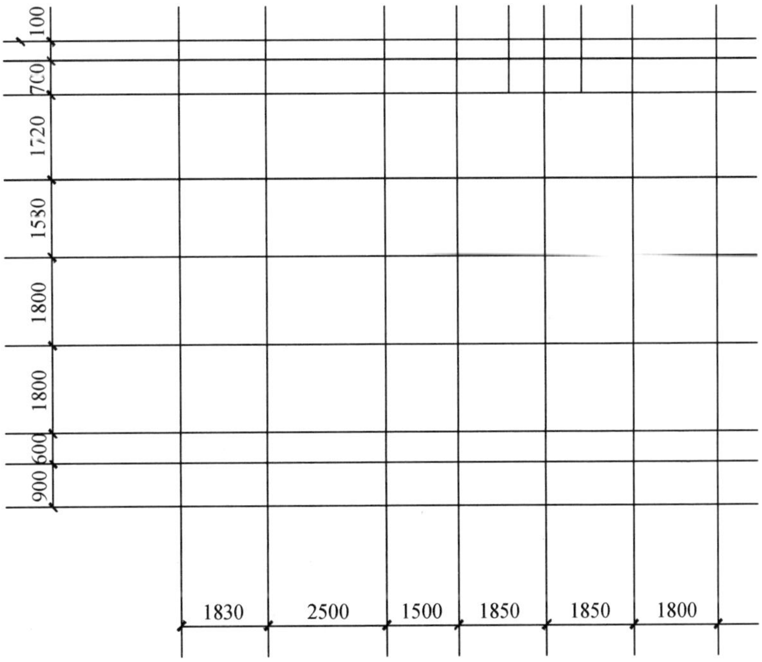

图 2-8　偏移构造线

（5）选中所有的线后单击右键，在弹出的快捷菜单中选择“特性”命令，再在弹出如图 2-9 所示的“特性”选项板中，将该选项板中的“线型比例”设置为 50.000，效果如图 2-10 所示。

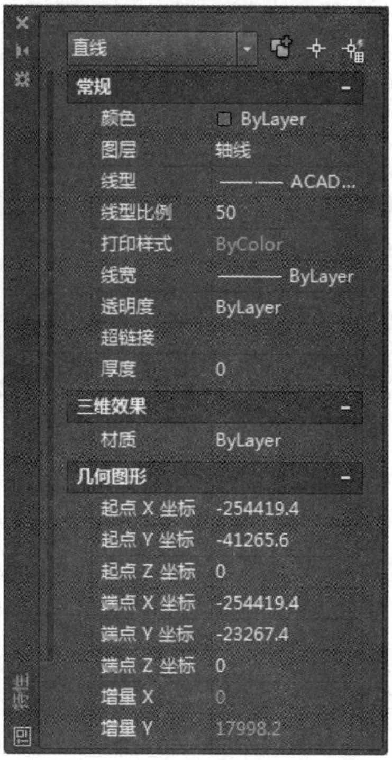

图 2-9　设置线型比例

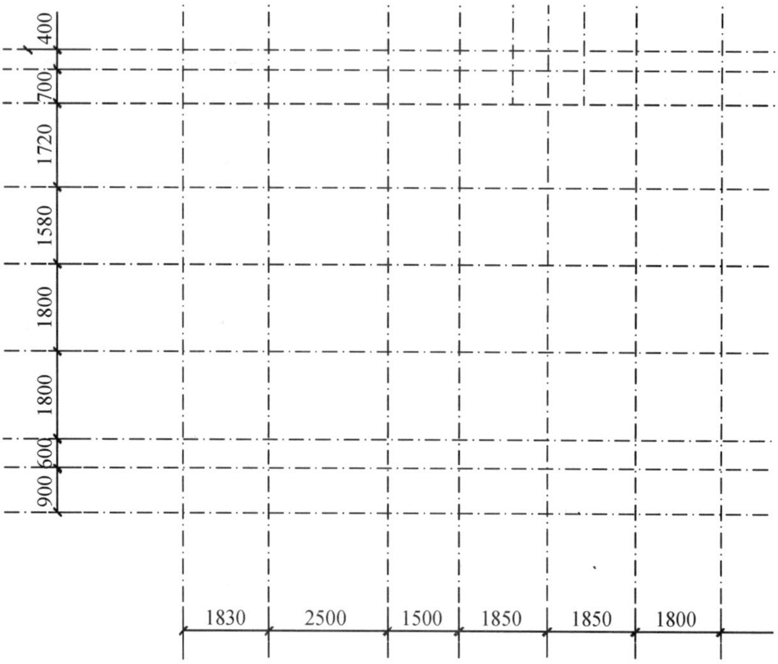

图 2-10　设置线型比例

2.2.2　墙体的绘制

在 AutoCAD 2019 中，有两种方法绘制墙线，一种是通过“直线”命令绘制出墙体的一侧直线，再用“偏移”命令绘制另外一条直线；另一种是通过“多线”命令绘制墙体，然后再编辑多线，在多线相交处通过“MLEDIT”命令整理墙体的交线，然后在墙体中添加门窗洞。本例采用第二种方法绘制墙线，具体步骤如下：

步骤 1　切换“墙线”层为当前层。

步骤 2　设置“多线样式”。

选择“格式”→“多线样式”命令，弹出“多线样式”对话框，按图形中实际墙体轮廓的线型、条数、比例及端口形式绘制多条平行线段。案例所需样式应端部封口。在此只需将已保存的“建筑平面图样式”加载即可，操作如图 2-11 所示。

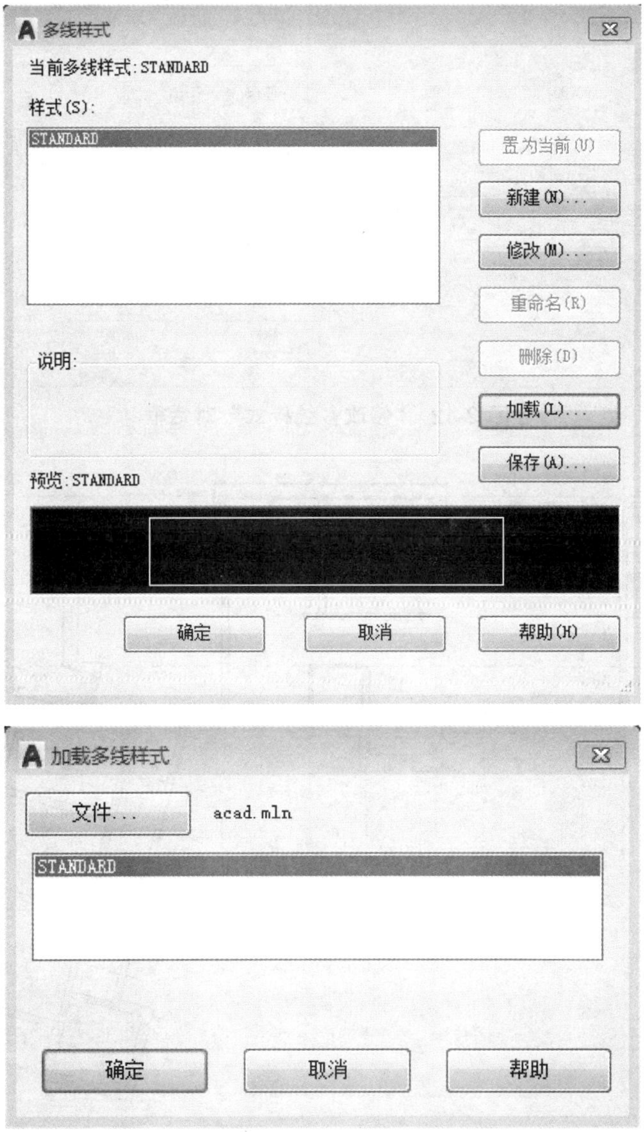

图 2-11　设置多线样式

步骤 3　绘制墙体。

本次案例别墅由于地形的造型，其墙体的厚度分别有 540 mm、240 mm、120 mm。选择“格式”→“多线样式”命令，弹出“多线样式”对话框，单击“修改”按钮，弹出“修改多线样式”对话框，在这里通过调整“图元”里的偏移度来实现调整墙体的厚度，如图 2-12 所示。墙厚设置好以后，选择“绘图”→“多线”，通过捕捉相应的定位轴线进行墙体的绘制，绘制后的效果如图 2-13 所示。

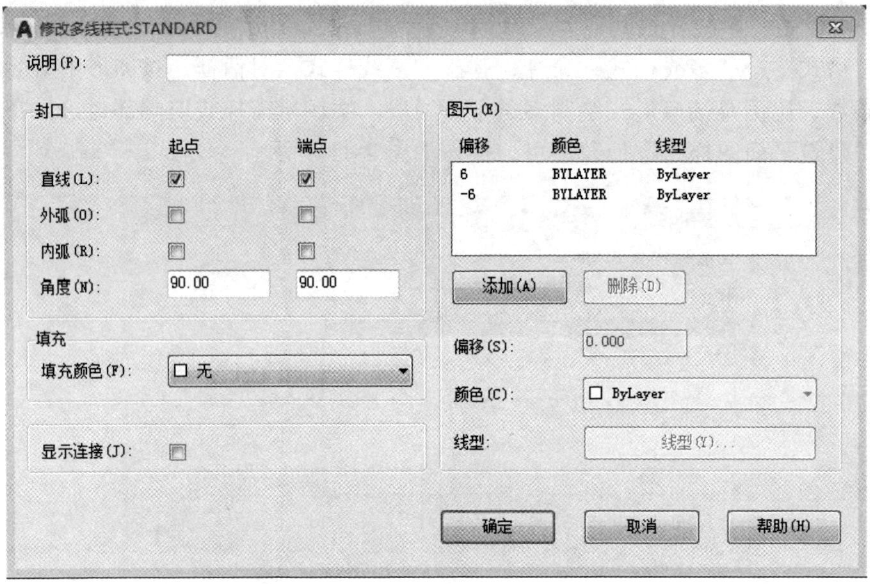

图 2-12　“修改多线样式”对话框

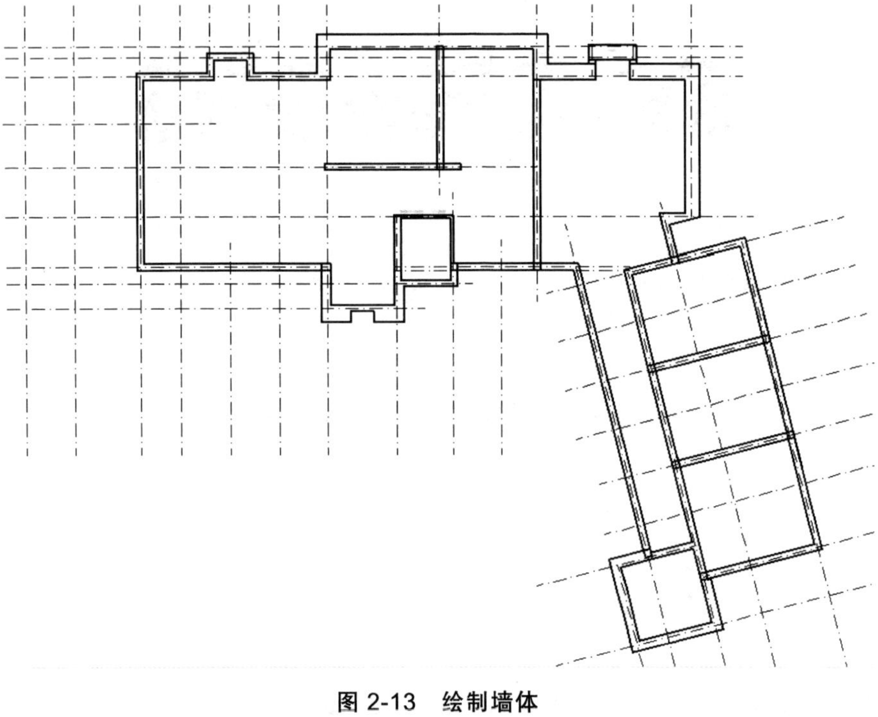

图 2-13　绘制墙体

步骤 4　编辑墙角接头。

选择“修改”→“对象”→“多线”命令，或在命令行中输入“MLEDIT”命令，按回车键，弹出“多线编辑工具”对话框，如图 2-14 所示，选取相应的接口形式。

图 2-14　设置多线结合方式

命令行内容如下：

命令：MLEDIT（选择“多线”命令后，弹出“多线编辑工具”对话框，选取“T 形合并”或“T 形打开”选项）

选择第一条多线：（单击图中的第一条多线）

选择第二条多线：（单击图中的第二条多线）

编辑结果如图 2-15 所示。

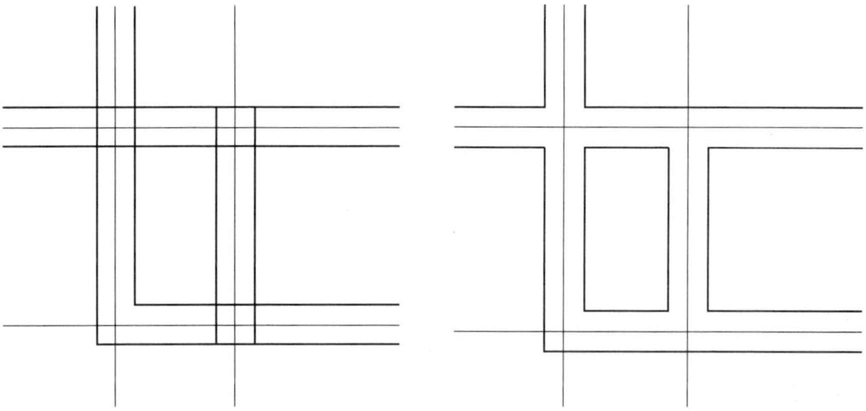

（a）编辑前　　（b）编辑后

图 2-15　编辑前后对比

依次选取接头处的多线，进行合并接口，并擦去多余标记，完成对所有墙体的绘制，绘制效果如图 2-16 所示。

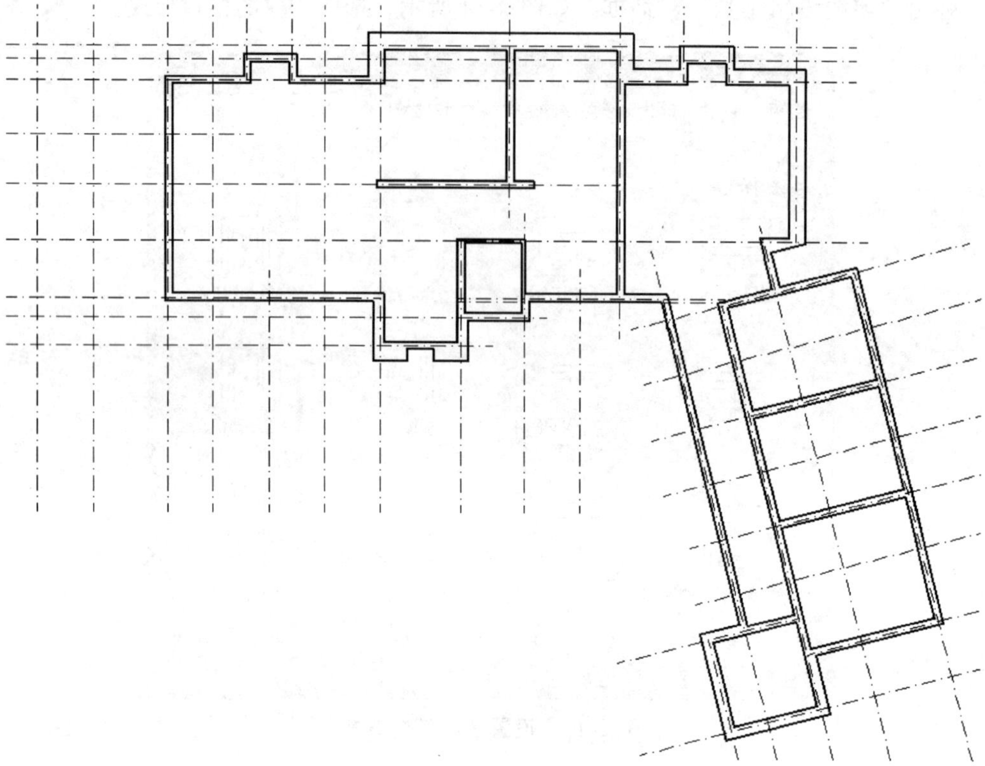

图 2-16　编辑后的墙线

2.2.3　柱子的绘制

本例的结构复杂，所以图中柱子的数量众多，却大小不同，可以通过“矩形”命令来绘制，步骤如下：

步骤 1　切换“柱”层为当前层。

步骤 2　绘制柱的断面。

① 绘制柱子断面外形轮廓。

使用“矩形”工具，按照平面图，用粗实线画出柱子断面外轮廓，如图 2-17 所示。

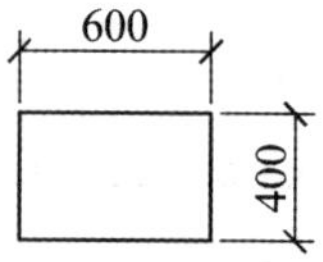

图 2-17　绘制柱子断面外轮廓

命令行内容如下：

命令：RECTANG（选择“矩形”命令）

指定第一个角点或[倒角@／标高（E）／圆角（F）／厚度（T）／宽度（W）]：（指定第一角点的位置）

指定另一个角点或[面积（A）／尺寸（D）／旋转（R）]：（指定第二角点的位置，这里以相对坐标的方式来确定）

② 填充柱的断面。

切换“填充”层为当前层。

在“绘图”工具栏中单击“图案填充”按钮，弹出“图案填充和渐变色”对话框，如图 2-18 所示。在“图案填充”选项卡中，单击“图案”后的按钮，弹出如图 2-19 所示的“填充图案选项板”对话框，选择 SOLID 图案填充类型，单击“确定”按钮；在“边界”选项组中单击“添加：拾取点”按钮。返回绘图区，单击所绘的方柱和圆柱轮廓内任意一点，拾取要填充的边界范围，按回车键完成边界的选择，返回“图案填充和渐变色”对话框，单击“确定”按钮，完成操作，填充效果如图 2-20 所示。

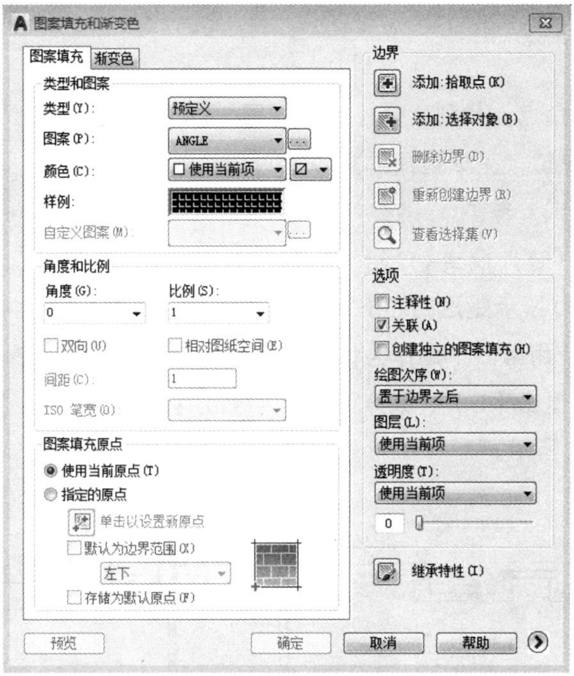

图 2-18　“图案填充和渐变色”对话框

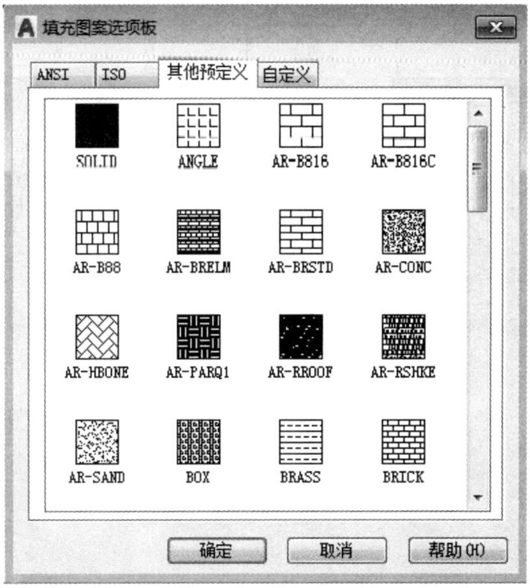

图 2-19　“填充图案选项板”对话框

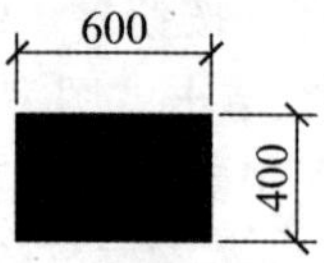

图 2-20　柱子断面填充

③ 执行“复制”命令，将绘制好的柱子复制到相同柱子处。

命令行内容如下：

命令：COPY

选择对象：指定对角点：找到 2 个（选择如图 2-20 所示的柱图形）

选择对象：（按回车键，完成选择）

当前设置：复制模式 = 多个

指定基点或［位移（D）/模式（O）］<位移>：FROM（使用相对点法确定复制操作基点）

基点：（捕捉图 2-20 所示矩形的左 F 角为相对点法的基点）

指定第二个点或<使用第一个点作为位移>：（捕捉最左侧和最上侧轴线的交点）

指定第二个点或［退出（E）/ 放弃（U）］<退出>：（按回车键，完成复制）

绘制效果如图 2-21 所示。

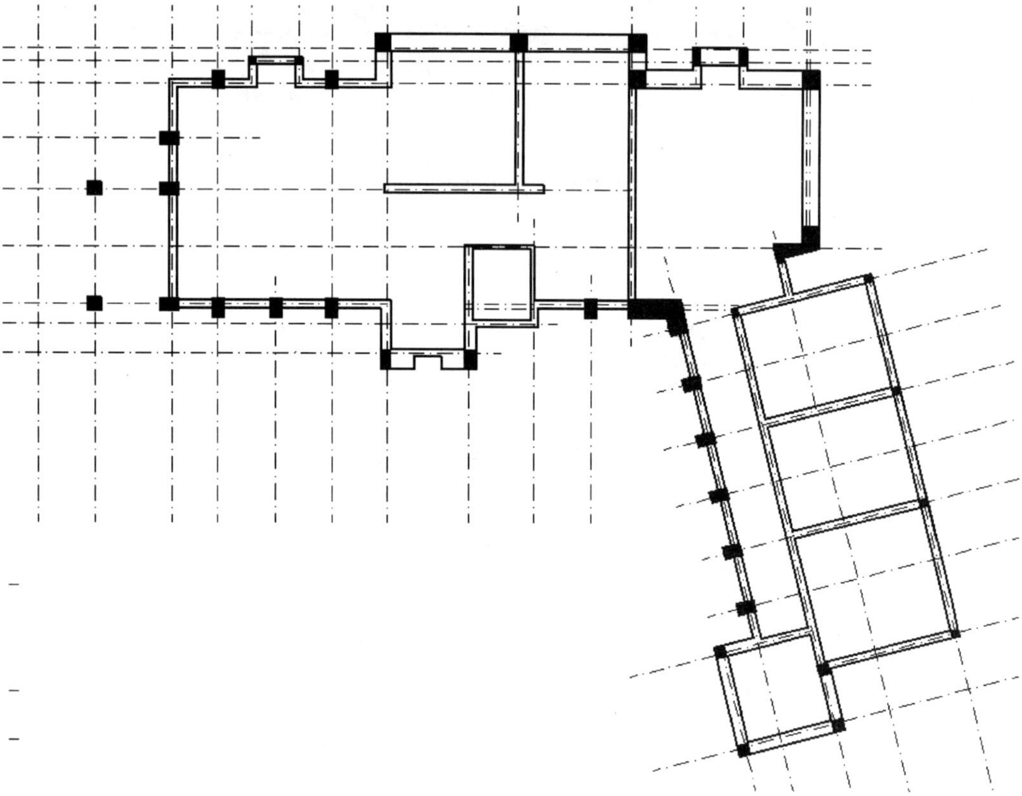

图 2-21　完成柱子的绘制

2.2.4　门窗的绘制

在建筑图中，门和窗是平面图、立面图、剖面图中最基本的元素，除了尺寸不同外，画法基本相同，特别是在同一幅图纸中，门和窗户就有几种规格，通常情况下，用户在绘图时可将不同规格的门和窗户都绘制出来，并保存为图块，在墙体绘制完成后，可以直接插入“门”和“窗户”图块。

在本别墅平面图中，门窗的种类和规格都比较多，其中门还分为单开门和双开门。下面就结合实例进行详细介绍。

1. 创建“窗”图块

窗户的宽度为 1 800 mm，墙厚为 240 mm，最终创建完成的窗图形如图 2-22 所示。

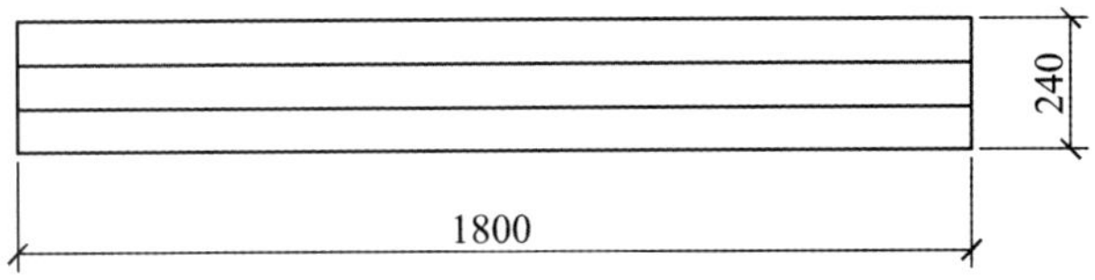

图 2-22　窗子绘制效果

创建具体步骤如下：

步骤 1　单击“二维绘图”面板中的“矩形”按钮，绘制矩形。

命令行提示如下：

命令：RECTANG

指定第一个角点或[倒角（C）/标高（E）/圆角（F）/厚度（T）/宽度（W）]：（在绘图区任意拾取一点）

指定另一个角点或[面积（A）/尺寸（D）/旋转（R）]：@1800，240（输入另外一个角点的相对坐标，按回车键，效果如图 2-23 所示）

步骤 2　选择步骤 1 绘制的矩形，单击“分解”按钮，将矩形分解。

步骤 3　单击“二维绘图”面板中的“偏移”按钮。

命令行内容如下：

命令：OFFSET

当前设置：删除源 = 否　图层 = 源 OFFSETGAPTYPE = 0

指定偏移距离或[通过（T）/删除（E）/图层（L）]<通过>：80（输入偏移距离）

选择要偏移的对象，或[退出（E）/放弃（U）]<退出>：（选择分解矩形的上边）

指定要偏移的那一侧上的点，或[退出（E）/多个（M）/放弃（U）]<退出>：（将光标指向选择边的下方）

选择要偏移的对象，或[退出（E）/放弃（U）]<退出>：（选择分解矩形的下边）

指定要偏移的那一侧上的点，或[退出（E）/多个（M）/放弃（U）]<退出>：（将光标指向选择边的上方）

选择要偏移的对象，或[退出（E）/放弃（U）/<退出>：（按回车键，完成偏移，效果如图 2-24 所示）

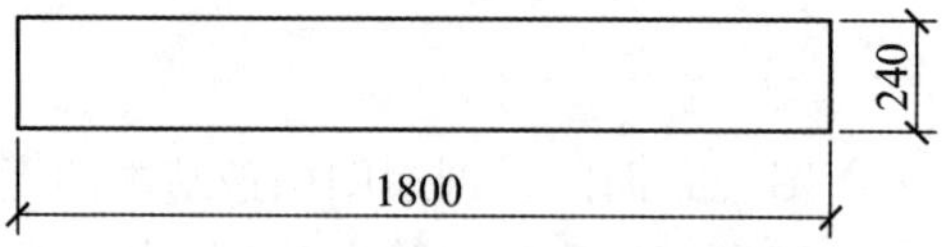

图 2-23　绘制 1 800×240 矩形

步骤 4　选择“绘图”→“块”→“创建”命令，在弹出的“块定义”对话框中，输入名称“窗”，拾取基点为分解矩形的左下角，选择如图 2-24 所示的对象，其他设置如图 2-25 所示，单击“确定”按钮，完成“窗”图块的创建。

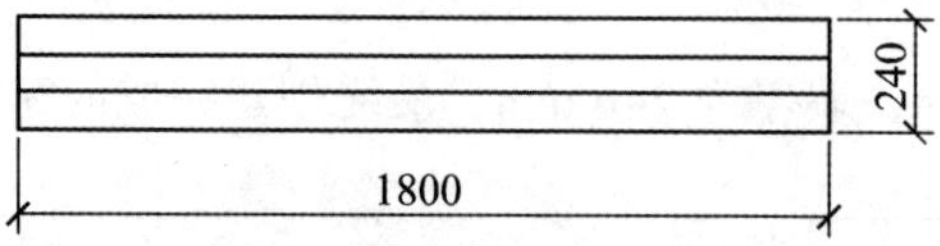

图 2-24　偏移矩形上下边

图 2-25　偏移矩形上下边

运用同样的方法绘制另一型号的窗户，如图 2-26 所示。

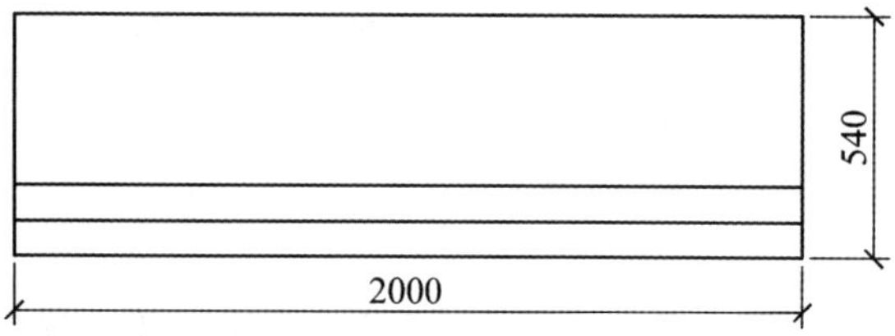

图 2-26　绘制 2 000×540 矩形

2. 创建“门”图块

“门”图块的创建方法与“窗”图块的创建方法一样，在本图中，门主要有两种，一种是单开门，宽 1 000 mm，如图 2-27 所示；另一种是双开门，宽 1 500 mm，如图 2-28 所示。

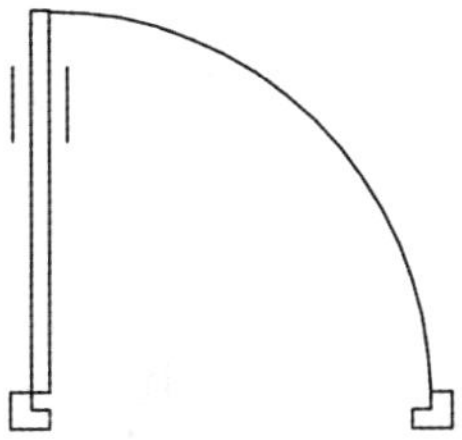

图 2-27 单开门（宽 1 000 mm）

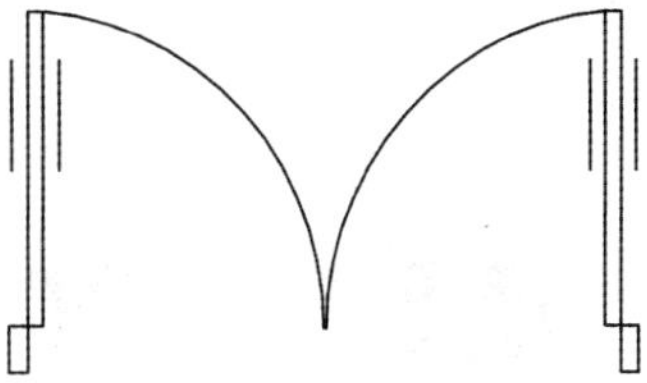

图 2-28 双开门（宽 1 500 mm）

3. 绘制“门”、“窗”洞

下面以别墅一层平面图的局部为例，来介绍“门”、“窗”的绘制。

步骤 1 将当前图层设为“墙”图层。

步骤 2 执行“偏移”命令，将垂直轴线偏移，偏移的位置就是事先定好的门窗洞边界的位置，如图 2-29 所示。

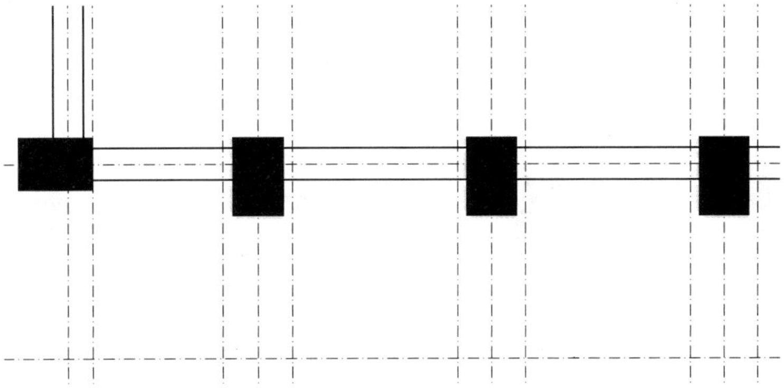

图 2-29 偏移垂直轴线

步骤 3 执行“修剪”命令，以步骤 2 偏移形成的构造线为剪切边，对墙体进行修剪，修剪的效果如图 2-30 所示。

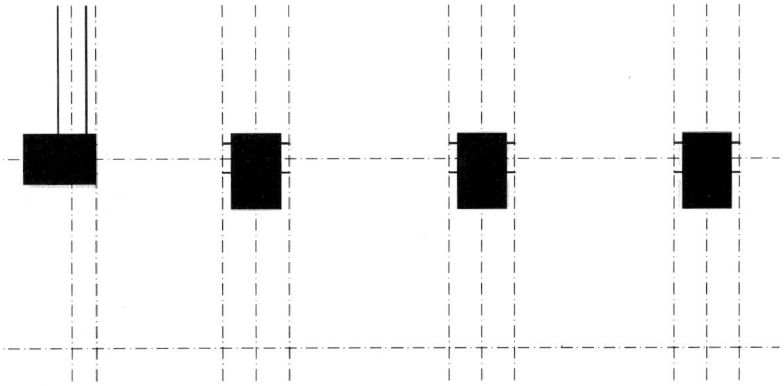

图 2-30 修剪墙体

步骤 4 删除步骤 2 偏移形成的构造线，如图 2-31 所示。

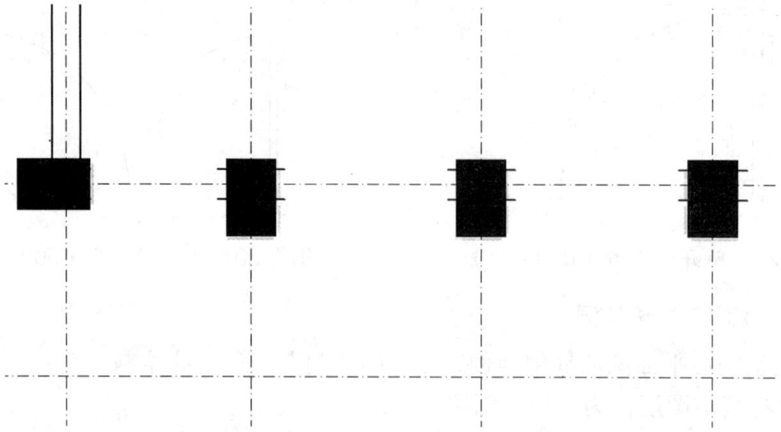

图 2-31　删除偏移线

步骤 5　执行“直线”命令，对墙体进行修补，形成门窗洞，如图 2-32 所示。

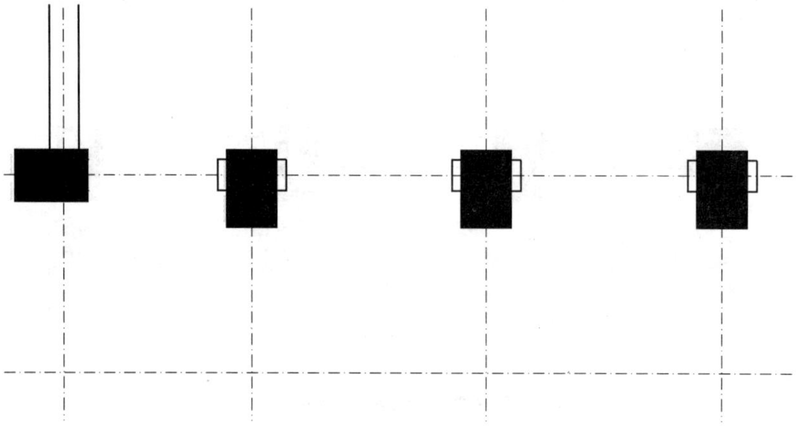

图 2-32　修补墙体形成的门窗洞

选择“插入”→“块”命令，弹出“插入”对话框，如图 2-33 所示，选择相应图块“门”和“窗”。单击“确定”按钮，将门插入如图 2-32 所示的门窗洞中，通过“旋转”、“镜像”等调整操作，完成门窗的绘制，如图 2-34 所示。

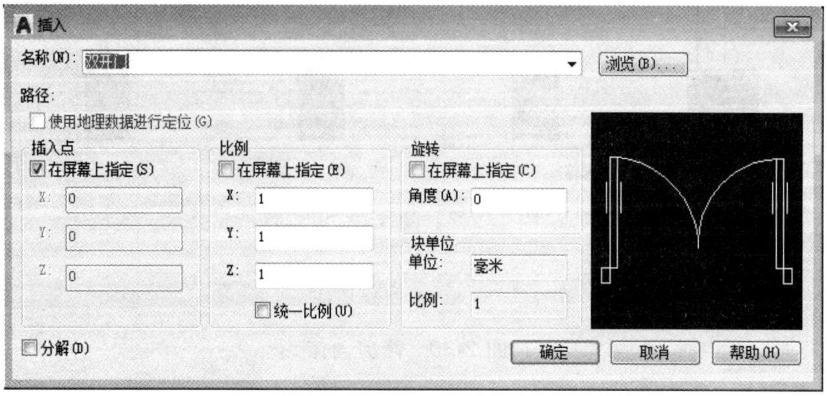

图 2-33　“插入”对话框

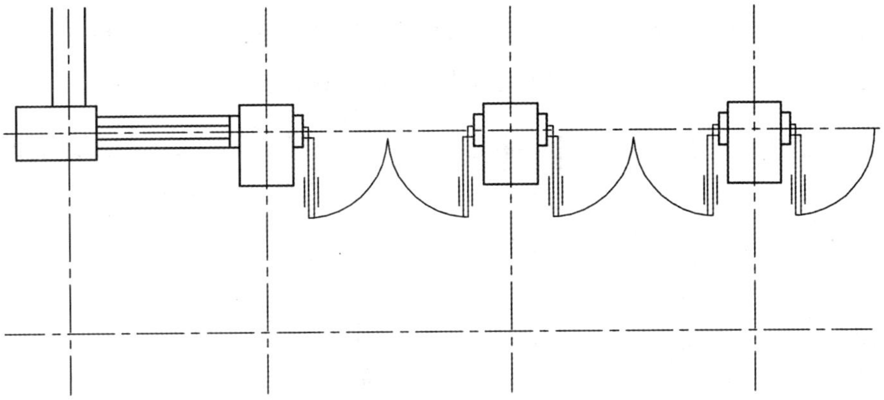

图 2-34 绘制完成的门窗效果

把所有的门窗图块插入到相应的位置后，该平面图的门窗绘制就完成了，如图 2-35 所示。

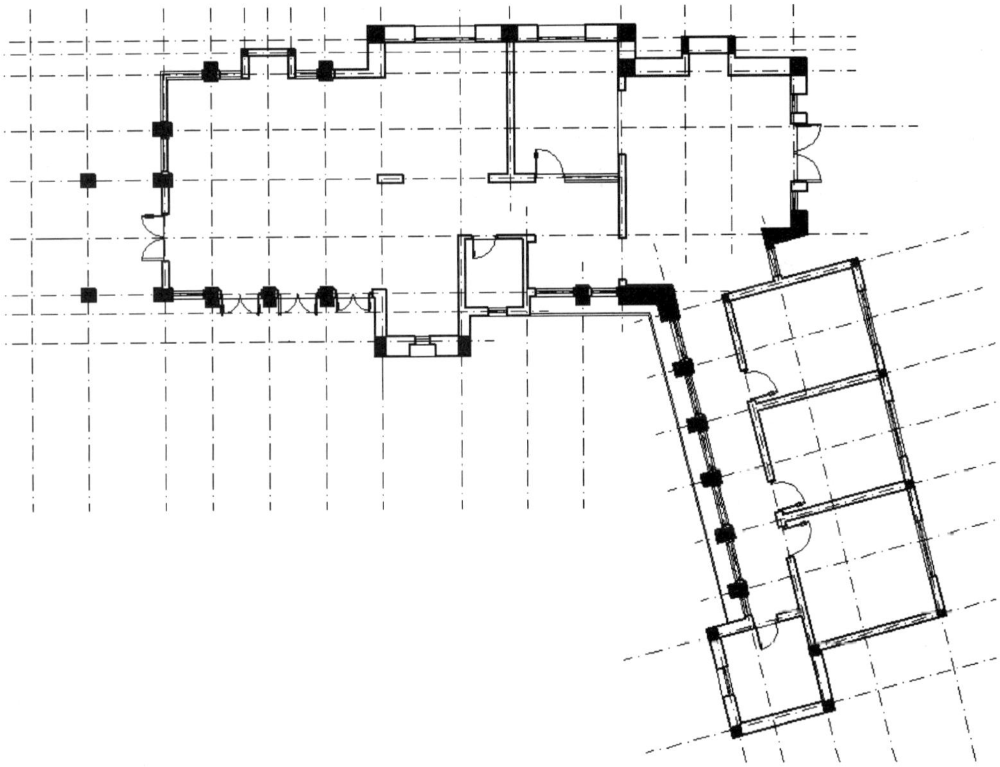

图 2-35 门窗绘制完成后的平面图

2.2.5 楼梯的绘制

楼梯线在建筑平面图中也是相当重要的组成部分。在 AutoCAD 2019 中，主要通过“阵列”命令来绘制楼梯线。在本例中，楼梯的绘制包含室外楼梯和室内楼梯，具体步骤如下：

步骤 1 将当前图层设为“楼梯”图层，打开状态栏中的“对象捕捉”辅助工具，选择端点和交点对象捕捉方式。

步骤 2 利用“矩形”命令先绘制出两跑楼梯之间和外侧的扶手，如图 2-36 所示。

步骤 3 利用“直线”命令绘制第一跑楼梯台阶端线，如图 2-37 所示。

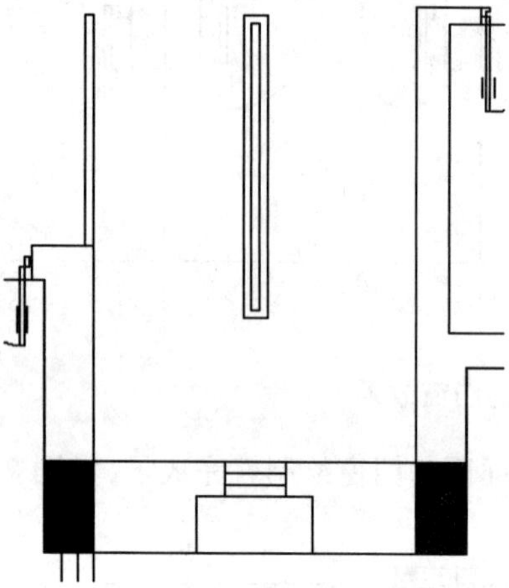

图 2-36 绘制楼梯扶手

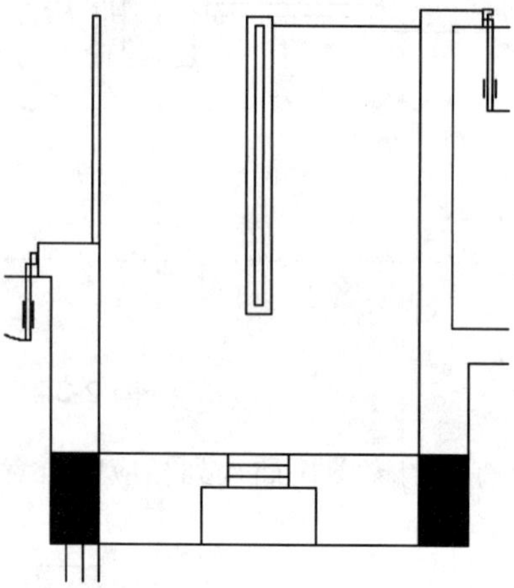

图 2-37 绘制楼梯扶手

步骤 4 执行“阵列”命令，对步骤 3 绘制的直线进行矩形阵列，参数设置如图 2-38 所示，单击“确定”按钮完成阵列，效果如图 2-39 所示。

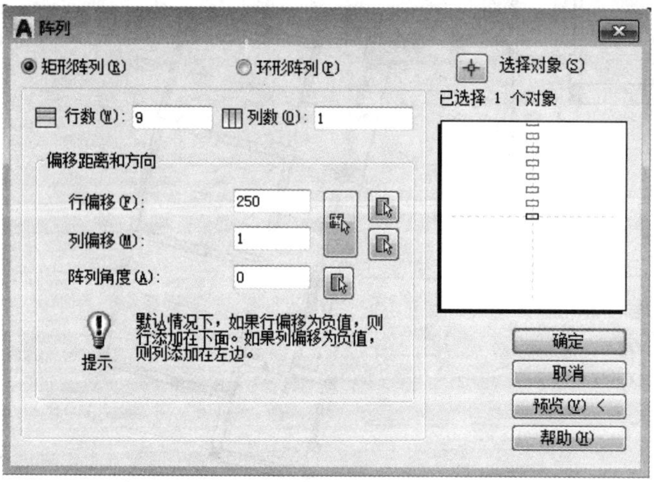

图 2-38 设置阵列参数

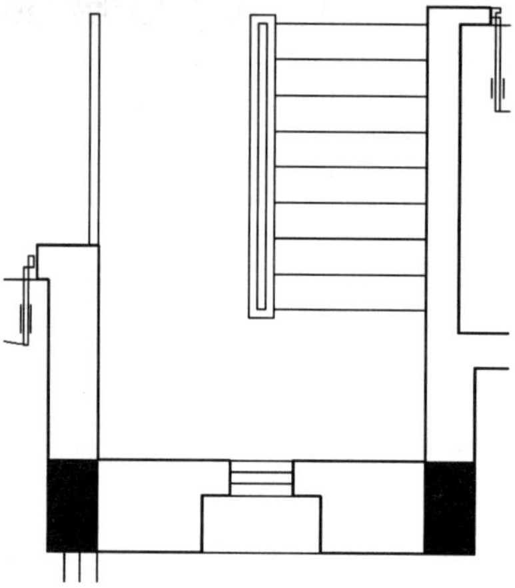

图 2-39 绘制第一跑楼梯线

步骤 5 依照上述步骤绘制第二跑楼梯，或是运用复制命令将第一跑楼梯复制到第二跑楼梯位置，效果如图 2-40 所示。

步骤 6 绘制折断线。

使用“多段线”命令创建多段线，第一点为任意点，其余各点依次为(@1 000，0)、(@100，300)、(@200，－600)、(@100，300)和(@1 000，0)，效果如图 2-41 所示。

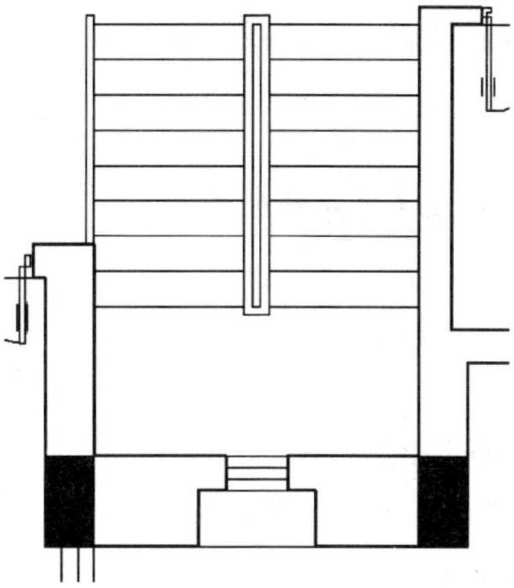

图 2-40　绘制第二跑楼梯线

图 2-41　绘制折断线

步骤 7　执行“绘图”→“块”→“创建”命令，定义名称为“折断线”的图块，基点为第 3 条直线中点。

步骤 8　执行“插入”/“块”命令，如图 2-42 所示，选择折断线图块，设置插入参数，捕捉第 2 跑楼梯线的第 3 阶楼梯线中点为插入点，执行插入。

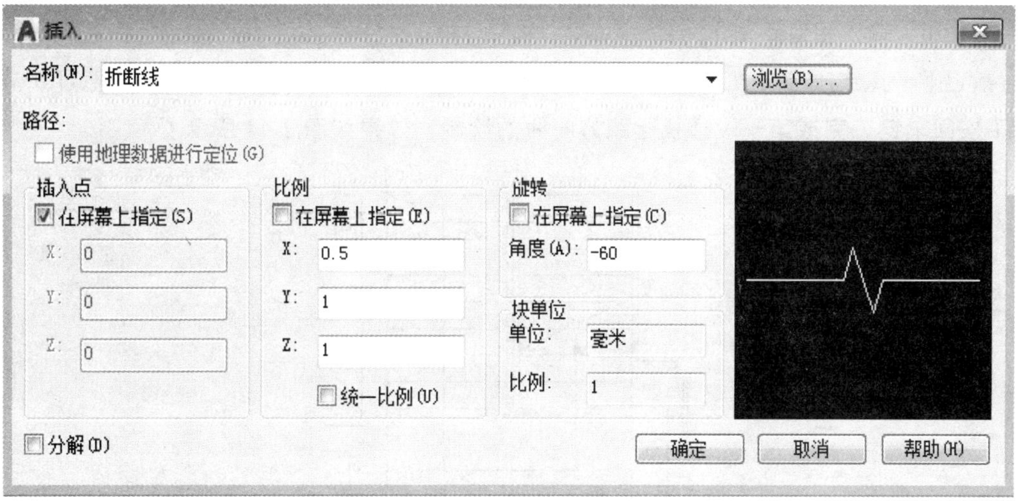

图 2-42　插入折断线图块

步骤 9　执行“分解”命令，将折断线图块分解。执行“修剪”命令，对绘制完成的折断线和楼梯线进行修剪，效果如图 2-43 所示。

步骤 10 绘制起跑方向线。执行“多段线”命令。

命令行内容如下：

命令：PLINE

指定起点：（捕捉第一跑楼梯第 1 台阶线的中点）

当前线宽为 1.000

指定下一个点或[圆弧（A）/ 半宽（H）/长度（L）/ 放弃（U）/ 宽度（W）]：

（捕捉第一跑楼梯最后一台阶线的中点）

指定下一点或[圆弧（A）/ 闭合（C）/半宽（H）/ 长度（L）/ 放弃（U）/ 宽度（W）]

（利用作辅助线方式捕捉到休息平台的一侧中点）

指定下一点或[圆弧（A）/ 闭合（C）/ 半宽（H）/ 长度（L）/ 放弃（U）/宽度（W）]：

（利用作辅助线方式捕捉到休息平台的另一侧中点）

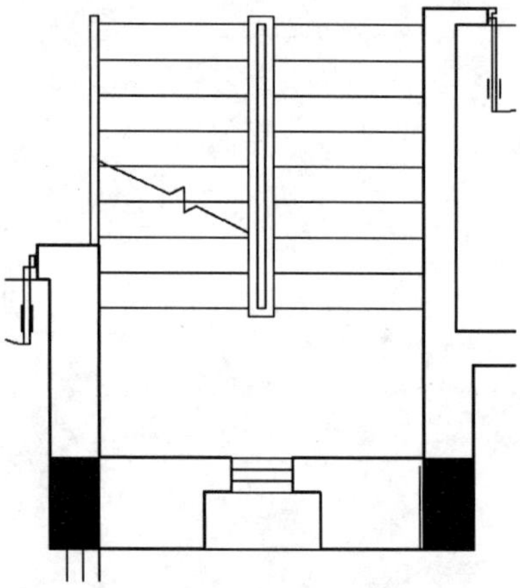

图 2-43 修剪折断线

指定下一点或[圆弧（A）/ 闭合（C）/ 半宽（H）/ 长度（L）/ 放弃（U）/宽度（W）]：

（捕捉第二跑楼梯第 3 台阶线的中点）

指定下一点或[圆弧（A）/闭合（C）/ 半宽（H）/ 长度（L）/ 放弃（U）/ 宽度（W）]：W（输入 W 要求设置起点端点宽度）

指定起点宽度<1.000>：100（设置起点宽度为 100）

指定端点宽度<100.000>：1.000（设置端点宽度为 1）…

指定下一点或[圆弧（A）/ 闭合（C）/ 半宽（H）/ 长度（L）/ 放弃（U）/ 宽度（W）]：@－200，0（输入相对距离）

指定下一点或[圆弧（A）/ 闭合（C）/ 半宽（H）/ 长度（L）/ 放弃（U）/ 宽度（W）]：

（按回车键，完成第一段楼梯起跑方向线的绘制，效果如图 2-44 所示）

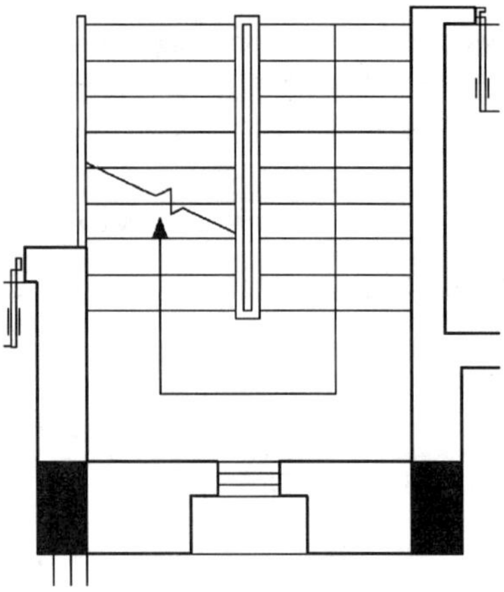

图 2-44 绘制第一段楼梯起跑线

步骤 11 与步骤 10 相同，绘制第二段楼梯起跑方向线，效果如图 2-45 所示。

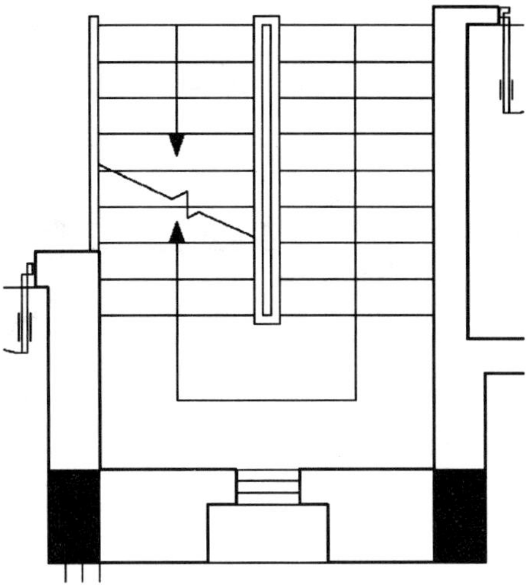

图 2-45 绘制第二段楼梯起跑线

步骤 12 将起跑线的末端延伸出台阶外。

参考方法：

① 选中起跑线，起跑线末端回显示蓝色方点。

② 单击蓝色方点，使之变成红色后可随鼠标任意移动。

③ 将鼠标移至台阶线外合适位置单击左键，完成线的延伸，效果如图 2-46 所示。

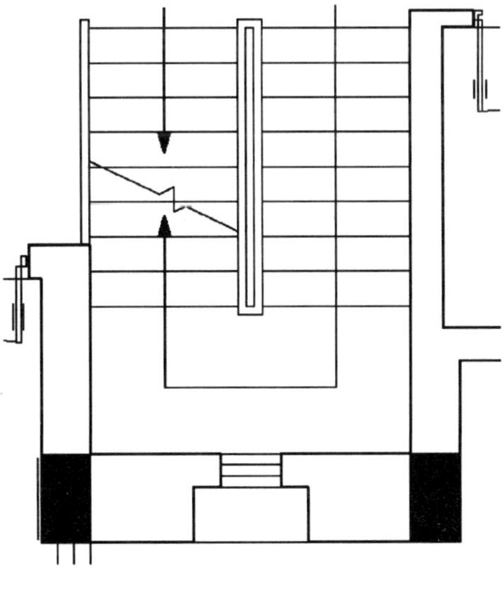

图 2-46 完成楼梯起跑方向线绘制

用同样的方法，绘制出室外的楼梯，绘制完成的最终效果如图 2-47 所示。

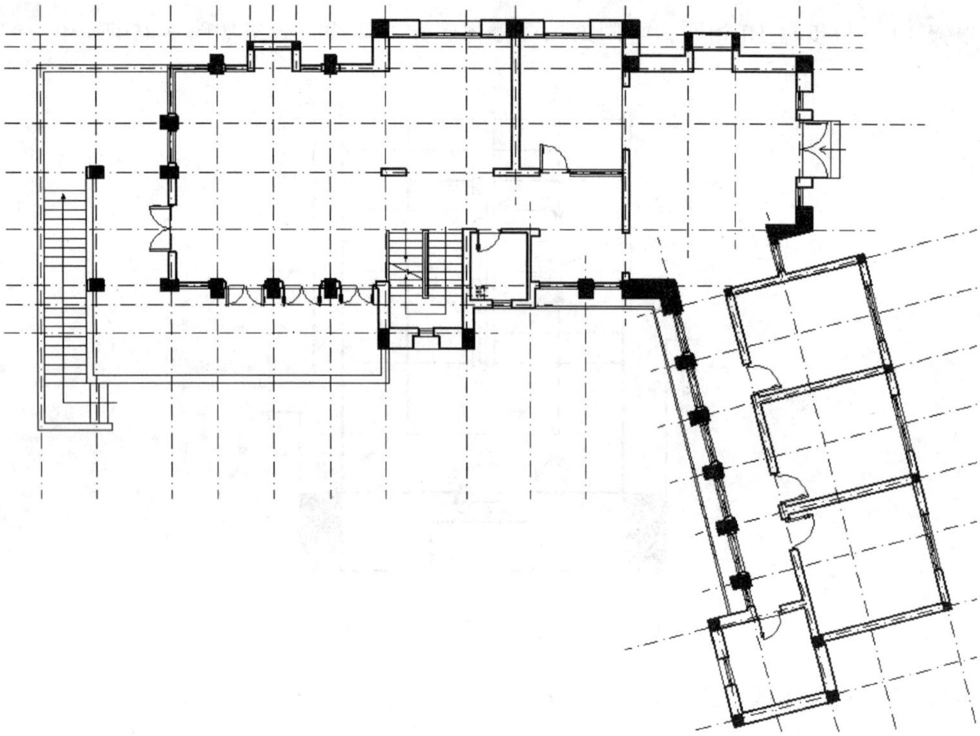

图 2-47　完成楼梯绘制的平面图

2.2.6　室内家具、卫生器具的绘制

1. 餐桌、双人床、沙发、椅子的绘制

餐桌、双人床、沙发、椅子等家居布置图例都可以在“工具选项板”或“设计中心”的图形库中调用，操作步骤如下：

步骤 1　切换“家具”层为当前层。

步骤 2　添加“工具选项板”的工具。

在命令行中输入 Toolpalettes，或在“标准”工具栏中单击“工具选项板”按钮，弹出如图 2-48 所示的“工具选项板”。单击“建筑”标签，显示绘制建筑图样常用的图例工具。若图板上有需要的图块，则可直接单击相应的图块图标，在绘图区指定插入点，将现有的图块对象插入到当前图形中。

若“工具选项板”上没有需要的工具图标，则应通过“设计中心”的符号库图形或自制图块进行添加，步骤如下：

在命令行中输入 Adcenter，或单击“标准”工具栏中的“设计中心”按钮，弹出如图 2-49 所示的“设计中心”，从“文件夹”中打开“C \ Program File \ Autodesk \ AutoCAD 2019 \ Sample \ Database Connectivity \ Floor plan Sample.dwg”建筑图形库文件（注意：其中的 C 为 AutoCAD 安装的盘符，因用户所安装目录的不同而不同），如图 2-50 所示。

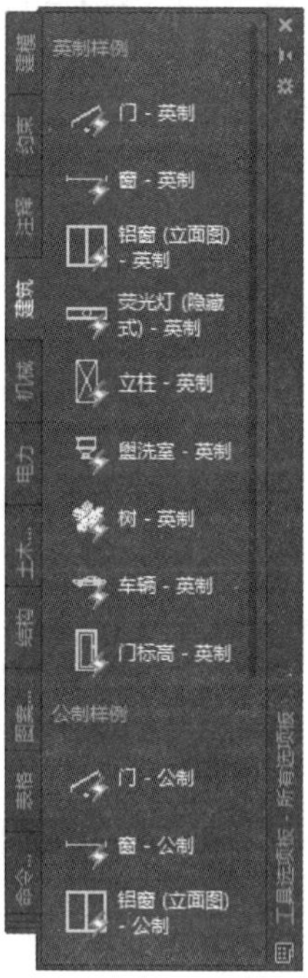

图 2-48　工具选项板

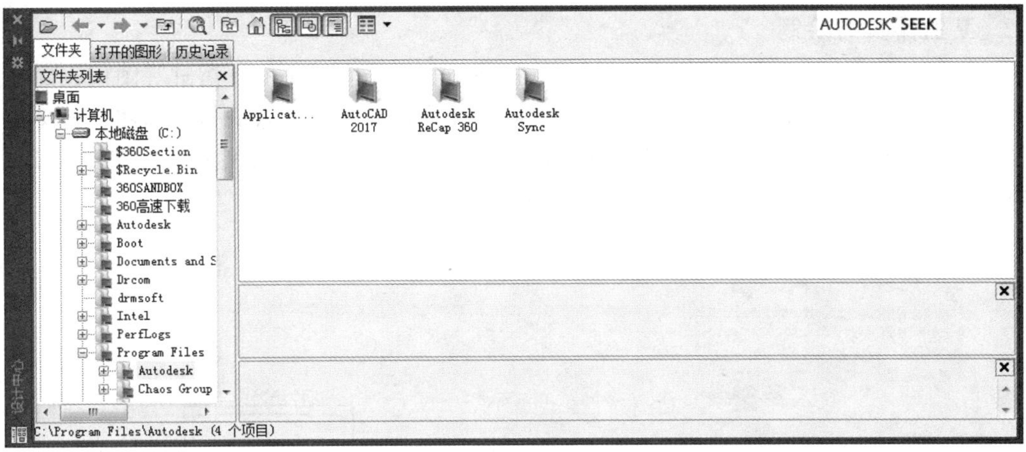

图 2-49　“设计中心”面板

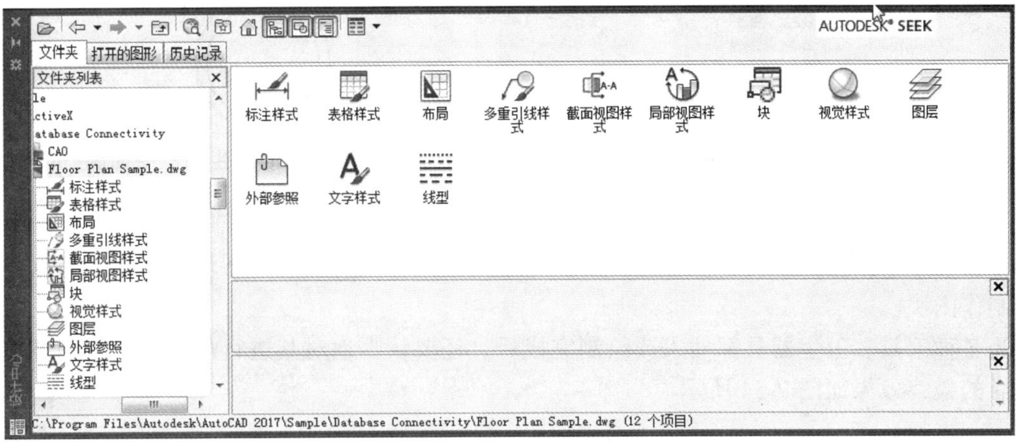

图 2-50　打开文件的图块库

单击“块”图标，进入图块库，选择绘图需要的图块，将其拖动到“工具选项板”上，完成工具的添加，同理将需要的图块通过“设计中心”添加到“工具选项板”上。依次单击各图标按钮，按命令行提示指定缩放比例和插入点，完成餐桌、双人床等的绘制。

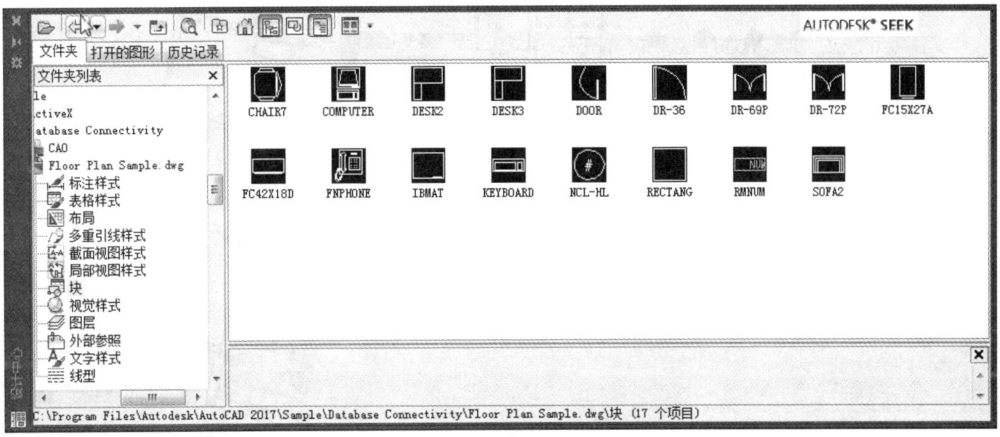

图 2-51　工具选项板

2. 卫生器具的绘制

切换“卫生器具”层为当前层。在“工具选项板”上单击盥洗室、浴缸等图例，确定插入点，插入图例，但在平面图中需要的是器具的平面图形，如果插入的是立面图，就必须通过转换设置。操作如图 2-52 所示，先选择器具，单击左下侧的倒三角图标，出现下拉菜单，选择某种款式的平面图，完成操作，如图 2-53 所示。

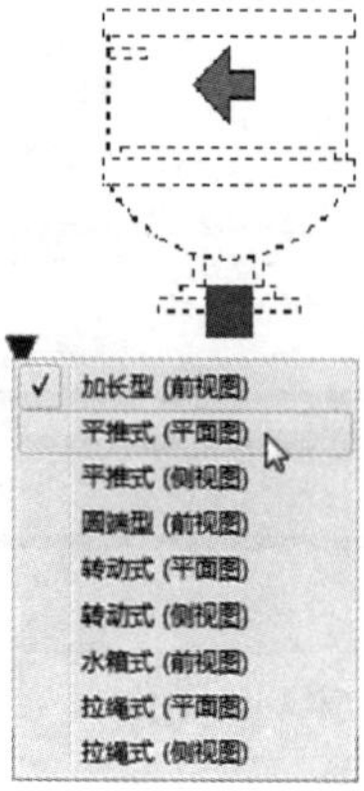

图 2-52　工具选项板

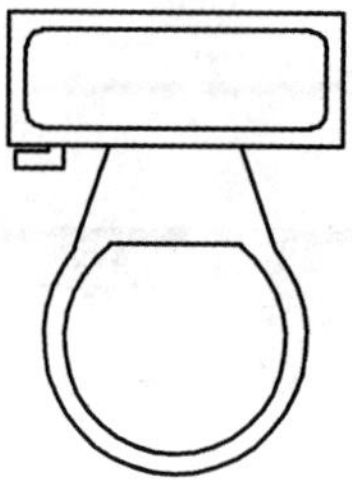

图 2-53　转换后的卫生器具平面图

3. 自制图块

如果在“工具选项板”和“设计中心中”中都无法找到所需要的图块，用户可根据需要自行制作图块。

当各种家具、卫生器具都插入或绘制完成后，还要认真地对其进行位置、比例的调整，完成后的最终效果如图 2-54 所示。

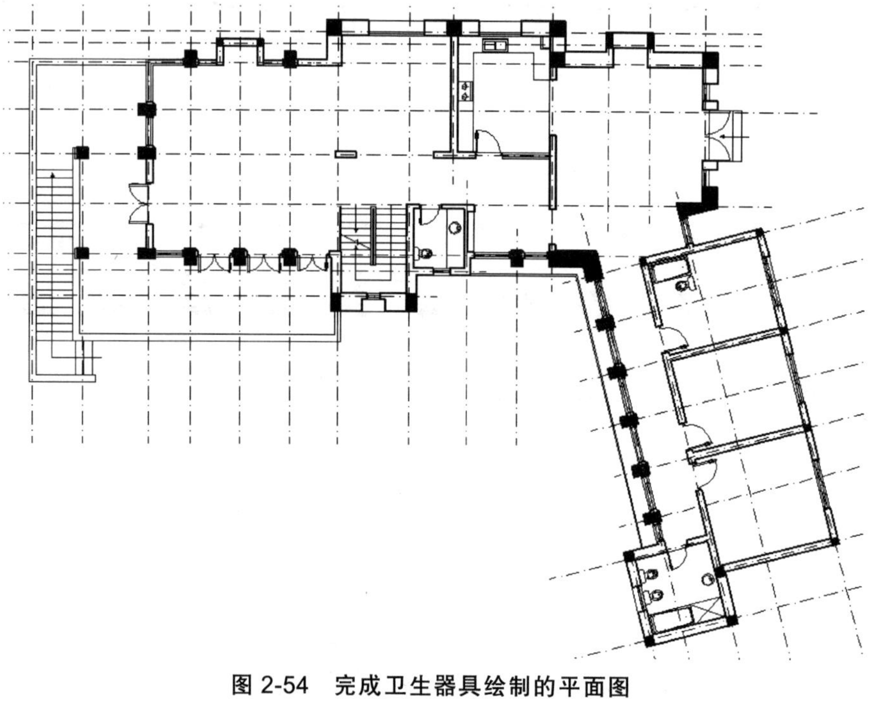

图 2-54　完成卫生器具绘制的平面图

2.2.7　尺寸标注

1. 尺寸标注介绍

（1）外部尺寸：为了便于读图和施工，一般在图形的外部标注三道尺寸：

第一道尺寸，表示外轮廓的总尺寸，即指从一端外墙边到另一端外墙边的总长和总宽尺寸。

第二道尺寸，表示轴线间的距离，称为轴线尺寸，用以说明房间的开间及进深尺寸。

第三道尺寸，表示各细部的位置及大小，如门窗洞宽和位置、墙柱的大小和位置，窗间墙宽等。

（2）内部尺寸：为了说明房间的净空大小和室内的门窗洞、孔洞、墙厚和固定设备（例如厕所、盥洗室、工作台、搁板等）的大小与位置以及室内楼地面的高度，在平面图上应清楚地注写出相关的内部尺寸和楼地面标高。楼地面标高是表明各房间的楼地面对标。

2. 尺寸标注的步骤

标注建筑平面图的尺寸，目的是让读图者对图中建筑物房间等组成部分的大小一目了然。因此，标注必须要准确、清楚。尺寸标注的具体步骤如下：

步骤 1　将当前图层设为“标注”层，在“标准”工具栏中单击右键，在弹出的快捷菜单中选择“标注”选项，从而打开“标注”工具栏，如图 2-55 所示，在“标注样式”下拉列表中选择标注样式 ISO-25（可自行设置）。

图 2-55　“标注”工具栏

步骤 2　使用“线性标注”和“连续标注”命令，创建尺寸标注，效果如图 2-56 所示。

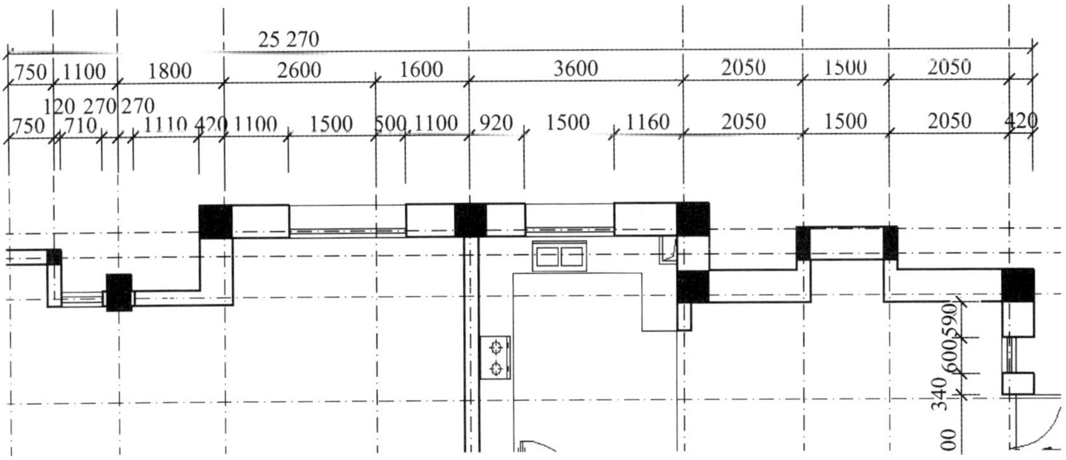

图 2-56　完成“线性标”的平面图局部

步骤 3　绘制轴线编号。执行“圆”命令，在绘图区任意拾取一点为圆心绘制半径为 450 的圆，效果如图 2-57 所示。

步骤 4 单击工具栏中的“多行文字”按钮 A，或在命令行中输入“MTEXT”，执行“多行文字”命令。在文字书写区输入轴号“1”，并在弹出的“文字格式”对话框中编辑好文字的字体（该例选择 Standard）和高度（该例选择 450），如图 2-58 所示。然后将轴号“1”移至圆的中央，完成一个竖向轴线编号绘制，如图 2-59 所示。

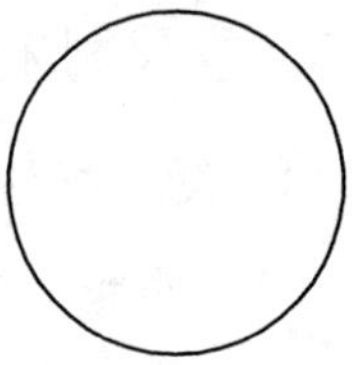

图 2-57 绘制圆

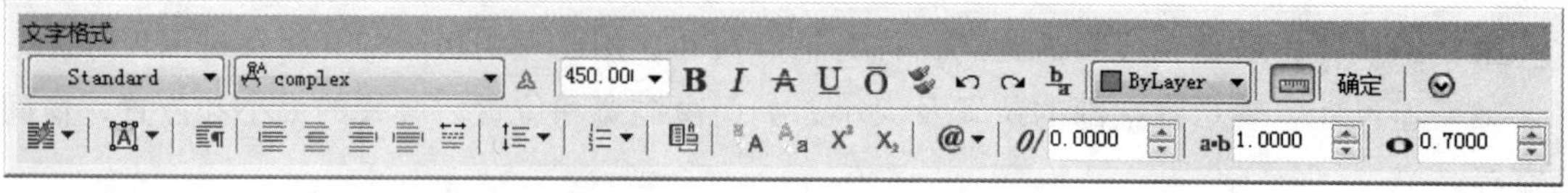

图 2-58 “文字格式”对话框

步骤 5 用复制命令复制该轴线编号，修改圆内的数字为“2，3，4，5 …”创建完成所有的竖向轴线编号。使用同样的方法，修改圆内的数字为“A，B，C，D …”创建完成所有的横向轴线编号。

步骤 6 执行“构造线”命令，绘制水平和垂直构造线，利用绘制的水平和垂直构造线对轴线进行修剪。

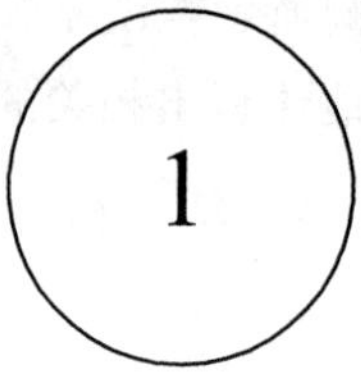

图 2-59 轴线编号

步骤 7 在轴线的末端插入竖向轴线编号和横向轴线编号，效果如图 2-60 所示。

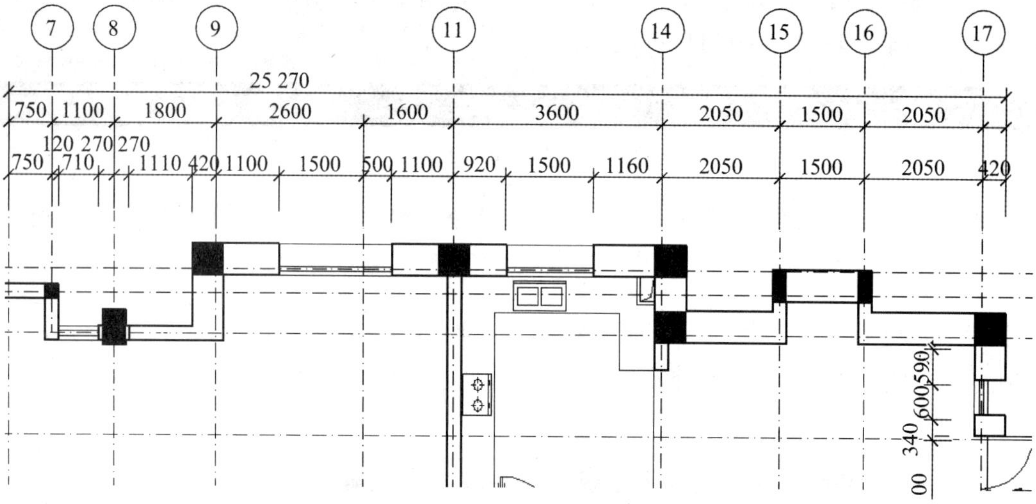

图 2-60 完成轴线编号的平面图局部

步骤 8 在楼层的主要位置和有高度差位置（比如楼梯间，卫生间）添加上相应标高。

步骤 9 创建剖切符号，在需要绘制剖面图的位置添加剖切符号，这时就完成最终尺寸标注，效果如图 2-61 所示。

2.2.8 文字注释

添加文字注释的方法是：将“文字标注”层设为当前层，执行“单行文字”命令，创建房间功能说明文字，效果如图 2-62 所示。

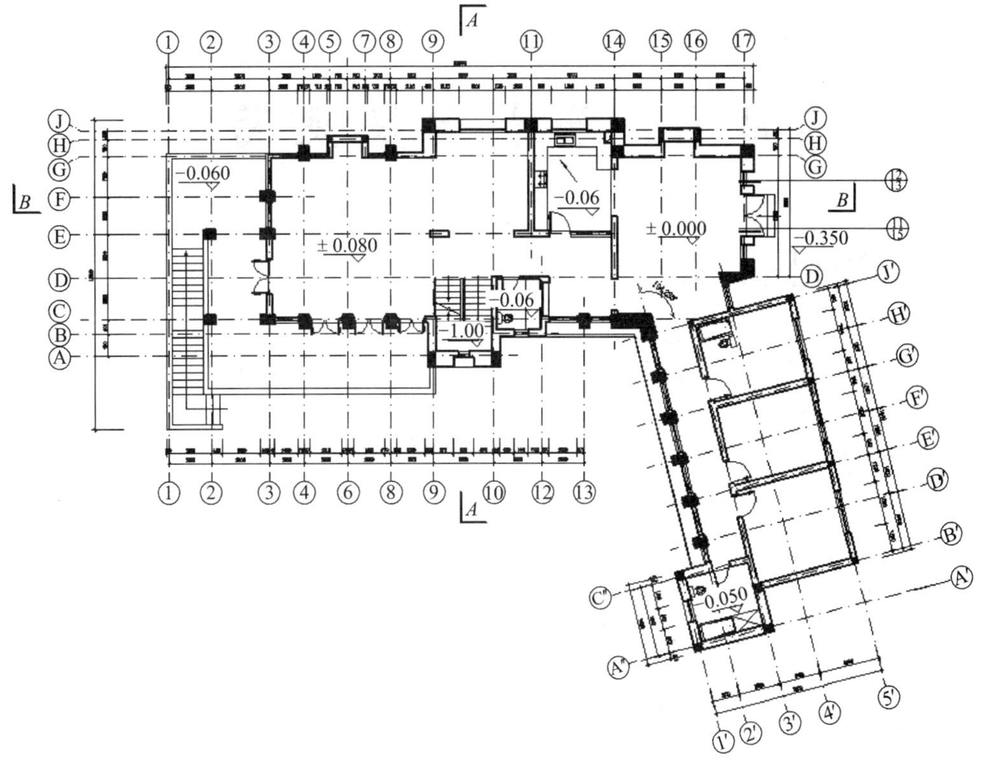

图 2-61　完成尺寸标注的平面图

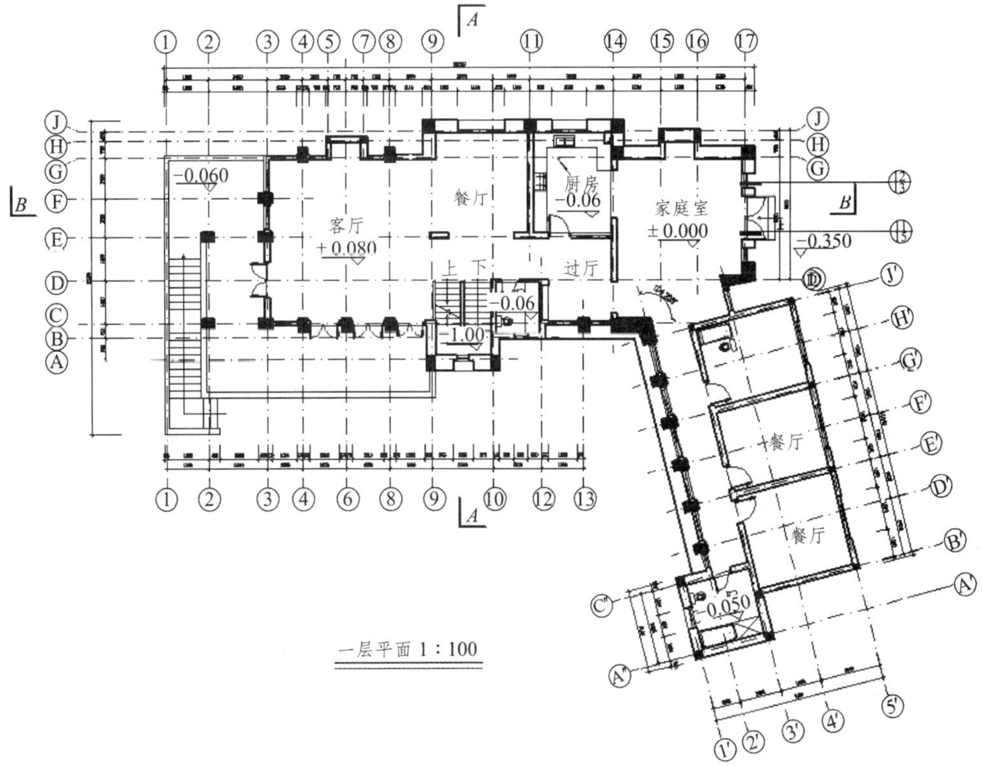

图 2-62　完成文字注释的平面图

项目 3　绘制建筑立面图

3.1　建筑立面图概述

3.1.1　立面图的绘制内容

在绘制建筑立面图之前，首先要明白建筑立面图的内容，建筑立面图的主要内容包括以下几部分：

（1）图名、比例以及此立面图所反映的建筑物朝向。

（2）建筑物立面的外轮廓线形状、大小。

（3）建筑立面图定为轴线的编号。

（4）建筑物立面造型。

（5）外墙上建筑构配件，如门窗、阳台、雨水管等的位置和尺寸。

（6）外墙面的装修。

（7）立面标高。

（8）详图索引符号。

3.1.2　立面图的绘制步骤

在 AutoCAD 2019 中，建筑立面图的绘制步骤如下：

步骤 1　创建新图形，设置绘图环境。

步骤 2　绘制地坪线、外墙的轮廓线、定位轴线、各层的楼面线。

步骤 3　绘制外墙面构件轮廓线。

步骤 4　各种建筑构配件的可见轮廓。

步骤 5　绘制建筑物细部，例如门窗、雨水管、外墙分割线等。

步骤 6　文字、尺寸标注。

图 3-1 所示为某山地别墅的立面图，本项目将以此为例，介绍运用 AutoCAD 2019 来绘制建筑立面图的步骤。

3.1.3　设置绘图环境

绘图环境的设置和项目 1 的设置一样，在此就不再讲述了。

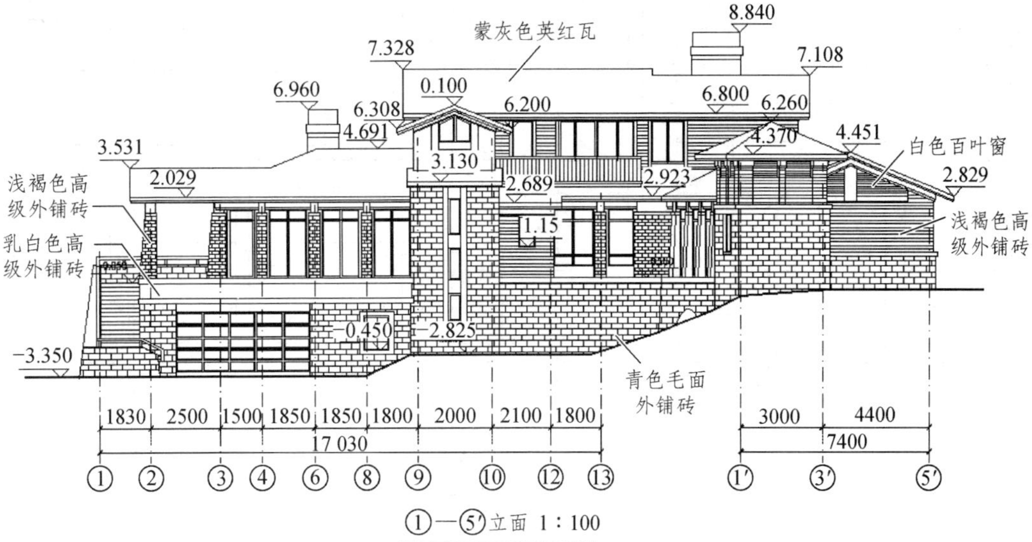

图 3-1　别墅某立面图

3.2　建筑立面图的绘制

3.2.1　绘制辅助定位线

因建筑立面图与建筑平面图是“长对正”投影关系的两面视图，立面图中的长度尺寸是以平面图为基础而得到的，所以绘制立面图时首先应打开已经绘制好的平面图，从平面图中提取长度尺寸。

方法如下：

（1）在原平面图中，根据图中所提供的尺寸绘制一系列辅助线，作为立面图中长度方向定位线。

（2）单击“标准”工具栏的“复制”按钮，将绘制好的辅助线部分复制到剪贴板上。

（3）切换到立面图，将“辅助线”层置为当前层。单击“标准”工具栏中的“粘贴”按钮，将剪贴板上的辅助线粘贴到图中的适当位置。

（4）从菜单中执行“绘图”→“直线”命令，绘制竖向辅助定位轴线。

（5）依据立面图中的高程尺寸，计算两高程的高差，得到高度方向相邻两线的距离（因高程尺寸的单位是 m，应换算为 mm），在“修改”工具栏上选取“偏移”工具，按照确定的偏移距离，绘制出高度方向的辅助构架线，如图 3-2 所示。

3.2.2　绘制立面图轮廓线

立面图上的外轮廓线包括地坪线和上部外轮廓。

绘制的操作步骤如下：

步骤 1　切换地坪线层为当前层。

下面用多线段来绘制地坪线。

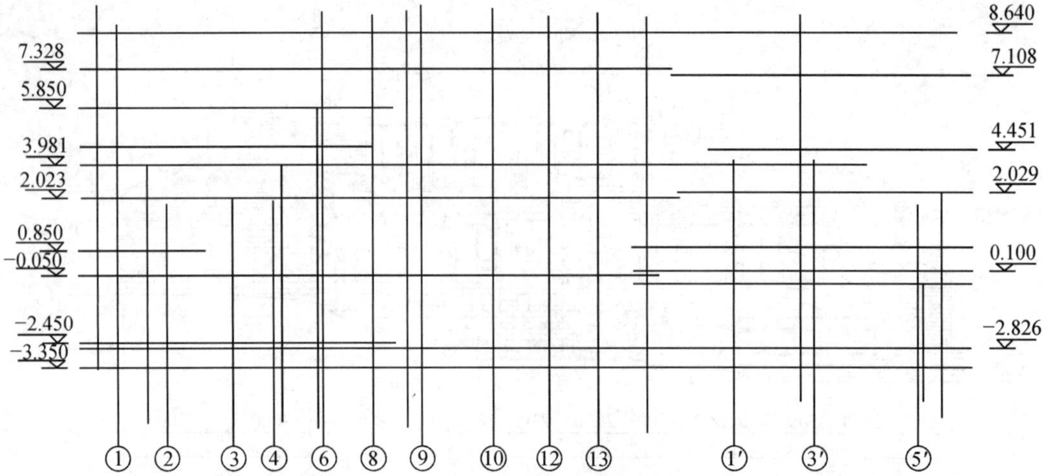

图 3-2 别墅某立面的辅助定位线

命令行内容如下：

命令：PLINE

指定起点：(捕捉最底端水平辅助线的最左端)

当前线宽为 50.000

指定下一个点或[圆弧（A）/ 半宽（H）/长度（L）/ 放弃（U）/ 宽度（W）]：

(捕捉 8 号轴线与最底端水平辅助线的交点)

指定下一点或[圆弧（A）/ 闭合（C）/半宽（H）/ 长度（L）/ 放弃（U）/ 宽度（W）]

(按同样的方法，捕捉下一个辅助线交点，直至完成最后一点的捕捉)

指定下一点或[圆弧（A）/ 闭合（C）/ 半宽（H）/ 长度（L）/ 放弃（U）/ 宽度（W）]：

(按回车键，完成地坪线的绘制)

步骤 2 选取“直线”或“多段线”工具，绘制出建筑物的外轮廓。一般地坪线用特粗线，屋脊和外墙的最外轮廓线用粗实线，而其他轮廓线用中粗线，所以从地坪线层绘制直线后，还应通过“对象特性”工具栏中的“线宽”下拉列表修改各线的粗细。

下面还是用多段线来绘制外轮廓线，命令行如下：

命令：PLINE

指定起点：(捕捉最左端垂直辅助线与地坪线的交点)

当前线宽为 50.000

指定下一个点或[圆弧（A）/ 半宽（H）/长度（L）/ 放弃（U）/ 宽度（W）]：(输入 W)

指定起点宽度<50.000>：(输入 8.000)

指定起点宽度<8.000>：(输入 8.000)

指定下一个点或[圆弧（A）/ 半宽（H）/长度（L）/ 放弃（U）/ 宽度（W）]：

(捕捉第 2 条垂直辅助线与标高为 0.850 辅助线的下一条水平辅助线的交点，如图 3- 3 所示)

指定下一点或[圆弧（A）/ 闭合（C）/半宽（H）/ 长度（L）/ 放弃（U）/ 宽度（W）]

(按同样的方法，捕捉下一个辅助线交点，直至完成最后一点的捕捉)

指定下一点或[圆弧（A）/ 闭合（C）/ 半宽（H）/ 长度（L）/ 放弃（U）/ 宽度（W）]：

(按回车键，完成地坪线与轮廓线的绘制，如图 3-4 所示)

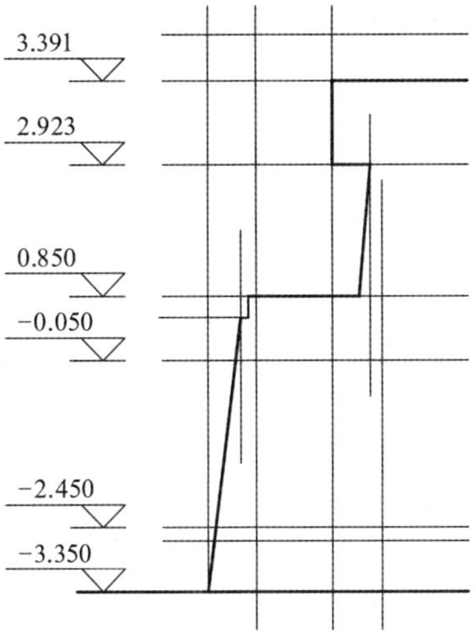

图 3-3　绘制外轮廓线

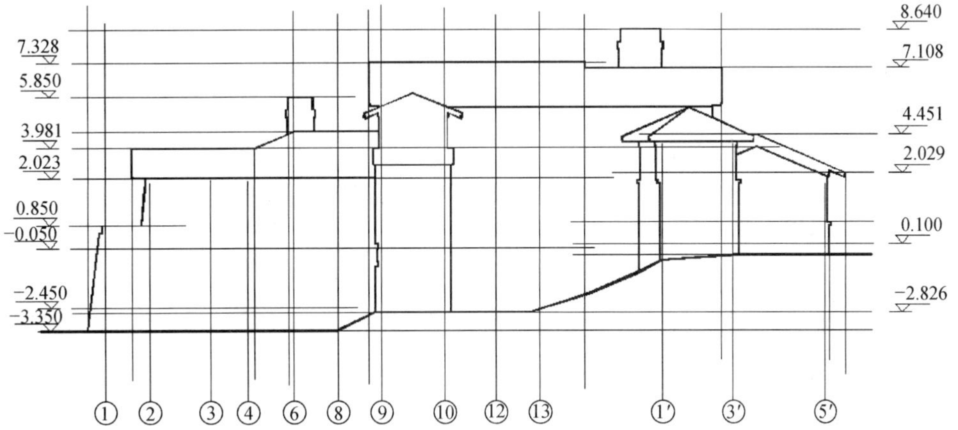

图 3-4　绘制完的立面图的地坪线与轮廓线

步骤 3　绘制细部轮廓线，主要的外轮廓线绘制完成后，要绘制一些外墙转折，较大凹凸造型等细部轮廓线，如图 3-5 所示。

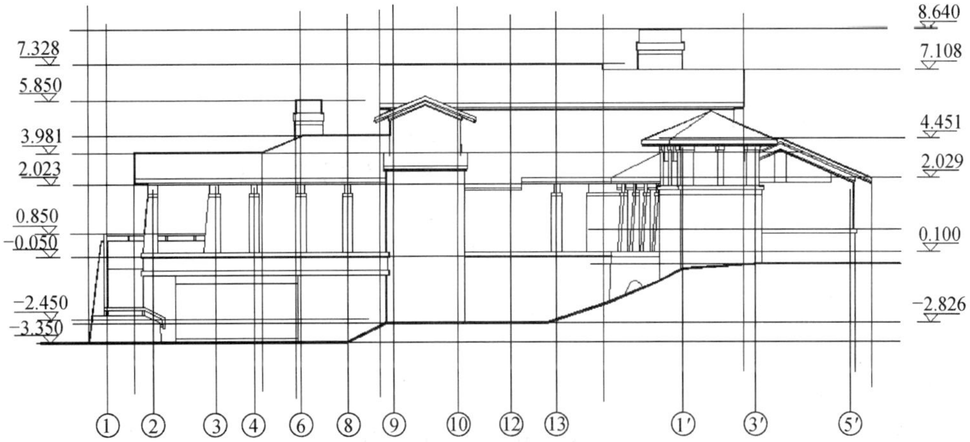

图 3-5　绘制细部轮廓线

步骤 4 绘制门、窗洞，继续运用辅助定位线，通过“偏移”的方法，在相应的位置绘制出门、窗洞，效果如图 3-6 所示。

图 3-6 绘制门、窗洞

3.2.3 绘制门窗

门窗是立面图上的重要图形对象，窗户反映了建筑的采光状况，也是建筑外立面艺术效果的重要组成部分。

窗户的绘制包括外轮廓线和内部分格线，本立面图上窗户类型很多，在此就选择其中一种来作讲解。下面就以尺寸为 2 370 mm × 1 320 mm 的门窗为例予以介绍。

具体步骤如下：

步骤 1 切换“门窗”层为当前层。

步骤 2 绘制窗户外轮廓。在“绘图”工具栏中单击“矩形”按钮，绘制出窗户的外轮廓和窗台的轮廓线。

命令行内容如下：

命令：RECTANG （选择“绘制矩形”命令，先绘制窗户的外轮廓线）

指定第一个角点或[倒角（C）/标高（E）/圆角（F）/厚度（T）/宽度（W）]：（确定绘制矩形的第一角点，可选取绘图区空白处的任意一点单击）

指定另一个角点或[面积（A）/尺寸（D）/旋转（R）]：D（选择绘制矩形的方式，以尺寸大小确定矩形大小）

指定矩形的长度<2370.0000>：（输入矩形的长度）

指定矩形的宽度<1320.0000>：（输入矩形的宽度）

指定另一个角点或[面积（A）/尺寸（D）/旋转（R）]：（按回车键，完成绘制，效果如图 3-7 所示）

步骤 3 执行“分解”命令，将矩形分解。

步骤 4 绘制窗户分隔线。执行“偏移”命令。

命令行内容如下：

命令：OFFSET

当前设置：删除源 = 否　图层 = 源 OFFSETGAPTYPE = 0

指定偏移距离或[通过（T）/删除（E）/图层（L）]<通过>：375（输入偏移距离）

选择要偏移的对象，或[退出（E）/放弃（U）]<退出>：（选择分解矩形的顶边为偏移对象）

指定要偏移的那一侧上的点，或[退出（E）/多个（M）/放弃（U）] <退出>：（拾取分解矩形顶边下侧的一点）

选择要偏移的对象，或[退出（E）/放弃（U）]<退出>：（按回车键，完成偏移）

步骤 5　执行“直线”命令，捕捉顶边中点与底边中点，绘制直线，如图 3-8 所示。

图 3-7　绘制窗户外轮廓

图 3-8　绘制窗户分隔线

步骤 6　执行“偏移”命令。

命令行内容如下：

命令：OFFSET

当前设置：删除源 = 否　图层 = 源 OFFSETGAPTYPE = 0

指定偏移距离或[通过（T）/删除（E）/图层（L）]<通过>：40（输入偏移距离）

选择要偏移的对象，或[退出（E）/放弃（U）]<退出>：（选择分解矩形的左边为偏移对象）

指定要偏移的那一侧上的点，或[退出（E）/多个（M）/放弃（U）] <退出>：（拾取分解矩形左边右侧的一点）

选择要偏移的对象，或[退出（E）/放弃（U）]<退出>：（选择分解矩形的顶边为偏移对象）

指定要偏移的那一侧上的点，或[退出（E）/多个（M）/放弃（U）] <退出>：（拾取分解矩形顶边下侧的一点）

选择要偏移的对象，或[退出（E）/放弃（U）]<退出>：（同理，将各条需要偏移的边进行偏移，最后按回车键，完成偏移，效果如图 3-9 所示）

步骤 7　执行“修剪”命令，对步骤 6 偏移形成的直线进行修剪，完成窗户的绘制，效果如图 3-10 所示。

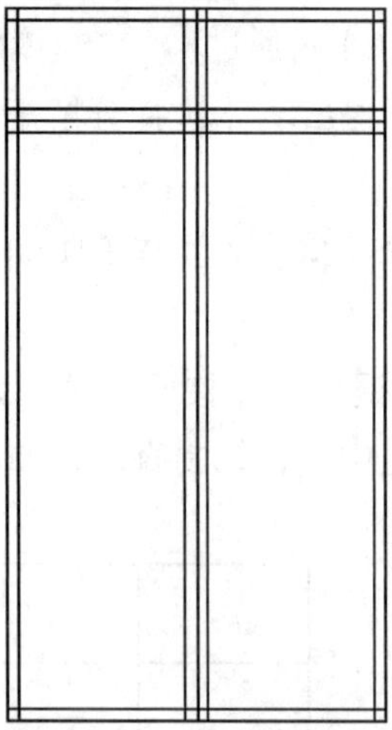

图 3-9　偏移效果

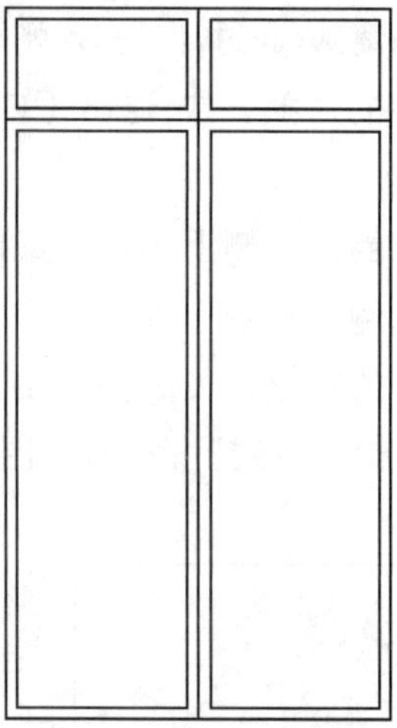

图 3-10　修剪效果

步骤 8　将绘制完成的窗户绘制成“块”。运用同样的方法完成立面图中所有的门、窗“块”的创建。

步骤 9　将绘制好的门、窗插入到立面图中的门洞、窗洞中，效果如图 3-11 所示。

图 3-11　绘制完窗户后的立面图

3.2.4　绘制阳台

步骤 1　绘制阳台外轮廓线。

命令：RECTANG

（选择“绘制矩形”命令）

指定第一个角点或[倒角（C）/ 标高（E）/ 倒角（F）/ 厚度（T）/ 宽度（W）]：（在绘图的空白处选择任意点）

指定另一个角点或[面积（A）/ 尺寸（D）/ 旋转（R）]：D

指定矩形的长度<2370.0000>：5180（输入矩形的长度）

指定矩形的宽度<1320. 0000>：1040（输入矩形的宽度）

指定另个角点或[面积（A）/ 尺寸（D）/ 旋转（R）]：（按回车键，效果如图 3-12 所示）

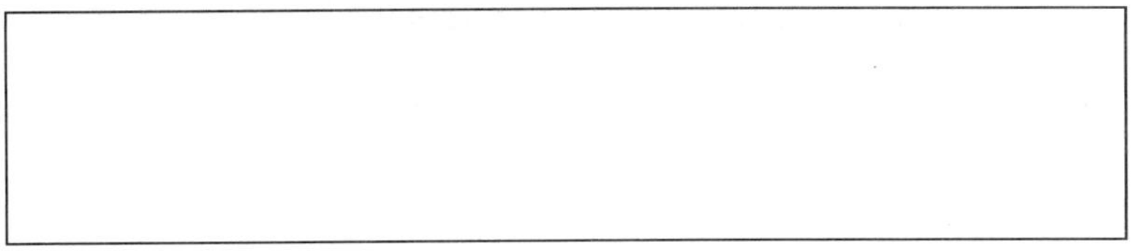

图 3-12 绘制阳台外轮廓线

步骤 2 执行“分解”命令，将矩形分解。

步骤 3 绘制阳台台面和扶手线。

执行“偏移”命令。

命令行内容如下：

命令：OFFSET

当前设置：删除源 = 否 图层 = 源 OFFSETGAPTYPE = 0

指定偏移距离或[通过（T）/删除（E）/图层（L）]<通过>：90（输入偏移距离）

选择要偏移的对象，或[退出（E）/放弃（U）]<退出>：（选择分解矩形的底边为偏移对象）

指定要偏移的那一侧上的点，或[退出（E）/多个（M）/放弃（U）] <退出>：（拾取分解矩形底边上侧的一点）

选择要偏移的对象，或[退出（E）/放弃（U）]<退出>：（按回车键，完成偏移）

运用同样的偏移方法，绘制出阳台台面和扶手线，效果如图 3-13 所示。

图 3-13 绘制阳台台面和扶手线

步骤 4 绘制栏杆线。

执行“偏移”命令。

命令行内容如下：

命令：OFFSET

当前设置：删除源 = 否 图层 = 源 OFFSETGAPTYPE = 0

指定偏移距离或[通过（T）/删除（E）/图层（L）]<通过>：144（输入偏移距离）

选择要偏移的对象，或[退出（E）/放弃（U）]<退出>：（选择分解矩形的最左边为偏移对象）

指定要偏移的那一侧上的点，或[退出（E）/多个（M）/放弃（U）] <退出>：（拾取分解矩形最左边右侧的一点）

选择要偏移的对象，或[退出（E）/放弃（U）]<退出>：（按回车键，完成偏移）

步骤 5 执行“修剪”命令，将多余的线进行修剪，完成第一根栏杆线，如图 3-14 所示。

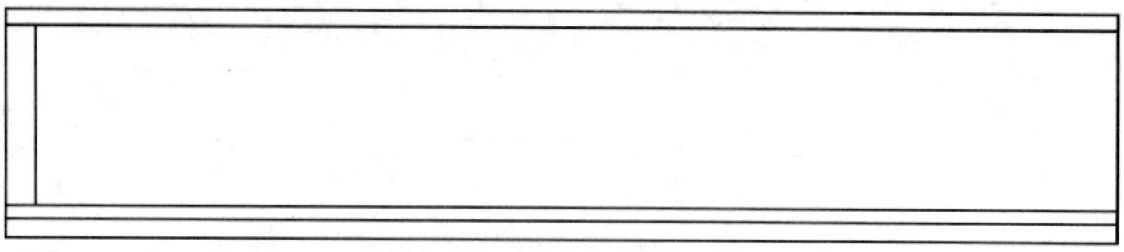

图 3-14　绘制阳台栏杆线

步骤 6　通过“阵列”命令绘制其他栏杆线。

选中第一根栏杆线，点击“阵列”按钮，弹出“阵列”对话框，如图 3-15 所示，输入相应的数值。

行数：1

列数：35

行偏移：1.0

列偏移：144.0

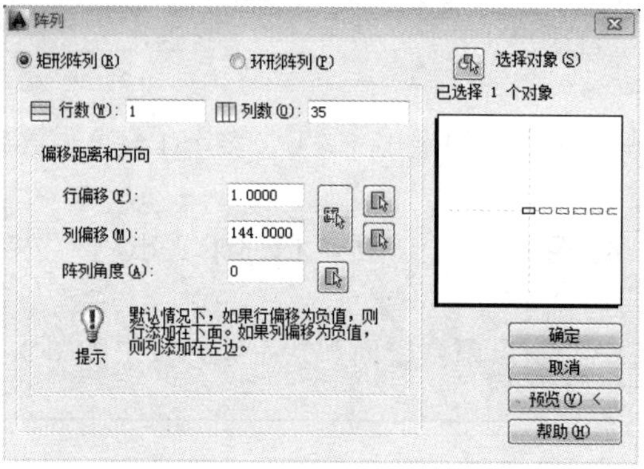

图 3-15　“阵列”对话框

阵列完成后，再通过细部处理，完成阳台绘制，最终效果如图 3-16 所示。完成阳台绘制的立面图如图 3-17 所示。

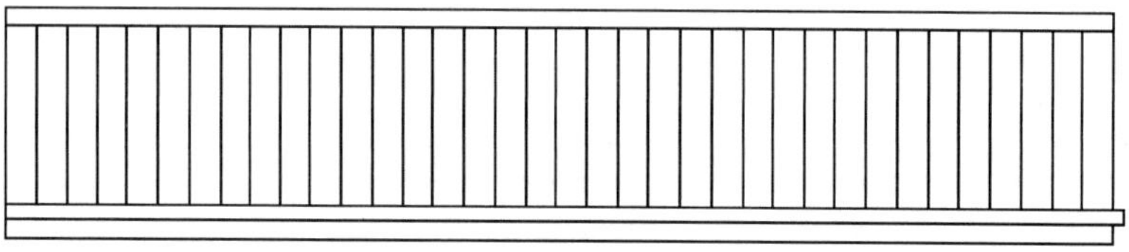

图 3-16　阳台最终效果

图 3-17　完成阳台绘制的立面图

3.2.5　绘制台阶

立面图上有一个室外楼梯，因此要准确地绘制出楼梯的各跑台阶，在这个楼梯上有两跑，其中第一跑被挡住了，因此只需绘制出第二跑楼梯的台阶，如图 3-18 所示。

步骤 1　确定最顶级台阶位置，也就是二楼的楼面位置，其标高为 3 300 mm。通过辅助定位线方法，绘制出第一条台阶线，如图 3-19 所示。

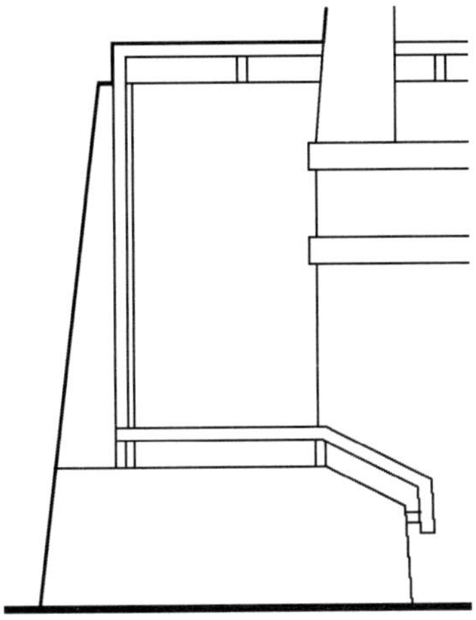

图 3-18　楼梯位置

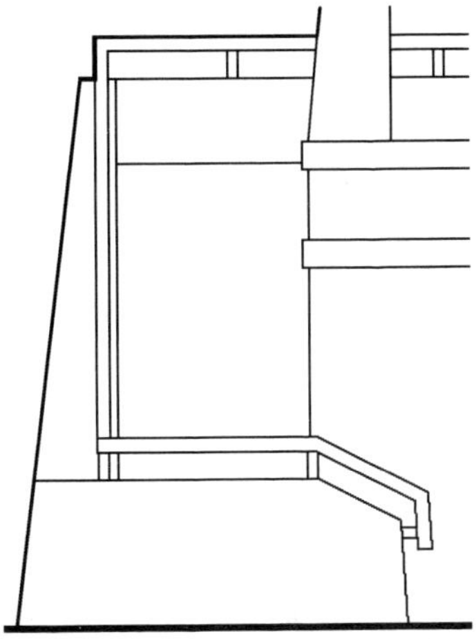

图 3-19　绘制第一条台阶线

步骤 2　通过“阵列”命令绘制其他台阶线。

选中第一条台阶线，点击“阵列”按钮，弹出阵列对话框，如图 3-20 所示，输入相应的数值。

行数：15

列数：1.0

行偏移：－150.0

列偏移：1.0

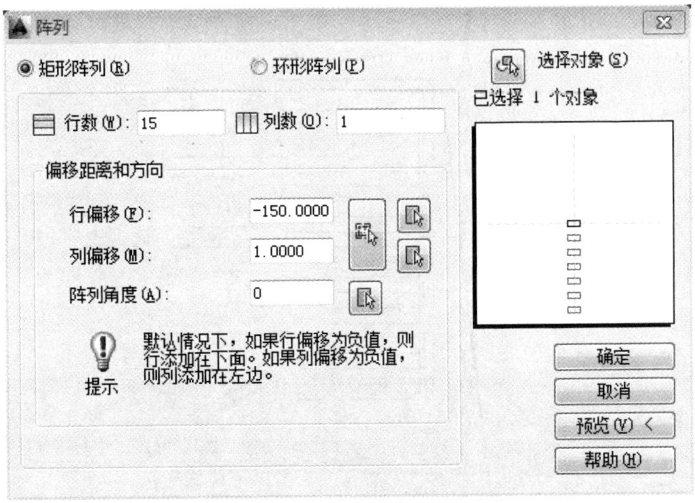

图 3-20　“阵列”对话框

阵列完成后的效果如图 3-21 所示。

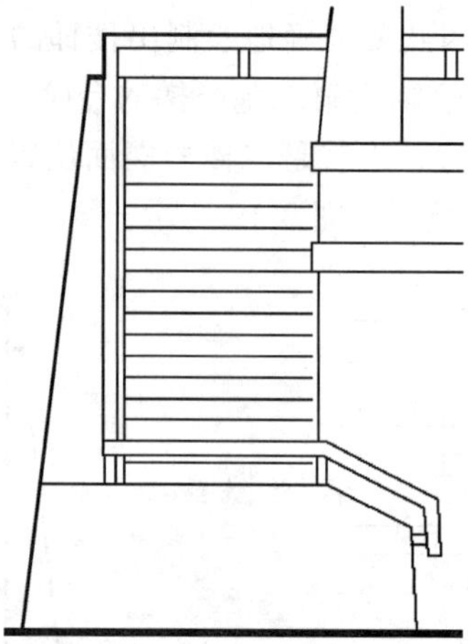

图 3-21　阵列完成后的效果

步骤 3　细部修整。点击“延伸”按钮，或在命令行中输入“EXTEBD”命令。

命令行内容如下：

命令：EXTEND

当前设置：投影 = UCS，边 = 无

选择边界的边...

选择对象或<全部选择>：找到 1 个（选择楼梯右侧的墙线）

选择对象：（按回车键，完成选择）

选择要延伸的对象，或按住 Shift 键选择要修剪的对象，或

[栏选（F）/ 窗交（C）/ 投影（P）/ 边（E）/ 放弃（U）]：（依次选择需要延伸的台阶线）

选择要延伸的对象，或按住 Shift 键选择要修剪的对象，或

[栏选（F）/ 窗交（C）/ 投影（P）/ 边（E）/ 放弃（U）]：（按回车键，完成选择，延伸后的效果如图 3-22 所示）

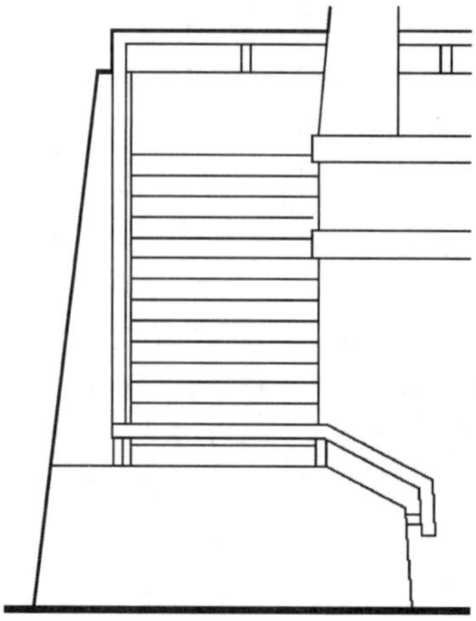

图 3-22　阵列完成后的效果

完成楼梯台阶绘制后的立面图如图 3-23 所示。

图 3-23　完成楼梯台阶绘制的立面图

3.2.6　图案填充

为增强立面图的屋顶、外墙的装饰效果，往往要在相应的部位用填充的图案来表示坡顶、砖面。

图案填充操作步骤如下：

步骤 1　切换到“图案填充”层为当前层。

步骤 2　填充墙面。该建筑的墙面有三种装饰形式，所以在填充上也要分别选择三种不同的图案。单击“绘图”工具栏中的“图案填充”按钮，弹出“图案填充”对话框，如图 3-24 所示，对墙面进行填充设置。在对话框中应选择“图案”类型（AR-B816），图案的旋转“角度”为 0，图案的“比例”为 25.0，指定要填充的地方，单击“确定”按钮，完成填充；同样第二种填充选择“图案”类型（AR-B816），图案的旋转“角度”为 0，图案的“比例”为 15.0；第三种填充选择“图案”类型（ANSI31），图案的旋转“角度”为 135，图案的“比例”为 50.0。

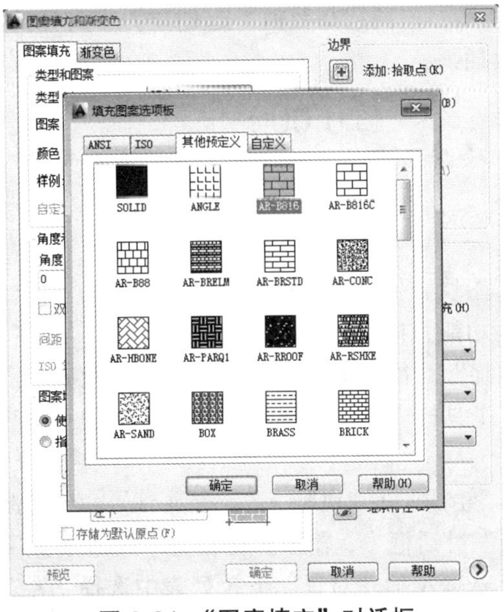

图 3-24　“图案填充”对话框

步骤 3 填充屋顶。

运用同样的方法，可以进行屋顶部分的填充。考虑到该立面图图面的层次感，所以暂不进行屋顶的填充，效果如图 3-25 所示。

图 3-25 填充完的效果

3.2.7 尺寸标注

完成立面图图形的绘制以后，下一步的工作就是尺寸标注和文字标注。立面图中的尺寸包括：

（1）高度方向尺寸，也就是标高。

（2）外部线性尺寸，包括总尺寸和轴线尺寸（较简单的图可以省略）。

（3）细部尺寸，包括主要配件尺寸，比如门窗洞的上下口、阳台和雨篷、门窗的定形定位尺寸。

1. 标高标注

标高标注时，Auto CAD 软件中没有现成的标高符号，用户应根据制图标准的规定绘制一个标高符号，如图 3-26 所示，连同层高数值一起创建为带属性的图块。然后指定插入点，输入高程属性值，完成图块插入。

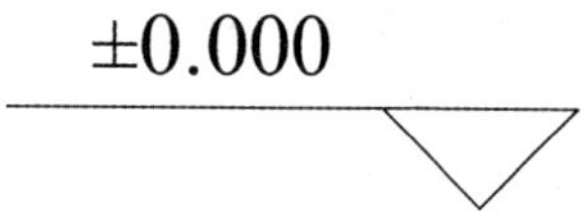

图 3-26 标高符号

创建带属性的“标高”图块，操作步骤如下：

步骤 1 打开“DYN”功能，即“动态输入”功能。

步骤 2 打开“对象捕捉”功能，把常用的端点、垂足设成固定捕捉。

步骤 3 单击“绘图”工具栏中的“直线”按钮，绘制等腰直角三角形和高程注写位置线和基准界面线。

步骤 4 从菜单中执行“绘图”→“块”→“定义属性”命令，弹出“属性定义”对话框。

步骤 5 在“属性定义”对话框中，输入标记信息、位置和文字选项。为高程数值定义左下角点，在“文字设置”选项组的“对正”下拉列表中选择“左”，所设内容如图 3-27 所示。单击“确定”按钮后，在屏幕上指定文字的插入点为适当点。

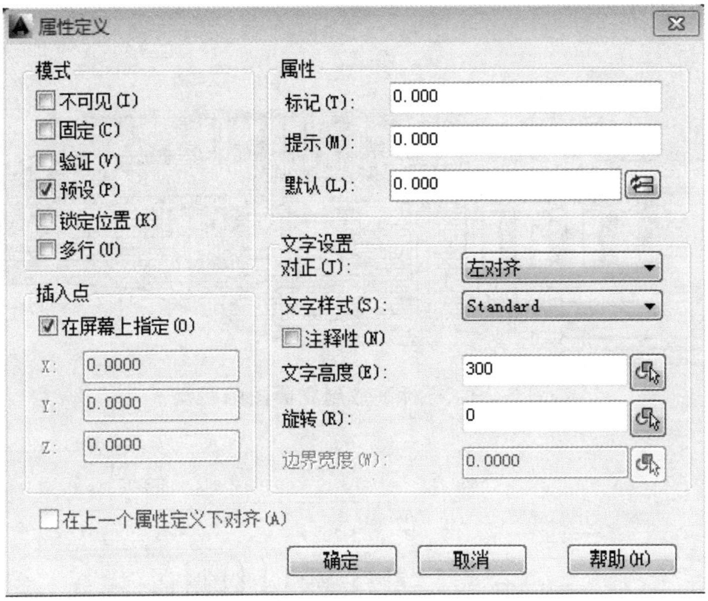

图 3-27　定义标高块的属性

步骤 6　单击“绘图”工具栏中的“创建块”按钮，输入图块名为“标高”，“拾取点”设置如图 3-28 所示，“选择对象”包括图形和属性。

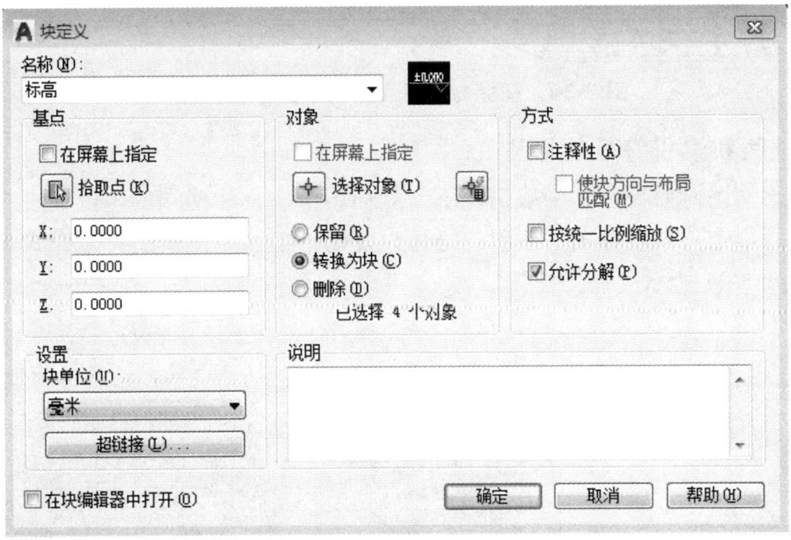

图 3-28　创建标高图块

步骤 7　单击“绘图”工具栏中的“插入块”按钮，在“插入”对话框的“名称”中选择已经定义的“高程”，按命令行提示指定插入点、输入属性值，完成插入。重复插入，或复制已插入的块，修改块的属性，完成图中所有标高的标注。注意：标高插入的位置要根据立面图的复杂程度而定，如果图面简单，可以放到立面图的两侧，如图 3-29 所示。如果图面复杂，需要标注的地方较多，最好把标高放到立面图里的具体构件处，以免引起混淆。该立面图由于图面复杂，所以把标高放到立面图的具体构件处，如图 3-30 所示。

图 3-29　把标高放到立面图的两侧

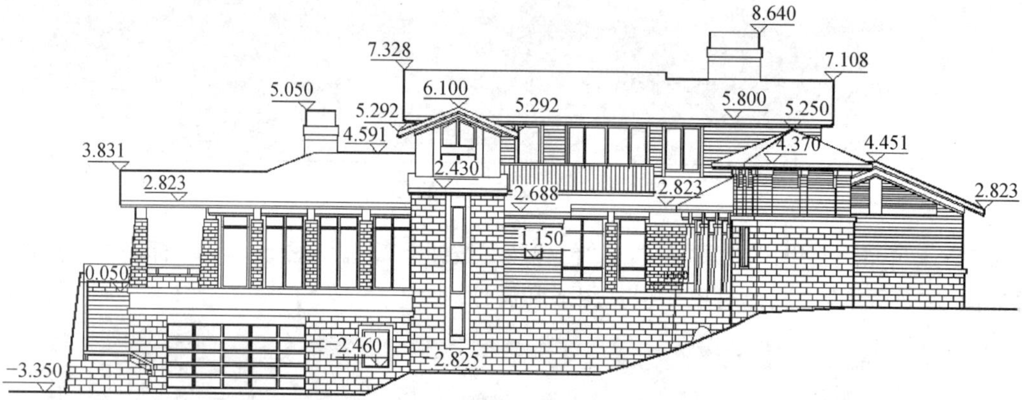

图 3-30　把标高放到立面图中具体构件处

2. 定位轴线和索引符号的标注

为便于与平面图对照识读，一般情况下，立面图中应标注两端的定位轴线，如果图面复杂时有必要把每根定位轴线标出。索引符号可以复制平面图中的索引符号样式，修改里面的轴号即可，如图 3-31 所示。

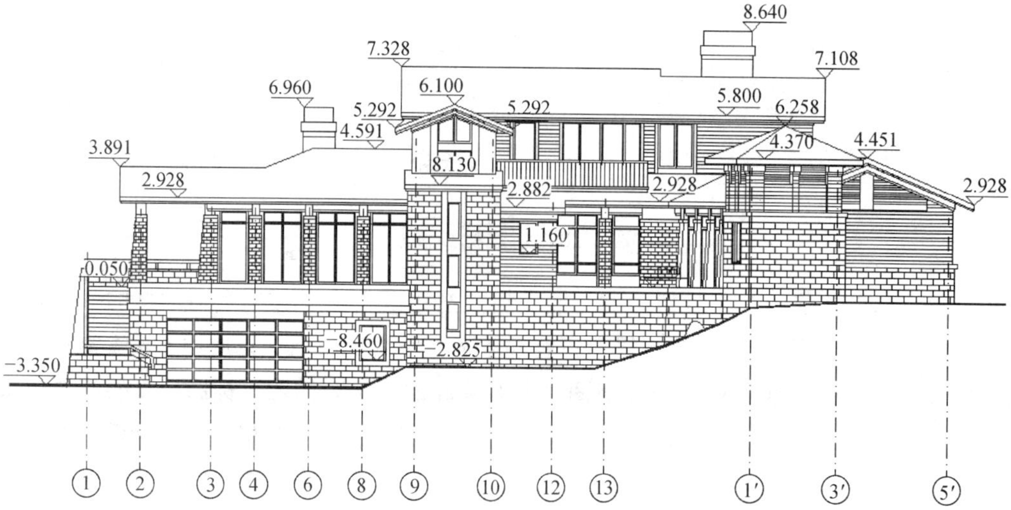

图 3-31　绘制定位轴线和索引符号

3. 线性尺寸标注

打开“对象捕捉”，点击“标注”工具栏中的“线性标注”按钮和“连续标注”按钮，创建尺寸标注，效果如图 3-32 所示。

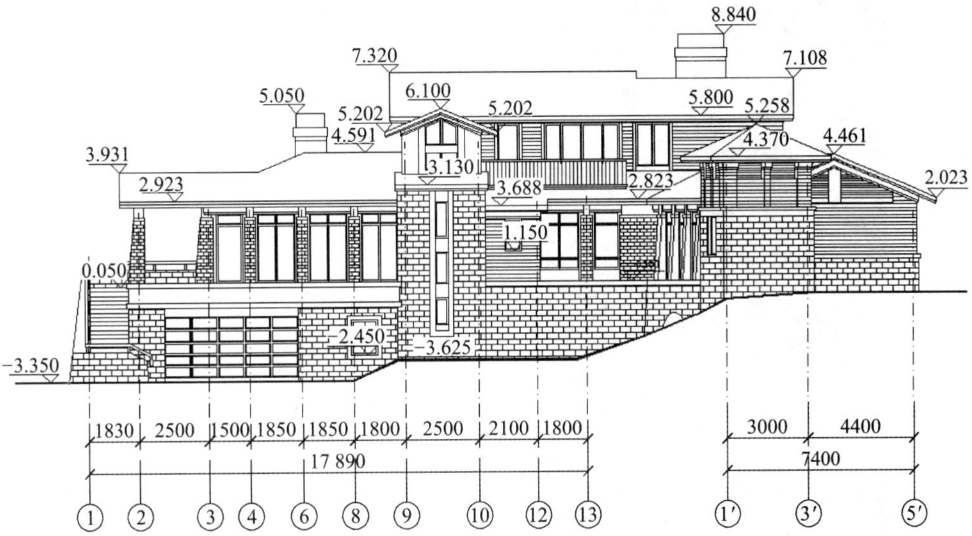

图 3-32　创建尺寸标注

3.2.8　文字注释

文字注释的操作步骤如下：

步骤 1　将当前层设为“文字”层。

步骤 2　选择“标注”→“多重引线”命令，或在命令行中输入“MLEADER”。

命令行内容如下：

命令：MLEADER

指定引线箭头的位置或[引线基线优先（L）/内容优先（C）/选项（O）]<选项>：（点击要指引的位置）

指定引线基线的位置：（点击图面外要标注文字处）

弹出“文字格式”对话框，如图 3-33 所示，并在基线处出现文字输入光标，输入文字，如图 3-34 所示。而后在“文字格式”对话框中设置好相关参数。

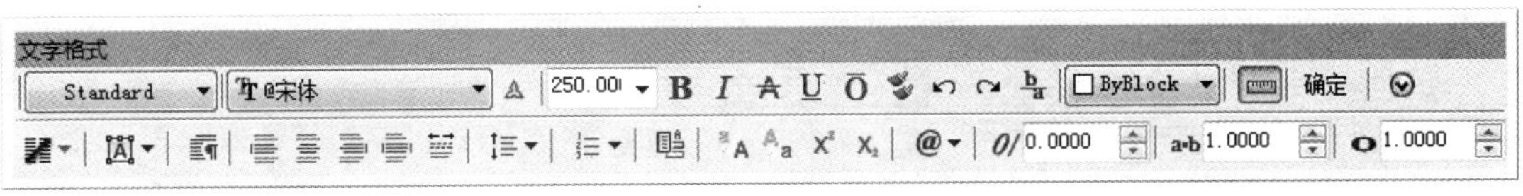

图 3-33　“文字格式”对话框

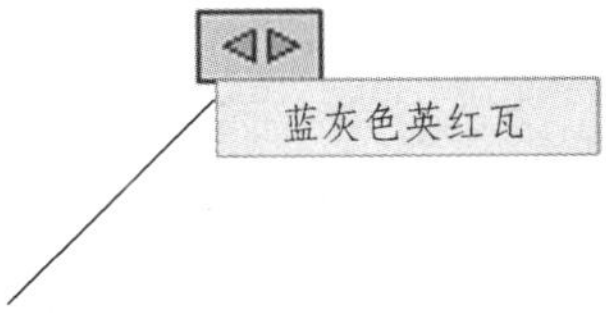

图 3-34　创建引线

步骤 3 双击绘制好的引线，弹出“特性”对话框，如图 3-35 所示。将引线箭头设置为“点”，箭头大小为“100”，水平基线设置为“是”，调整后的效果如图 3-36 所示。

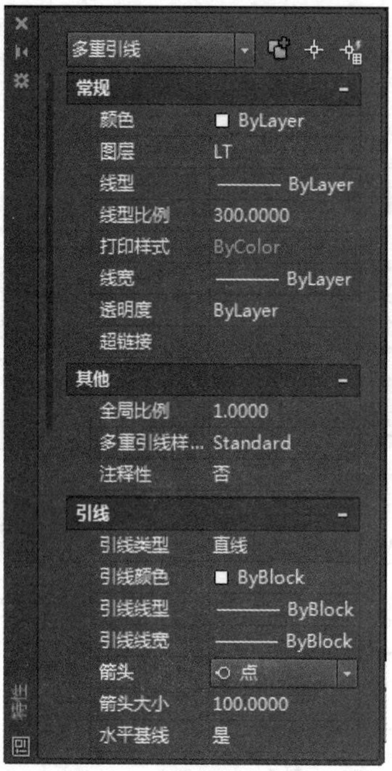

图 3-35 “多重引线”特性对话框

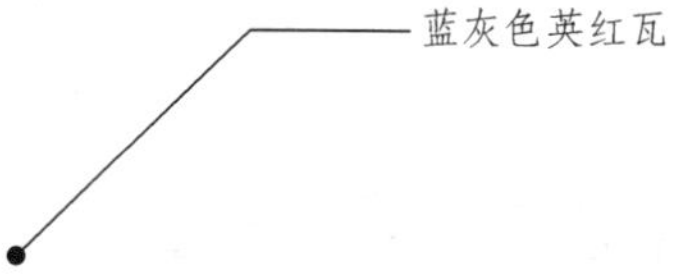

图 3-36 创建完成的引线

运用同样的方法，将所有文字注释完成，效果如图 3-37 所示。

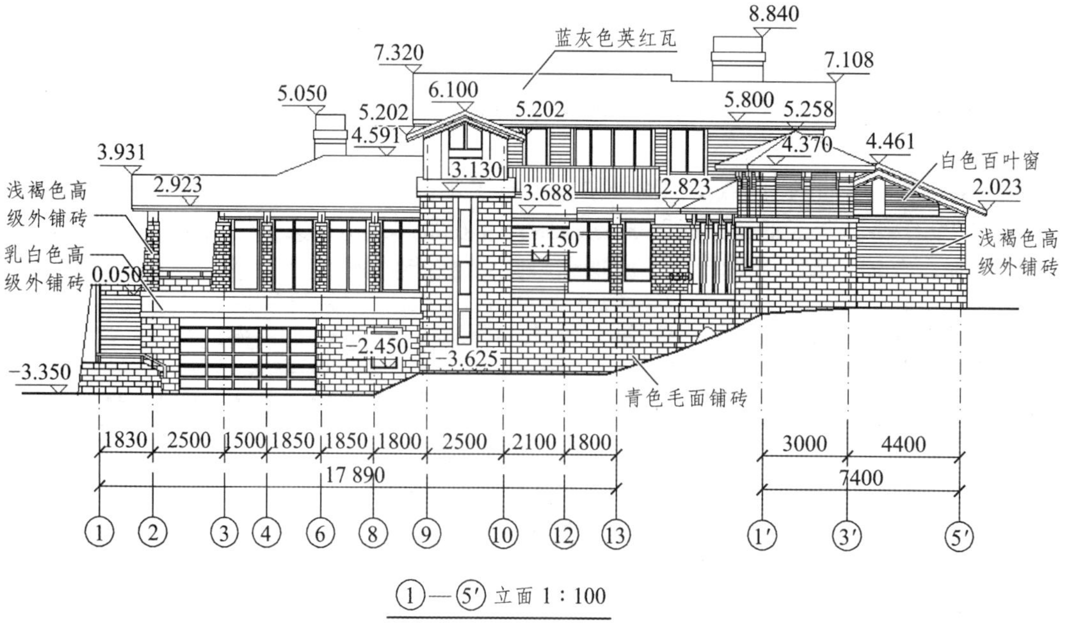

图 3-37 完成文字注释的立面图

项目 4　绘制建筑剖面图

4.1　建筑剖面图概述

4.1.1　剖面图的绘制内容

建筑剖面图是表示建筑物竖向构造的重要图样，它主要表示建筑物内部垂直方向的高度、楼层的分层、垂直空间的利用及简要的结构形式等。因此，剖面图应反映出剖切后所能表现到的墙、柱及其与定位轴线之间的关系。各细部构造的标高和构造形式，如楼梯的梯段尺寸及踏步尺寸；墙体内的门窗高度和梁、板、柱的图面示意。剖面图的剖切位置多选在建筑物内部比较复杂、有变化或有代表性的部位，如出入口、门厅或楼梯等部位。本例中的 *A-A* 剖面图就是沿楼梯处和主要出口剖切而得到的。

建筑剖面图的主要内容概括为以下几部分：

（1）外墙（或柱）的定位轴线和编号。

（2）建筑物内部分层情况。

（3）建筑物各层层高和水平向间隔。

（4）被剖切的室内外地面、楼板层、屋顶层、内外墙、楼梯以及其他被剖切的构件位置、形状和相互关系。

（5）投影可见部分的形状、位置。

（6）地面、楼面、屋面的分层构造，可用文字说明或图例表示。

（7）未经剖切，但在剖视图中应看到的建筑物构配件，例如楼梯扶手、窗户等。

（8）详图索引符号。

（9）垂直方向标高。

4.1.2　剖面图的绘制步骤

在 AutoCAD 中，用户绘制建筑剖面图的步骤如下：

步骤 1　创建新图形，设置绘图环境。

步骤 2　绘制定位轴线。

步骤 3　绘制地坪线、外墙的轮廓线、各层的楼面线和楼板厚度。

步骤 4　绘制楼梯及休息平台。

步骤 5　绘制门窗洞口剖面图。

步骤 6　绘制台阶。

步骤 7　绘制出各种梁的轮廓线以及断面。

步骤 8　绘制标高辅助线和标高。

步骤 9　绘制尺寸标注。

剖面图中的图线要求与平面图基本一致，凡是剖到的墙、梁、板等构件的轮廓线用粗实线表示，没有剖到的其他构件的投影线用细实线表示，定位轴线用细点画线表示。如图 4-1 所示，下面以该别墅的 *A-A* 剖面图为例，来介绍建筑剖面图的绘制步骤。

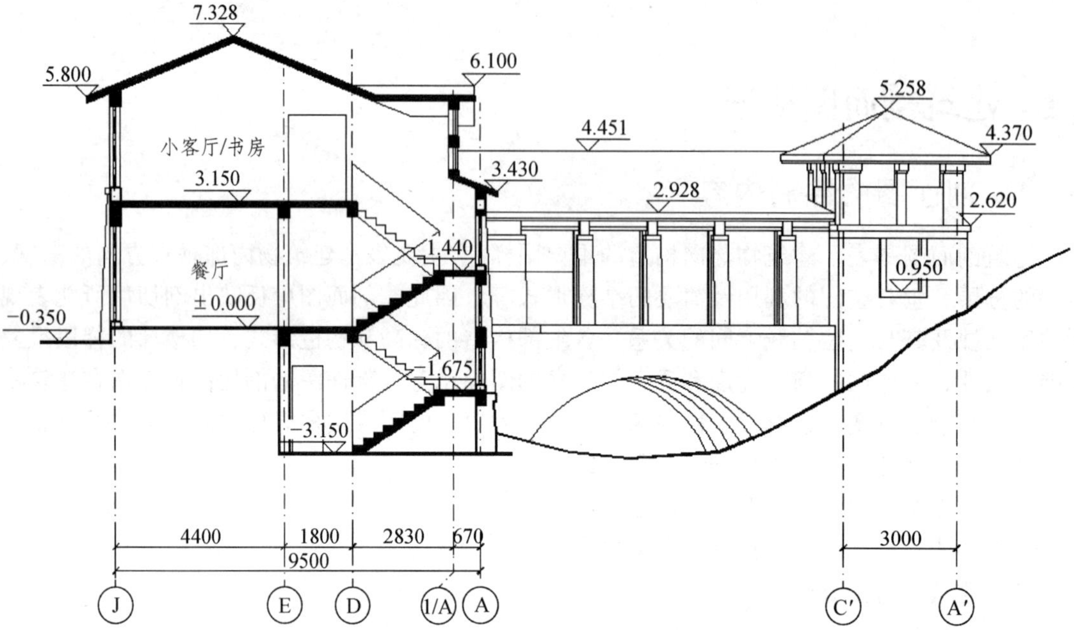

*A-A*剖面 1∶100

图 4-1　别墅剖面图

4.1.3　设置绘图环境

绘图环境的设置和项目 1 的设置一样，在此就不再讲述了。

4.2　建筑剖面图的绘制

4.2.1　绘制定位轴线

定位轴线是常用的辅助线，在绘图时有非常重要的作用，绘图过程中创建辅助线的步骤如下：

步骤 1　切换“辅助线”层为当前层。

步骤 2　单击“绘图”工具栏中的“直线”按钮，绘制两条基准定位轴线：一条水平线和一条垂直线。这里以室外地坪线为水平基准，以建筑物左侧定位轴线为垂直基准。

步骤 3　单击“绘图”工具栏中的“偏移”按钮，根据图中标注的基准线间距大小，依次偏移得到辅助定位线。定位轴线绘制后的效果如图 4-2 所示。

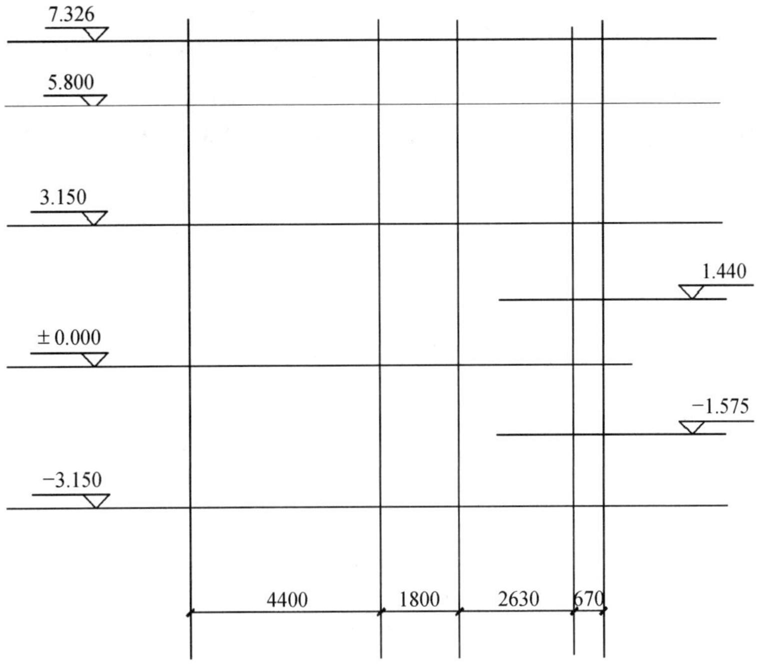

图 4-2　绘制定位轴线

4.2.2　绘制地坪线

切换“地坪线”层为当前层。根据室内外地坪线的高程，单击“绘图”工具栏中的“直线”按钮，在辅助线的基础上完成室内外地坪线的绘制，如图 4-3 所示。

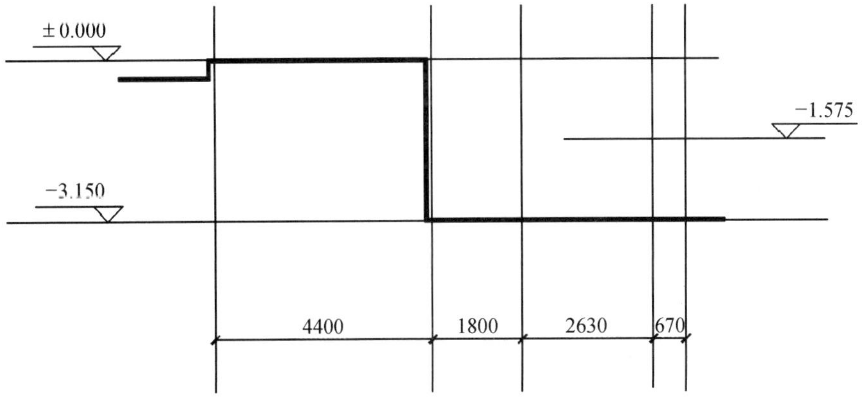

图 4-3　绘制地坪线

4.2.3　绘制墙线

墙线是建筑剖面图的重要组成部分，位于定位轴线的两侧，可以用平行线来绘制。在 AutoCAD 2019 中可以用两种方法绘制墙线，一种是通过“直线”命令绘制出墙体的一侧直线，再用“偏移”命令绘制另外一条直线；另一种是通过“多线”命令绘制墙体，然后再编辑多线，在多线相交处通过“MLEDIT”命令整理墙体的交线，然后在墙体中添加门窗洞。本例采用第二种方法绘制墙线，由平面图的绘制可知，此别墅墙厚一般为 240 mm，平面图中采用了设置 W240 多线样式的方法创建 240 墙。绘制墙线的具体步骤如下：

步骤 1 将当前图层设为“墙”图层。

步骤 2 执行“多线”命令。

命令行内容如下：

命令：MLINE

当前设置：对正 = 上，比例 = 20.00，样式 = STANDARD

指定起点或[对正（J）/比例（S）/样式（ST）]：J（输入 J，设置对正样式）

输入对正类型[上（T）/无（Z）/下（B）]<上>：Z（采用居中对正样式）

当前设置：对正 = 无.比例 = 20.00，样式 = STANDARD

指定起点或[对正（J）/比例（S）/样式（ST）]：S（输入 S，设置比例）

输入多线比例<20.00>：240（设置比例为 240）

当前设置：对正 = 无，比例 = 240.00，样式 = STANDARD

指定起点或[对正（J）/比例（S）/样式（ST）]：

（捕捉最左侧辅助线与室内地坪线辅助线的交点）

指定下一点：（捕捉最左侧辅助线与步骤 2 偏移生成辅助线的交点）

指定下一点或[放弃（U）]：（按回车键，完成绘制，效果如图 4-4 所示）

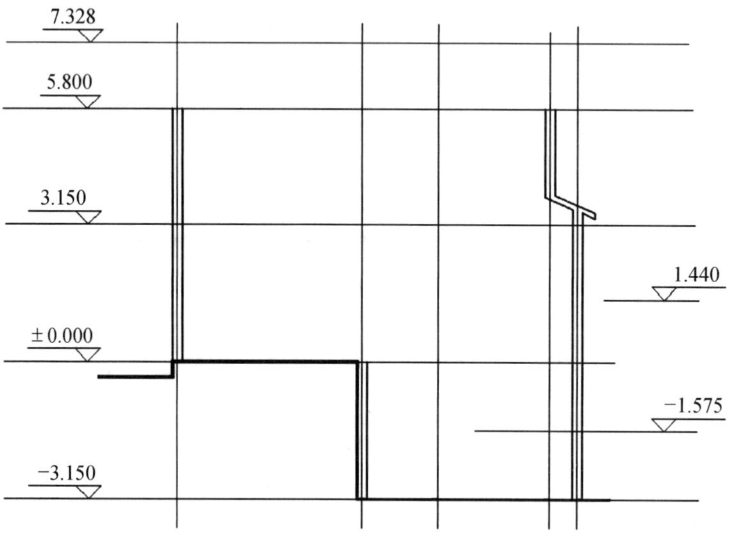

图 4-4 绘制墙线

步骤 3 继续执行“多线”命令，绘制其他墙体。

4.2.4　绘制楼板

楼板就是各层的地板，在 AutoCAD 中，楼板同样可以用“多线”命令绘制，具体步骤如下：

步骤 1　将“楼板”层设为当前层。

步骤 2　执行“多线”命令。

命令行内容如下：

命令：MLINE

当前设置：对正 = 上，比例 = 120.00，样式 = STANDARD

指定起点或[对正（J）/比例（S）/样式（ST）]：J（输入 J，设置对正样式）

输入对正类型[上（T）/无（Z）/下（B）]<上>：T（采用上对正样式）

当前设置：对正 = 无.比例 = 120.00，样式 = STANDARD

指定起点或[对正（J）/比例（S）/样式（ST）]：S（输入 S，设置比例）

输入多线比例<120.00>：120（设置比例为 120）

当前设置：对正 = 上，比例 = 120.00，样式 = STANDARD

指定起点或[对正（J）/比例（S）/样式（ST）]：

指定下一点：（依次捕捉 = 层楼面线辅助线与墙体的交点）

指定下一点或[放弃（U）]：（按回车键，完成绘制）

步骤 3　使用同样的方法，绘制另一段楼板，效果如图 4-5 所示。

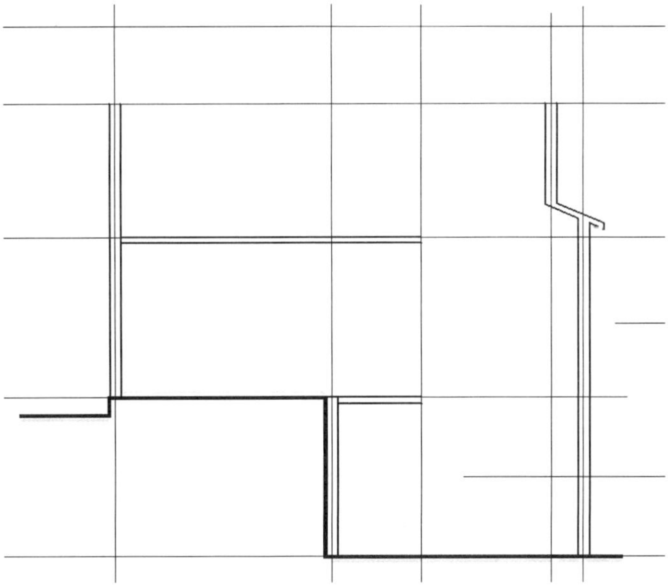

图 4-5　绘制楼板

步骤 4　选择“修改”→“对象”→“多线”命令，弹出如图 4-6 所示的“多线编辑工具”对话框，单击“T 形合并”按钮，命令行提示“选择第一条多线”和“选择第二条多线”，用户依次选择楼板多线和相邻的墙体多线，完成编辑，需要注意的是该顺序不能颠倒。

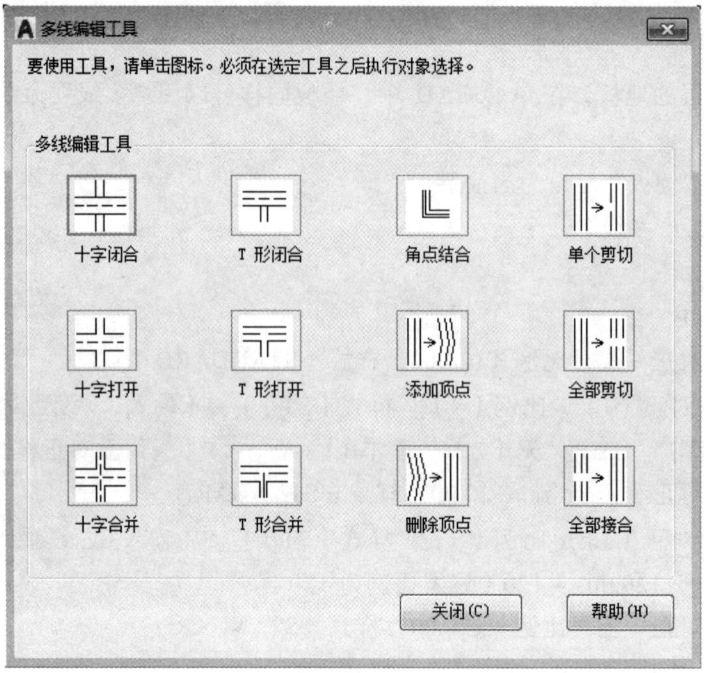

图 4-6 “多线编辑工具”对话框

步骤 5 使用同样的方法，继续对楼板和墙体多线进行编辑，效果如图 4-7 所示。

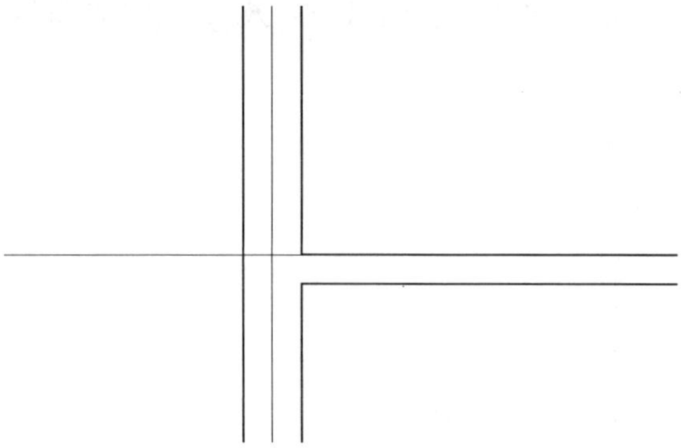

图 4-7 对墙线和楼板线进行“T 形合并”

4.2.5 绘制屋顶

在本例中，为了便于排水和外观造型，将屋顶做成斜坡面。通常采用“多线”命令来绘制屋顶，屋顶厚度为 150 mm，具体步骤如下：

步骤 1 将当前图层设为“屋顶”层。

步骤 2 作屋顶的辅助线。

步骤 3 执行“多段线”命令。

命令行内容如下：

命令：PLINE

指定起点：(捕捉坡屋顶最左端点)

当前线宽为 20.000

指定下一个点或[圆弧（A）/ 半宽（H）/长度（L）/ 放弃（U）/ 宽度（W）]:（捕捉坡屋顶屋脊点）

指定下一点或[圆弧（A）/ 闭合（C）/半宽（H）/ 长度（L）/ 放弃（U）/ 宽度（W）]:（捕捉右点坡屋顶屋底端点）

指定下一点或[圆弧（A）/ 闭合（C）/ 半宽（H）/ 长度（L）/ 放弃（U）/宽度（W）]:（捕捉平屋顶最右端点）

指定下一点或[圆弧（A）/ 闭合（C）/ 半宽（H）/ 长度（L）/ 放弃（U）/宽度（W）]:

（按回车键，完成屋顶外侧单线的绘制，效果如图 4-8 所示）

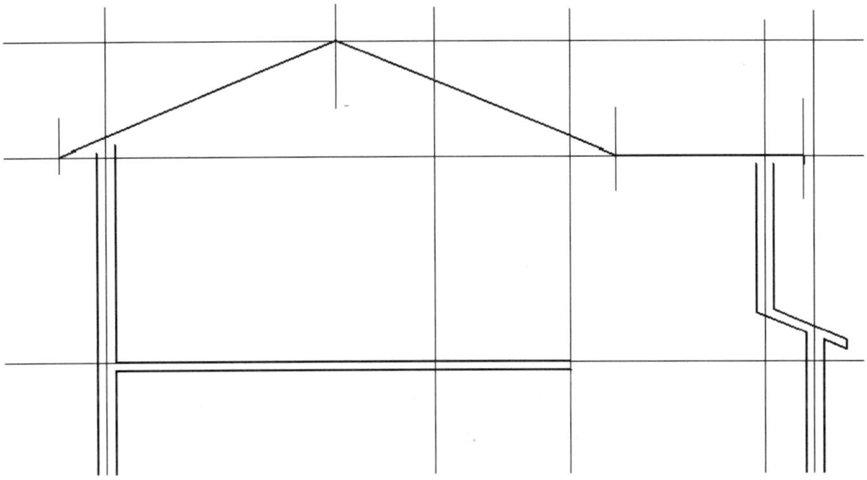

图 4-8　绘制屋顶外侧线

步骤 4　执行“偏移”命令，将步骤 3 绘制的多段线向下偏移 150，效果如图 4-9 所示。

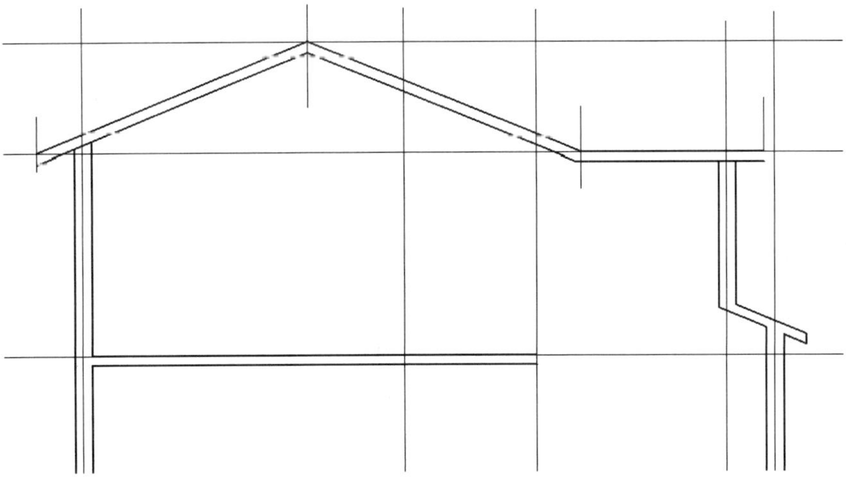

图 4-9　绘制屋顶外侧线

步骤 5　执行“修剪”命令，以辅助线为剪切边，对偏移生成的多段线进行修剪，并使用“直线”命令连接屋顶边和墙体，效果如图 4-10 所示。

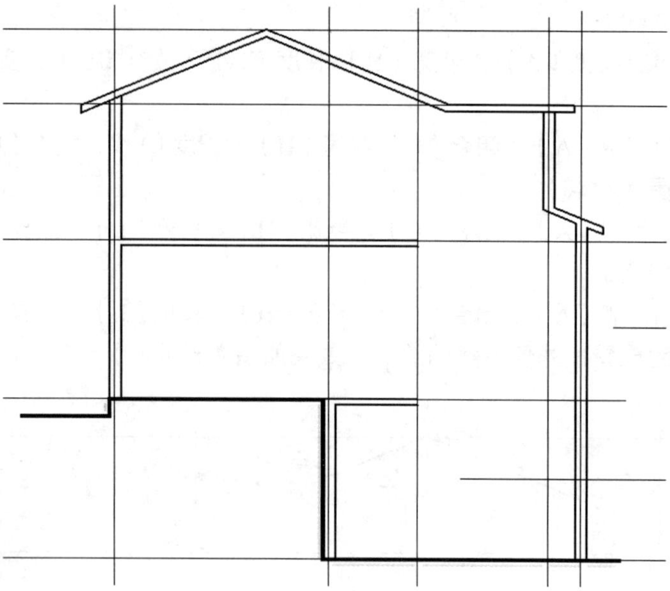

图 4-10　完成屋顶绘制

4.2.6　绘制窗

在绘制建筑平面图和建筑立面图的过程中，都接触过窗的绘制。在建筑剖面图中，窗主要分成两类：一类是被剖切到的窗，它的绘制方法和建筑平面图中窗的绘制方法相同；另一类是没有被剖切到的窗，它的绘制方法和建筑立面图中窗的绘制方法相似。因此，用户可以借鉴前面相关的项目内容，来完成剖面图中窗的绘制。本剖面图首先要绘制的是被剖切的窗，一楼的窗尺寸为：高 2 400 mm、宽 240 mm；二楼的窗尺寸为：高 2 040 mm、宽 240 mm。

步骤如下：

步骤 1　将“窗”层设为当前图层。

步骤 2　执行“偏移”命令，将室内地坪线所在辅助线向上偏移 150，效果如图 4-11 所示。

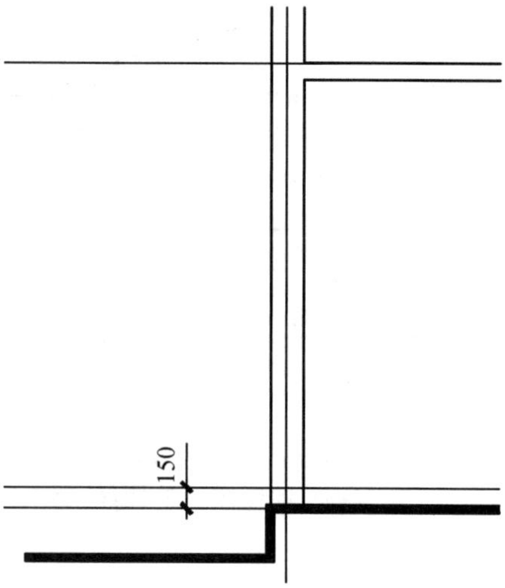

图 4-11　偏移辅助线

步骤 3　执行“矩形”命令，以图 4-12 所示的 *A* 点为第一个角点，第二个角点坐标是（@240，2 400），绘制 240 × 2 400 矩形，也就是窗的外轮廓线。

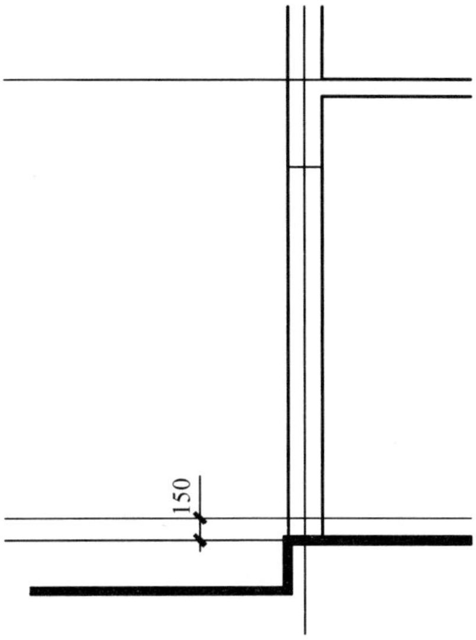

图 4-12　绘制窗的外轮廓线

步骤 4　执行“分解”命令，将步骤 3 绘制完成的矩形分解，执行“偏移”命令，将分解矩形的左边向右偏移 80，分解矩形的右边向左偏移 80，效果如图 4-13 所示。

步骤 5　按照同样的方法绘制其他的窗剖面图，效果如图 4-14 所示。

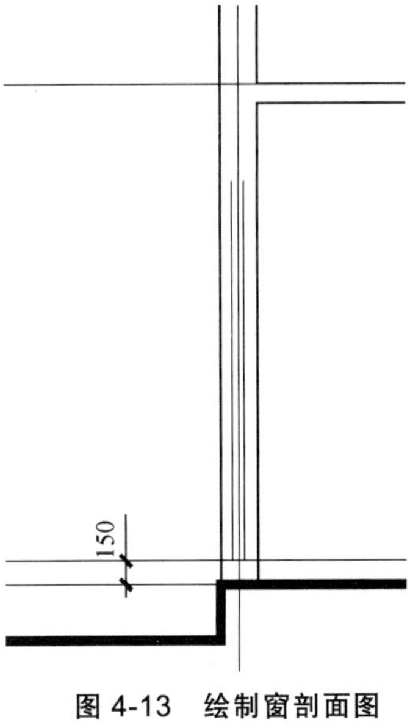

图 4-13　绘制窗剖面图

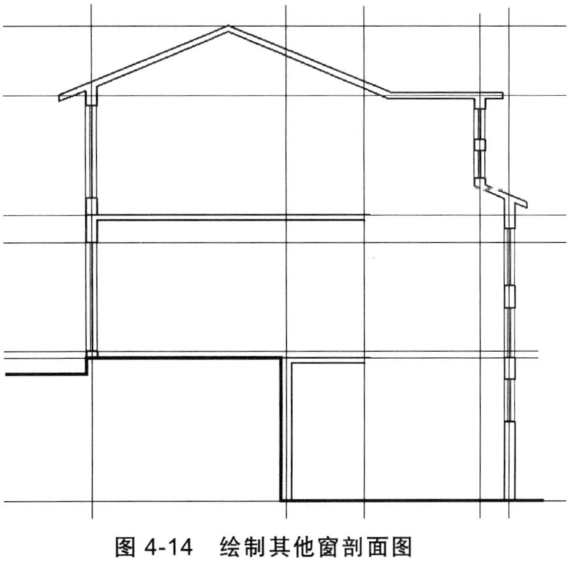

图 4-14　绘制其他窗剖面图

4.2.7　绘制楼梯

楼梯的绘制是剖面图中最为常见的，也是最为复杂的一部分。下面将以首层楼梯的绘制为例，来详细讲述剖面图楼梯的绘制，步骤如下：

步骤1　将“楼梯”层设为当前层。

步骤2　执行“偏移”命令，将辅助线按照图4-15所示的尺寸偏移。

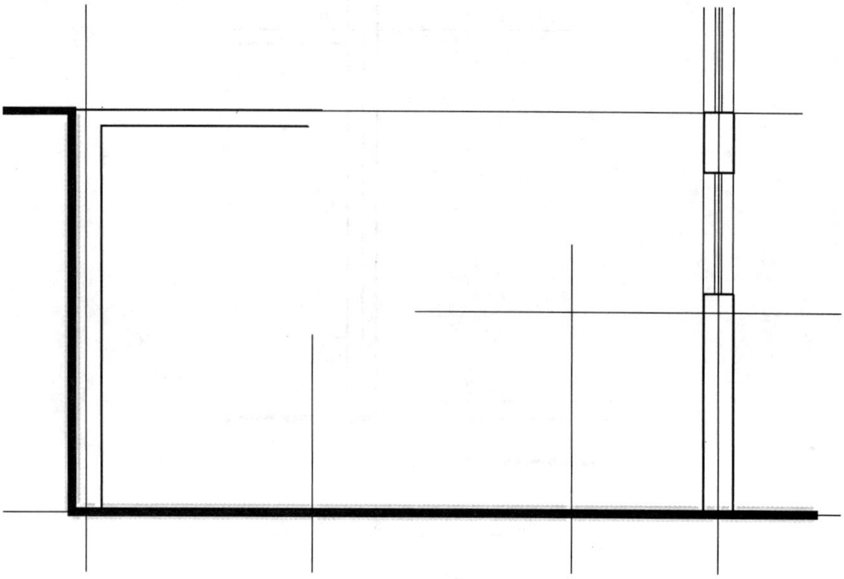

图4-15　偏移辅助线

步骤3　执行“多线”命令，设置比例为120，多线样式为STANDARD，绘制出楼梯的休息平台，效果如图4-16所示。

图4-16　绘制休息平台

步骤4　绘制踏步。

① 单击“直线”按钮，绘制首层地面上方第一级踏步，如图4-17所示。

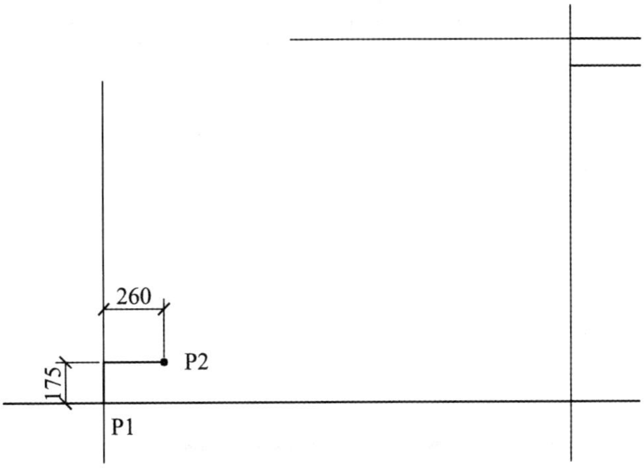

图 4-17　绘制第一级踏步

② 单击“阵列”按钮，弹出如图 4-18 所示的对话框。单击“选择对象”按钮，拾取要阵列的两条直线，输入“行”和“列”的数目分别为 1 和 9，在“偏移距离和方向”选项组中，设置行偏移：175，偏移：260，单击“拾取阵列角度”按钮，从图形中拾取 Pl 和 P2 点的倾角大小。单击“确定”按钮，完成踏步的绘制，效果如图 4-19 所示。

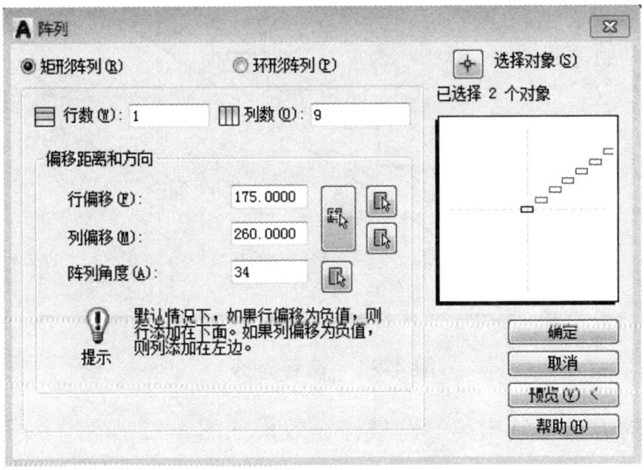

图 4-18　“阵列”对话框

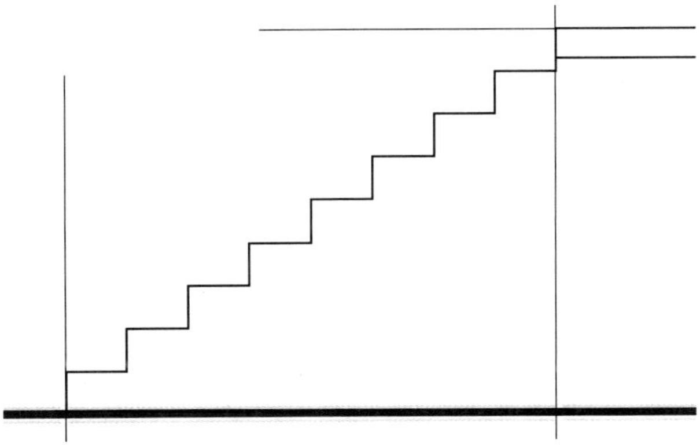

图 4-19　用“阵列”完成踏步的绘制

步骤 5　执行“直线”命令，过楼梯线下侧绘制斜向直线，效果如图 4-20 所示。

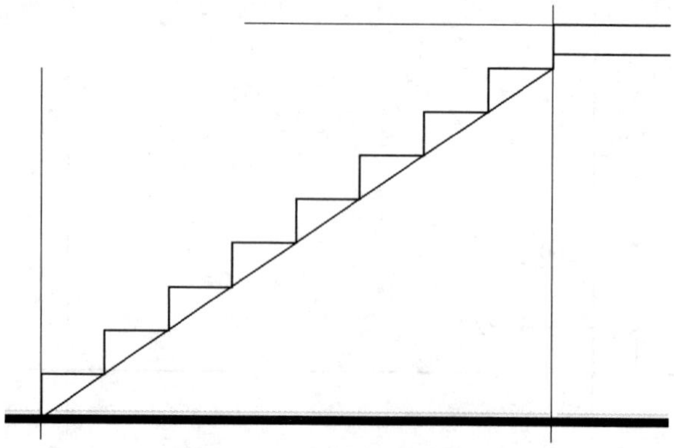

图 4-20　绘制斜向直线

步骤 6　执行“偏移”命令，选择步骤 5 绘制的直线，偏移值为 120，向下偏移。

步骤 7　执行“修剪”和“延伸”命令，对步骤 6 偏移的直线进行修剪和延伸，效果如图 4-21 所示。

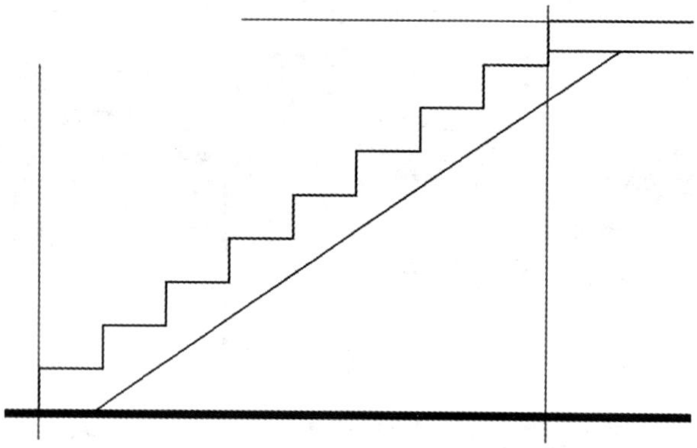

图 4-21　偏移直线

步骤 8　用同样的方法绘制出第二跑楼梯，效果如图 4-22 所示。

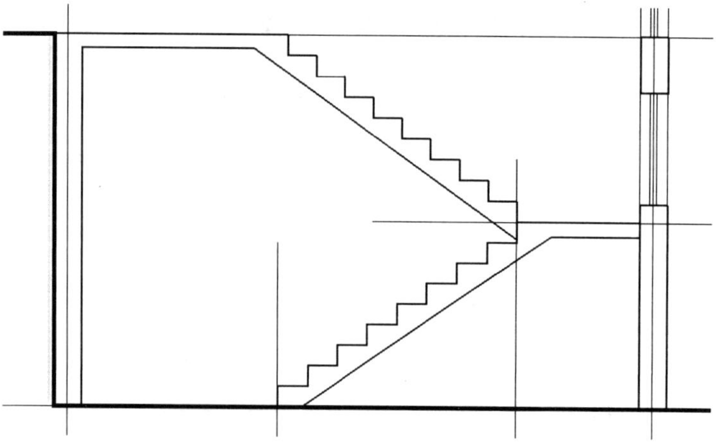

图 4-22　绘制第二跑楼梯

步骤 9　绘制简易楼梯扶手。将楼梯下侧直线向上偏移 100，在两个休息平台的适当位置处绘制简易栏杆，通过执行“修剪”和“延伸”命令，对栏杆扶手进行修补。这样，首层楼梯就绘制完成了，效果如图 4-23 所示。

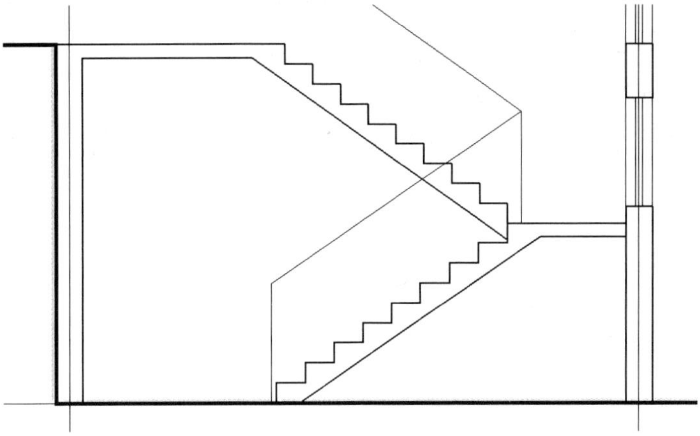

图 4-23　绘制楼梯扶手

4.2.8　绘制梁

梁设置在楼板的下面或者设置在门、窗的顶部、楼梯下面。绘制步骤如下：

步骤 1　将“梁”层设为当前图层。

步骤 2　由于本别墅造型复杂，所以梁的型号就比较多，但其画法都一样，首先根据梁的尺寸绘制出相应矩形。

步骤 3　分别将所绘制的梁（矩形）设置为图块。

步骤 4　执行“插入”→“块”命令，分别插入各梁图块，效果如图 4-24 所示。

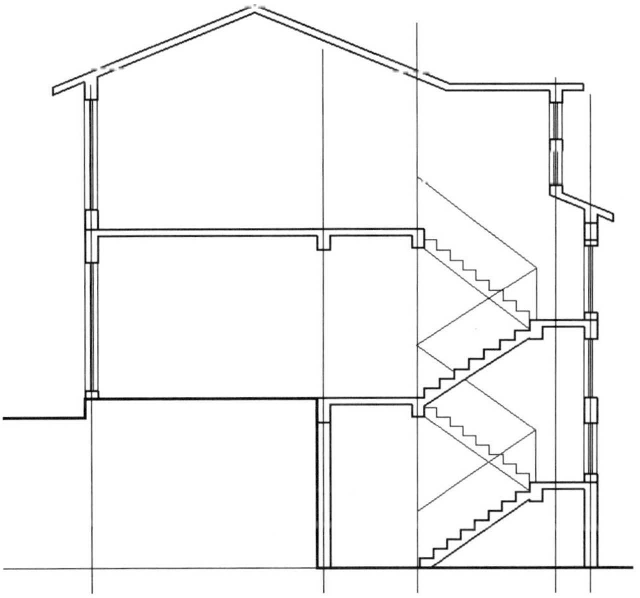

图 4-24　绘制梁

4.2.9 绘制细部结构

1. 填充图案完成剖面效果

绘制完剖面图基本轮廓后，一般要对剖切到的墙、楼板、屋顶和柱、梁等部位进行图案填充，来进一步增强剖面图的层次感。

步骤 1 切换“图案填充”层为当前层。

步骤 2 将剖切到的墙、楼板、屋顶和柱、梁等部位列入填充范围，用 SOLID 图案进行填充，效果如图 4-25 所示。

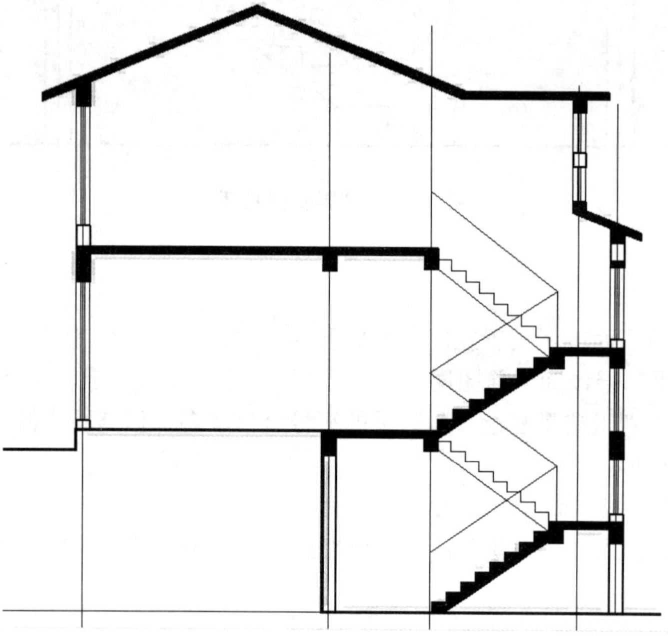

图 4-25 填充图案

2. 绘制图形中的细部构造

细部构造包括门窗、阳台、柱、台阶、雨篷等。

步骤 1 绘制门窗。切换“门窗”层为当前层，将房间内部没有剖切到，但又能看得到的门窗进行绘制。

步骤 2 绘制阳台、柱、台阶、雨篷等细部构造。切换“细部构件”层为当前层，单击“直线”按钮，绘制阳台、柱、台阶等的轮廓线。应用“修改”工具栏中的“修剪”命令，修剪图形中被遮挡后看不见的图线，效果如图 4-26 所示。

3. 补全外部视图

因为本别墅的平面是一个“L”形，所以除了剖切到的部位，还有转折部分的立面图可以看见，所以仍要把能看见的建筑外立面图绘制出来，绘制的具体方法已在前面介绍过，在这不再赘述，绘制后效果如图 4-27 所示。

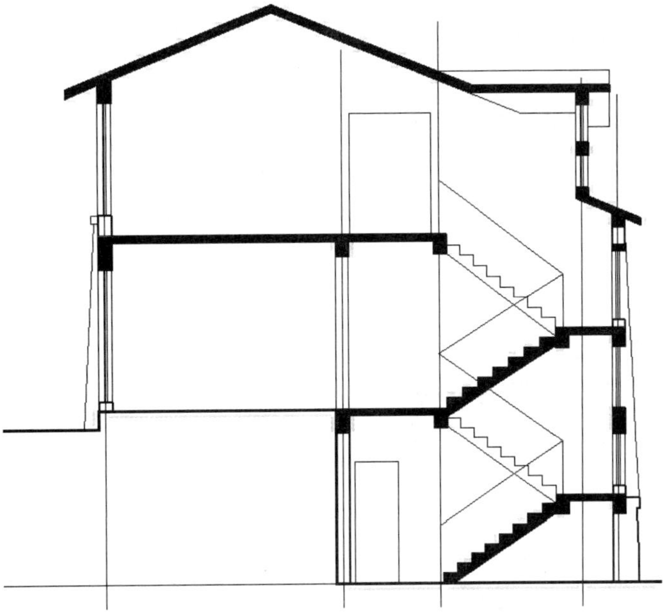

图 4-26　绘制细部构件

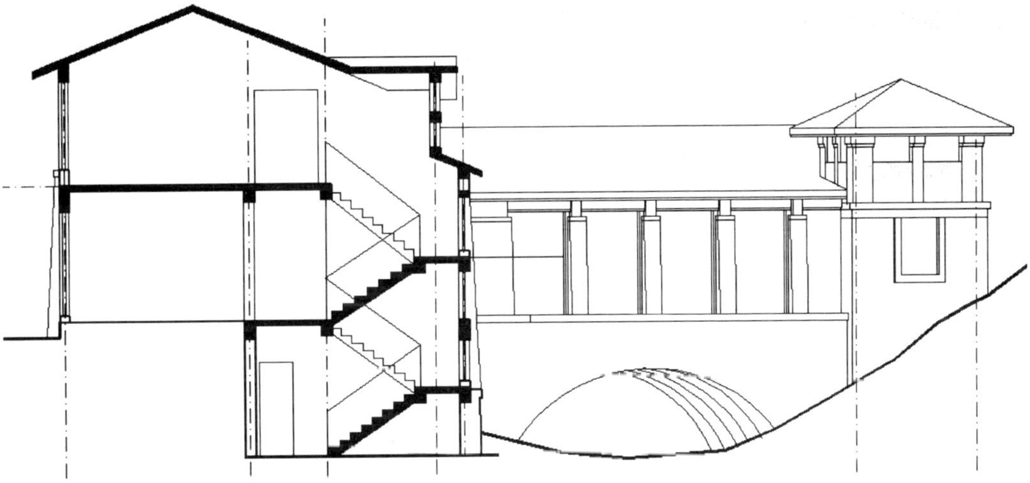

图 4-27　绘制外部可见立面图

4.2.10　文本标注

1. 尺寸标注

在剖面图中，应该标出的尺寸包括：被剖切到部分的必要尺寸，包括竖直方向剖切部位的尺寸和标高、外墙需要标注门窗洞的高度尺寸和层高、室内外的高度差和建筑物总的标高等。用户可以将标高符号制作成块，以方便插入。

除了标高之外，在建筑剖面图中还需要标注出轴线符号，以表明剖面图所在的范围。

在本例中，轴线编号和标高的创建与项目 3 立面图的绘制相同，长度尺寸的标注与平面图绘制相同，这里不再详细阐述，仅简略阐述步骤，步骤如下：

步骤 1 切换到“标注”图层。

步骤 2 创建轴线符号、索引符号。

步骤 3 标注长度方向尺寸。

步骤 4 在适当的位置插入相应的标高。

2. 文字说明

切换“文字”层为当前层。执行“单行文字”命令，书写图形的图名，房间文字说明等等，完成的图样如图 4-28 所示。

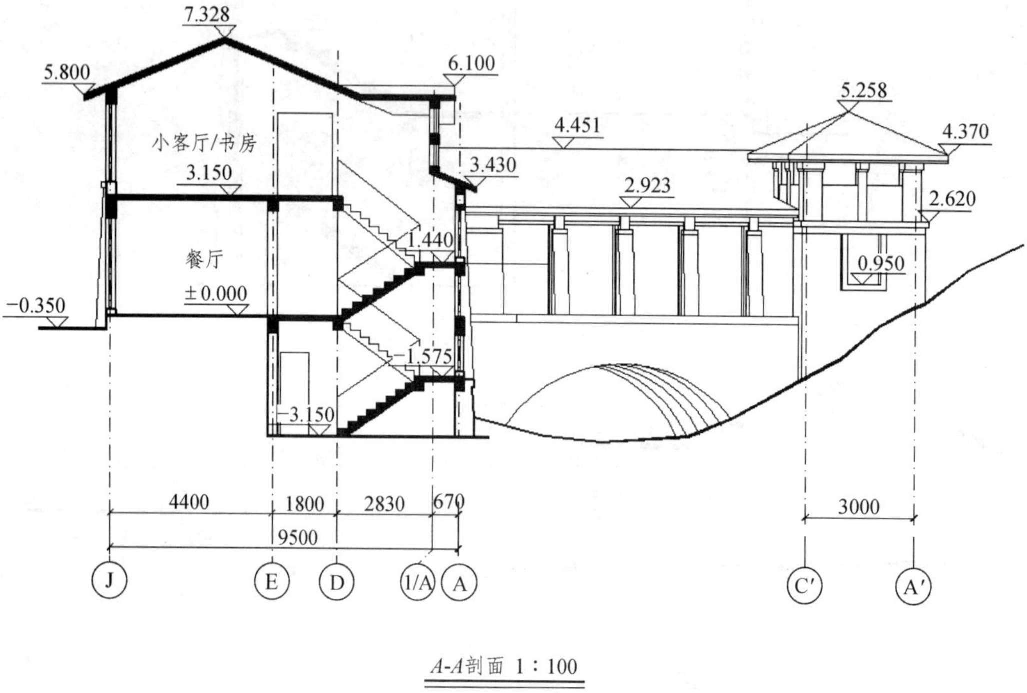

图 4-28 标注完成的剖面图

项目 5　绘制建筑详图

5.1　建筑详图概述

5.1.1　建筑详图的绘制内容

建筑平面图、立面图和剖面图虽然把房屋主体、房屋基本尺寸和位置关系都表现出来了，但是由于比例比较小，所以没有办法把所有的内容都详细地表达清楚，对于建筑物的一些关键部位，就需要通过绘制详图来表达建筑更详尽的构造，如楼梯间、厨房、厕所，有时需加立面详图（如门窗、阳台）。有时还要在已绘制详图中再补充比例更大的详图。因此详图的特点是比例大、表达详尽清楚、尺寸注记齐全，使该处的局部构造、材料、做法、大小等详细、完整、合理地表示出来。

本项目将建筑详图的主要内容概括为以下几部分：

（1）楼梯间详图。

（2）楼梯踏步详图。

（3）外墙剖面详图（又称为墙身大样图或主墙剖面详图）。

（4）阳台详图。

（5）厨厕详图。

（6）门窗详图。

5.1.2　建筑详图的绘制步骤

绘制建筑详图的步骤如下：

步骤 1　创建新图形，设置绘图环境。

步骤 2　绘制定位轴线。

步骤 3　绘制构件轮廓线。

步骤 4　填充材质。

步骤 5　标注尺寸。

步骤 6　标注文字。

5.2　建筑详图的绘制

5.2.1　绘制楼梯平面详图

楼梯详图的绘制是建筑详图绘制的重点。楼梯由楼梯段（包括踏步和斜梁）、平台和栏杆扶手等组成。楼梯详图主要表达楼梯的类型、结构形式、各部位的尺寸及装修尺寸，是楼梯放样施工的主要依据。楼梯详图一般包括平面图、剖面图及踏步、栏杆详图等，通常都绘制在同一张图纸中单独出图。平面和剖面的比例要一致，以便对照阅读。踏步和栏杆扶手的详图比例应该大一些，以便详细表达该部分的构造情况。楼梯详图包含建筑详图和结构详图，分别绘制在建筑施工图和结构施工图中。对一些比较简单的楼梯，可以考虑将楼梯的建筑详图和结构详图绘制在同一张图纸上。

在绘制多层建筑楼梯平面详图时，当中间各层的楼梯位置、楼段数、踏步数大小都相同时，通常只绘制出底层、中间层和顶层三个楼梯平面详图即可，如果每层都不相同，就全部绘制出来。

建筑平面图使用的绘图比例是 1∶100，楼梯间详图采用的绘图比例为 1∶50，绘制完成的效果如图 5-1 所示。

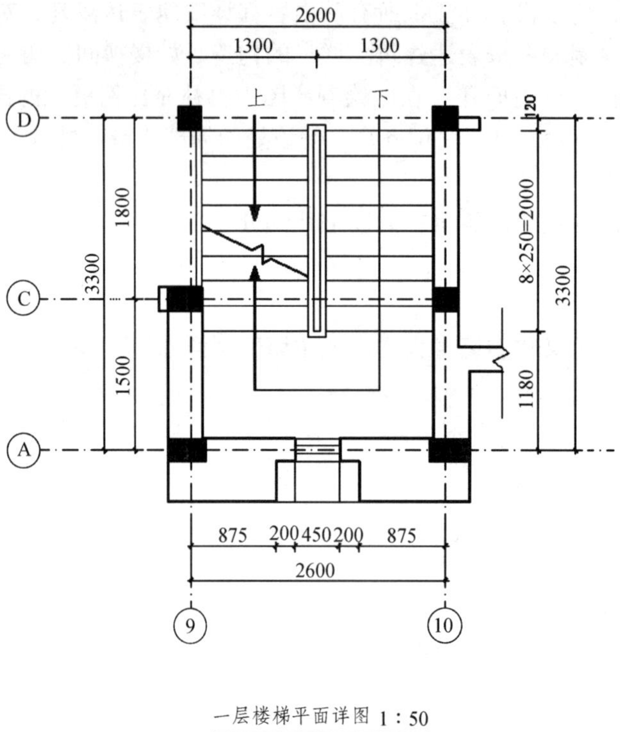

图 5-1　绘制好的楼梯平面详图

建筑详图的绘制一般情况下有两种方法：一种是直接绘制法，即用户根据详图的要求从无到有绘制图形；另一种方法是利用平面图、剖面图或者立面图中已经有的图形部分，对图形进行细化、编辑和修剪，从而创建新的图形。这两种方法在建筑制图中经常使用。下面就运用第二种方法来绘制楼梯间详图，其步骤如下：

步骤 1　打开绘制好的建筑平面图，选中要绘制的楼梯间区域图形单击鼠标右键，在弹出的快捷菜单中选择“带基点复制”命令，任意捕捉一个点。

步骤 2　创建一个新文件，在绘图区单击右键，在弹出的快捷菜单中选择“粘贴”命令，从而粘贴步骤 1 复制的图形，效果如图 5-2 所示。

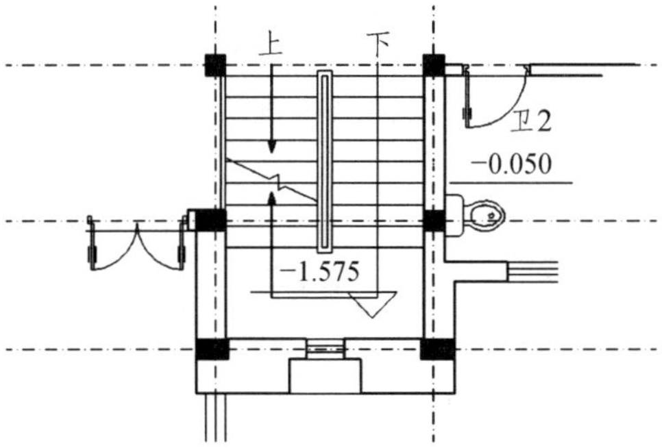

图 5-2　复制过来的楼梯平面图

步骤 3　执行“构造线”命令，绘制水平和垂直构造线（目的是修剪多余墙线），效果如图 5-3 所示。

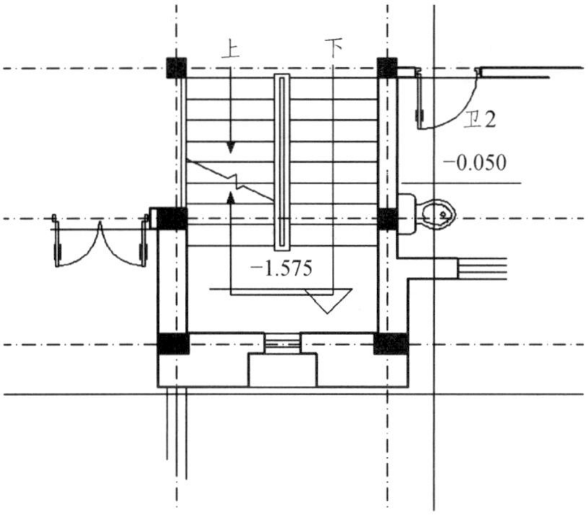

图 5-3　绘制构造线

步骤 4　执行“修剪”命令，以步骤 3 创建的构造线为剪切边，对墙线进行修剪，并删除旁边的其他构件（如门、坐便器、标高等），最后将构造线也删除，效果如图 5-4 所示。

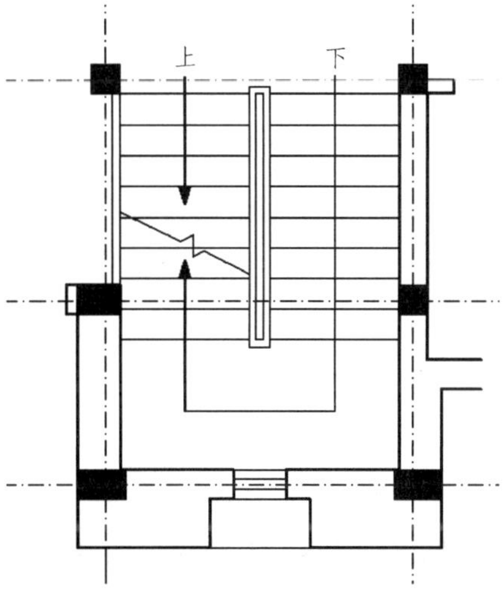

图 5-4　修剪墙体和删除其他构件

步骤 5 执行“多段线”命令绘制折断线，绘制方法在前面相关项目中已经讲解过，在这就不作讲解了。最后将绘制好的折断线移至墙体断裂处，效果如图 5-5 所示。

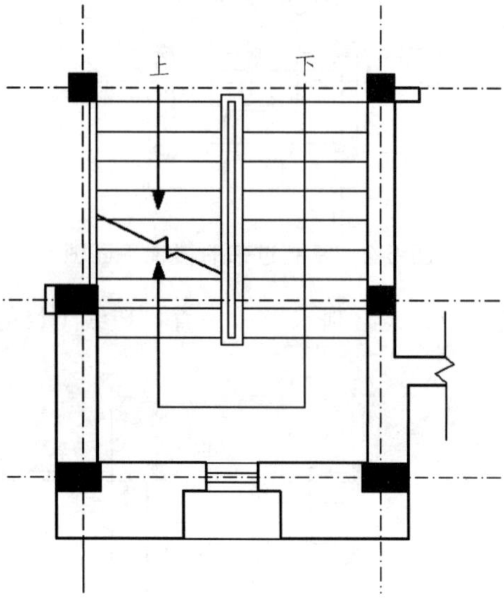

图 5-5 绘制折断线

步骤 6 按一定比例放大图。

因为是详图，所以要将图放大。原图的比例是 1∶100，现在要将其放大为 1∶50，也就是放大 2 倍。执行“修改”/“缩放”命令，或单击修改工具栏中的“缩放”按钮。

命令行内容如下：

命令：SCALE

选择对象：指定对角点：找到 81 个（选择全部楼梯图形），

选择对象：（按回车键，完成选择）

指定基点：（在图形中央位置任意选取一点）

指定比例因子或 [复制（C）/参照（R）]：2（输入比例因子，按回车键，完成缩放）

步骤 7 对楼梯详图进行标注。

（1）改变“标注样式”。

因为图的比例已经改变了，所以就不能用原来的标注样式进行标注，要改变“标注样式”。执行“标注”→“标注样式”命令，或单击“标注”工具栏中的“标注样式”按钮，弹出“标注样式管理器”对话框，如图 5-6 所示。点击对话框中的“修改”按钮，弹出“修改标注样式”对话框，点击对话框最上面的“主单位”按钮，进入主单位修改对话框，将里面的“比例因子”从“1.0”改为“0.5”，如图 5-7 所示。

（2）标注。

执行“线性标注”和“连续标注”命令，对楼梯详图进行详细的尺寸标注，效果如图 5-8 所示。

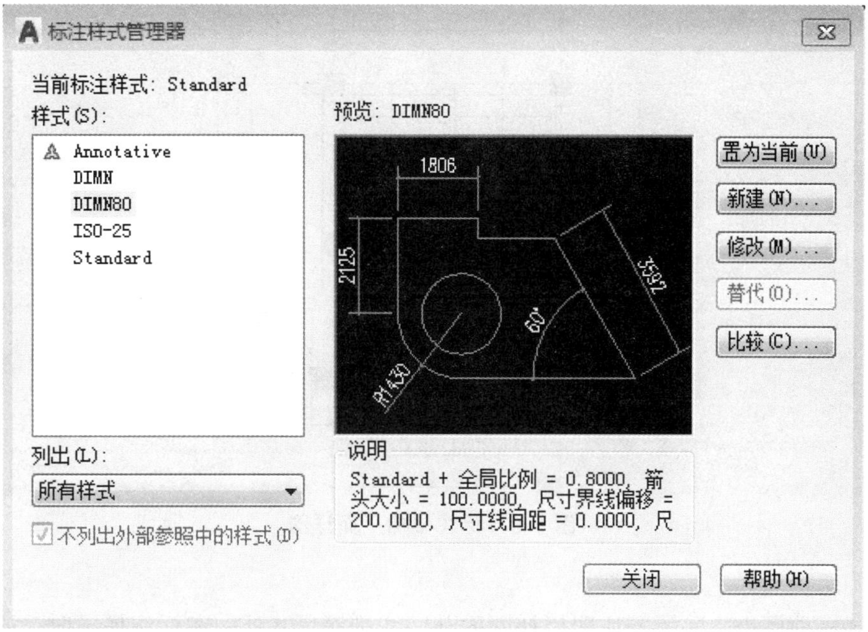

图 5-6　“标注样式管理器”对话框

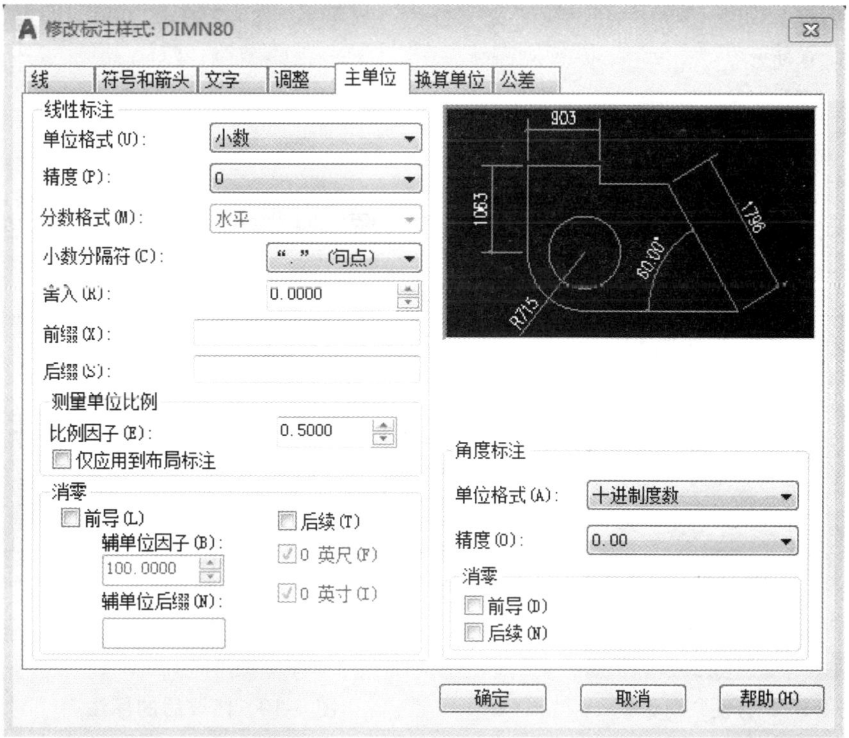

图 5-7　“修改标注样式”对话框

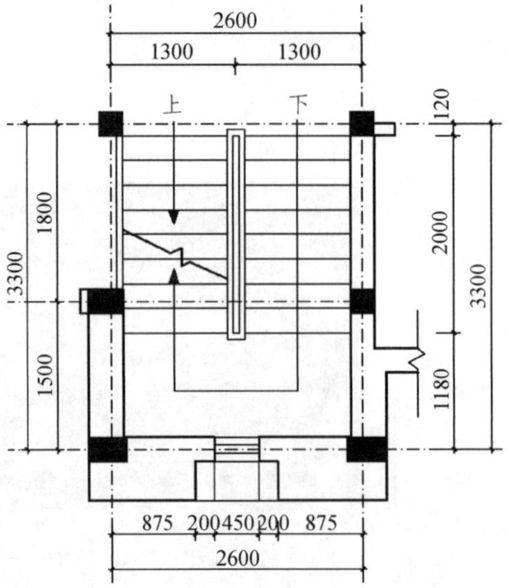

图 5-8　标注楼梯平面详图

（3）编辑标注。

在楼梯平面图中，除了要注明楼梯间的开间和进深尺寸外，在标注梯段时，通常将梯段长度与踏面数、踏面宽度尺寸合并写在一起，如采用 8 × 250 = 2 000，表示该梯段有 8 个踏步面，踏步面宽度为 250 mm，梯段总长为 2 000 mm，因此要对标注好的梯段尺寸形式进行修改。具体操作是：选择要修改的尺寸标注，单击“标准”工具栏中的“特性”按钮，弹出“特性”对话框，如图 5-9 所示。在“文字替代”栏输入“8 × 250 = 2 000”即可，修改后的效果如图 5-10 所示。

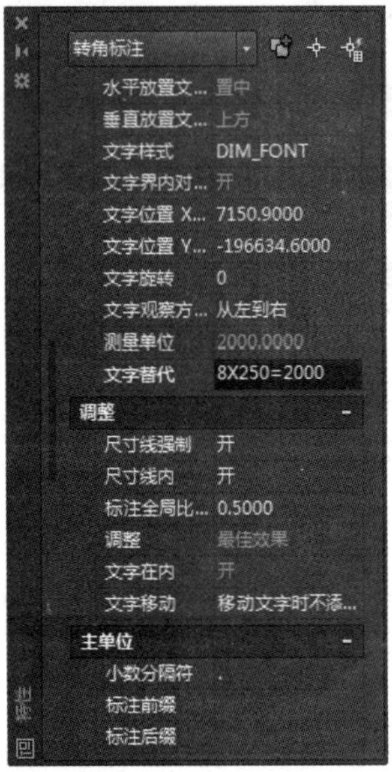

图 5-9　“特性”对话框

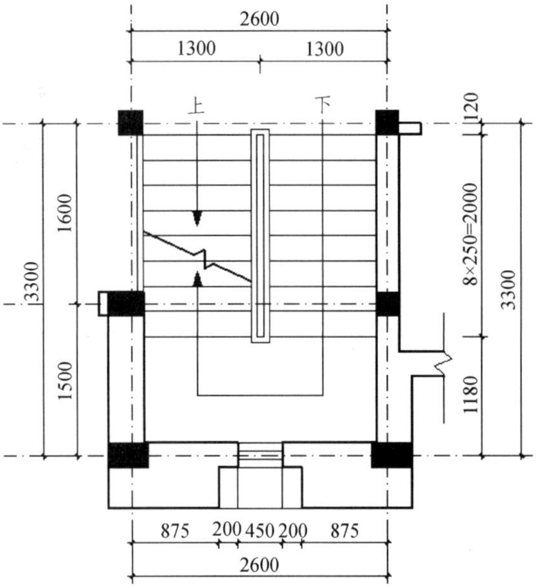

图 5-10　修改后的标注

步骤 8　创建定位轴线编号。定位轴线的创建方法在前面相关项目中已经讲解过，此处可以直接复制以前创建好的轴线编号即可。

步骤 9 添加详图名称和比例，完成楼梯间详图的绘制，效果如图 5-11 所示。

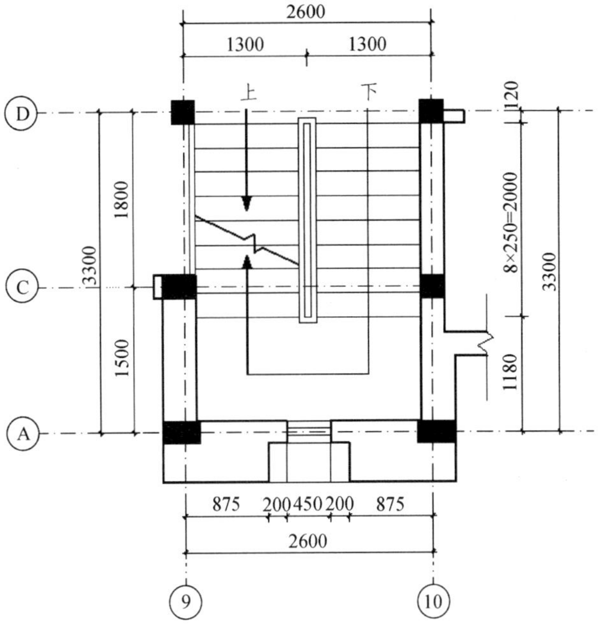

一层楼梯平面详图 1：50

图 5-11 绘制好的楼梯平面详图

5.2.2 绘制楼梯剖面详图

在绘制楼梯剖面详图时，踏步、扶手、栏杆的具体构造都要进行详细的绘制，如图 5-12 所示，具体绘制步骤如下：

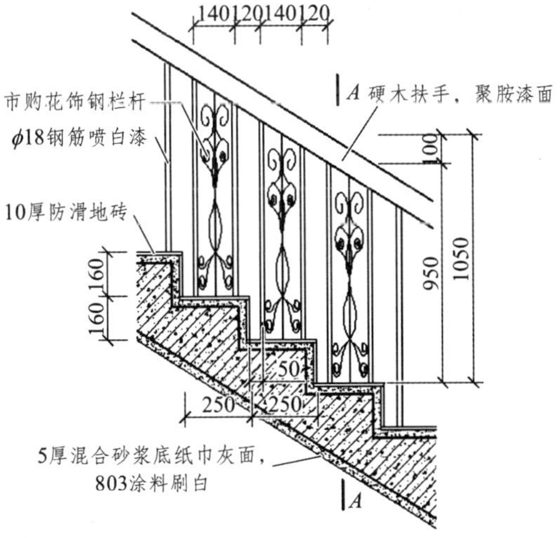

① 楼梯剖面详图 1：25

图 5-12 绘制好的楼梯剖面详图

步骤 1 绘制楼梯踏步。

（1）绘制踏步轮廓线。

执行“多段线”命令，绘制出楼梯踏步轮廓线，如图 5-13 所示。

（2）绘制钢筋混凝土层。

执行“直线”命令，用偏移的方式，绘制出梯板厚度，得到楼梯的“钢筋混凝土层”，如图 5-14 所示。

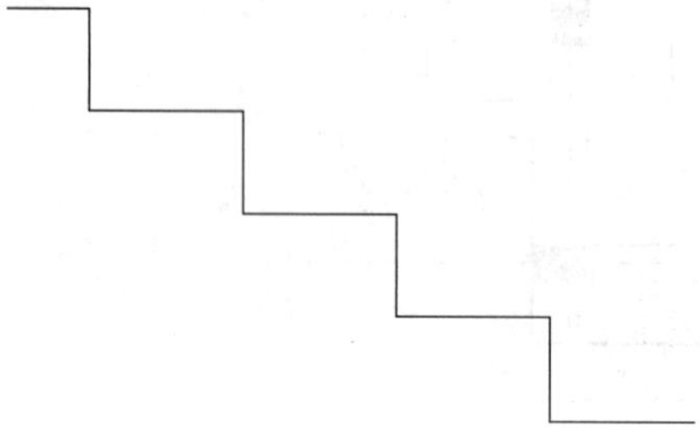

图 5-13 绘制踏步轮廓线

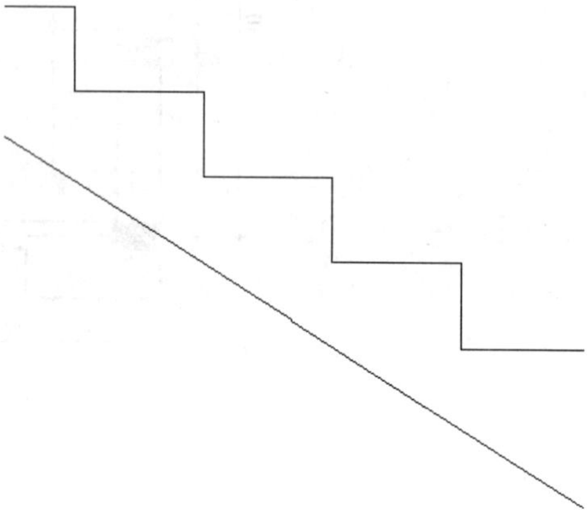

图 5-14 绘制“钢筋混凝土层”

（3）绘制抹灰层。

执行“偏移”命令，将楼梯底板线与踏步线都向外偏移 40 mm，并对其修剪，得到楼梯外部的“抹灰层”，如图 5-15 所示。

（4）绘制地砖层。

执行“偏移”命令，将踏步上的抹灰层线向外偏移 15 mm，得到“地砖层”，如图 5-16 所示。

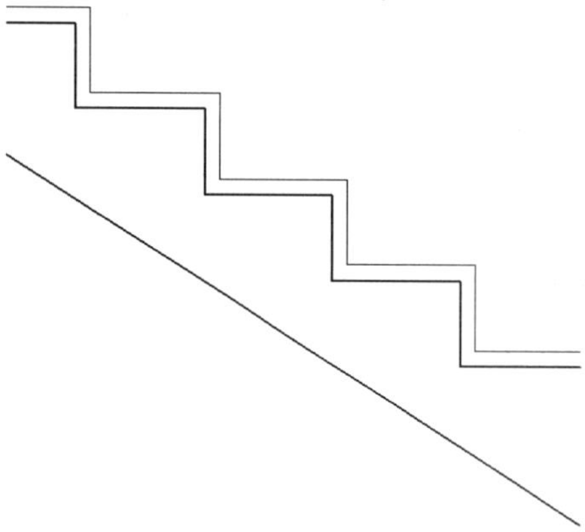

图 5-15 绘制“抹灰层”

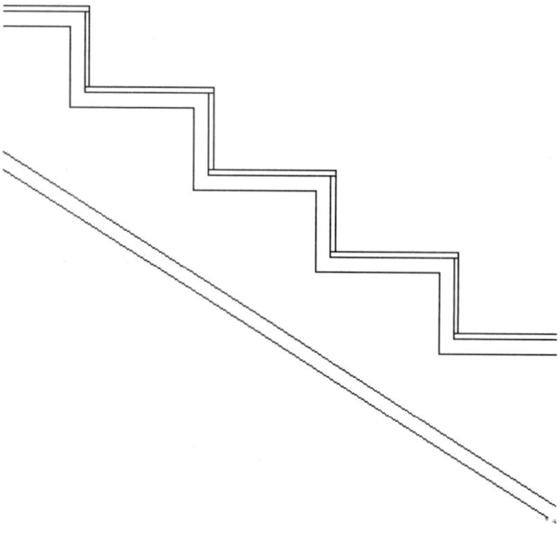

图 5-16 绘制“地砖层”

（5）图案填充。

执行“图案填充”命令，将“钢筋混凝土层”和“抹灰层”进行图案填充，但填充图案有所区别，效果如图 5-17 所示。

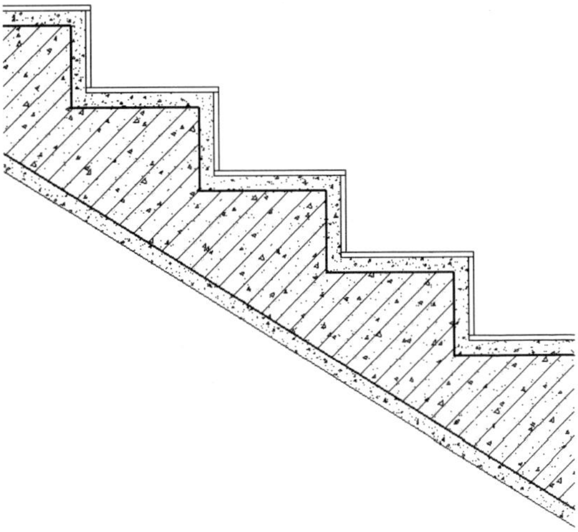

图 5-17　楼梯图案填充

步骤 2　绘制楼梯栏杆和扶手。

（1）绘制栏杆。

执行“直线”命令，绘制一条长 950 mm 的垂直线段，然后执行“偏移”命令，将其偏移 30 mm，形成一根直径为 30 mm 的栏杆。而后将其重复复制，得到一排栏杆，效果如图 5-18 所示。

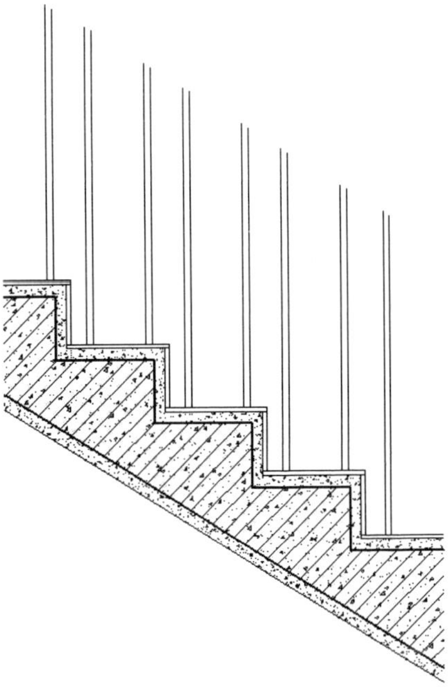

图 5-18　绘制栏杆栏杆

（2）绘制扶手。

执行“直线”命令，直线的起点捕捉第一根栏杆外侧线段顶部端点，端点捕捉最后一根栏杆外侧线段顶部端点，得到扶手的下侧轮廓线，然后执行“偏移”命令，将这条直线向上偏移 100 mm，形成扶手，效果如图 5-19 所示。

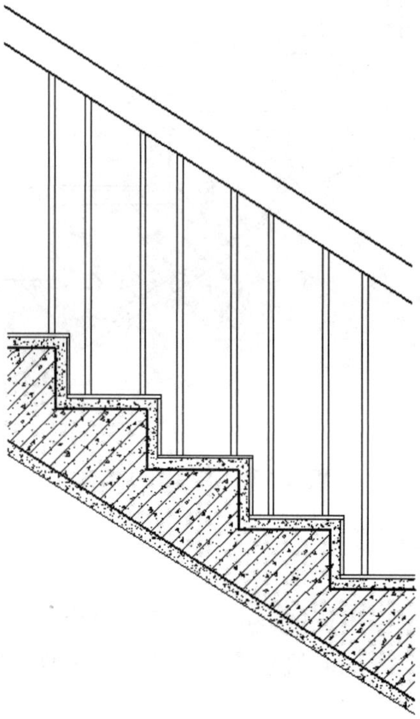

图 5-19　绘制楼梯扶手

（3）绘制栏杆花饰。

① 执行“直线”命令，绘制一条长 940 mm 的垂直直线，如图 5-20 所示。

② 执行“绘图”→“样条曲线”命令，或单击“绘图”工具栏中的“样条曲线”按钮，在直线左边对栏杆花饰的一半进行初步绘制。

命令行内容如下：

命令：spline

指定第一个点或 [对象（O）]：（指定一点）

指定下一点：（指定下一点）

指定下一点或 [闭合（C）/拟合公差（F）] <起点切向>：（指定下一点）

指定下一点或 [闭合（C）/拟合公差（F）] <起点切向>：（继续指定下一点）

指定下一点或 [闭合（C）/拟合公差（F）] <起点切向>：（按回车键，结束点的指定）

指定起点切向：（移动鼠标大概指定起点切向，或是输入点进行精确指定）

指定端点切向：（移动鼠标大概指定起点切向，或是输入点进行精确指定）

初步绘制的样条曲线可能达不到效果，所以要进行编辑调整。编辑时选择曲线的控制点进行调整，编辑好的效果如图 5-21 所示。

图 5-20　绘制直线

图 5-21　绘制花饰的一半

③ 执行“镜像”命令，以垂直直线为对称轴，对左边的花饰进行镜像，得到完整的栏杆花饰，效果如图 5-22 所示。

④ 将绘制好的栏杆花饰移至栏杆中相应的位置，并重复复制到其他位置，效果如图 5-23 所示。

图 5-22　绘制好的栏杆花饰

图 5-23　绘制楼梯剖面详图

步骤 3　尺寸标注。

对不同比例的图形进行尺寸标注，其方法有很多种。在前面讲解过的一种方法是改变“标注样式”来进行不同比例的标注。但这种方法也有其弊端，也就是在同一个绘图区域里不能对几种不同比例的图形进行相应比例的标注，这对于习惯在同一个文件、同一个绘图区域里绘制多种比例的用户来说就极不方便。以下就讲解另一种方法，可以避免这种弊端的出现，具体步骤如下：

（1）尺寸标注。

用原比例（1：100）对楼梯剖面详图进行标注。执行“线性标注”和“连续标注”命令，对楼梯详图进行详细的尺寸标注，效果如图 5-24 所示。

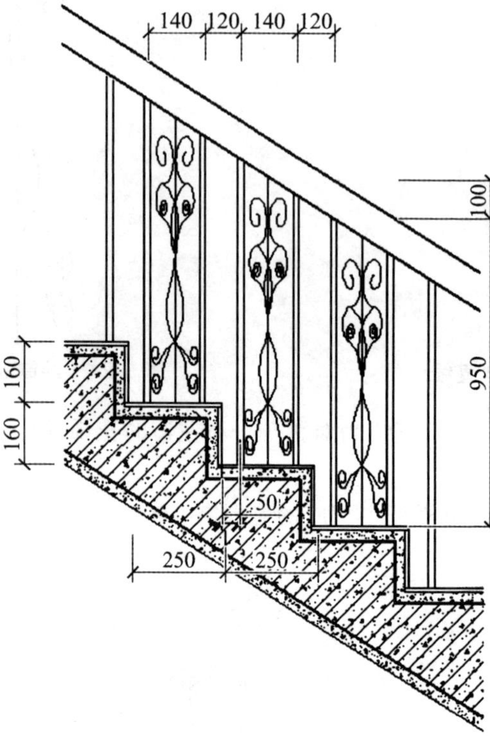

图 5-24 标注尺寸

（2）放大图形。

这个楼梯剖面详图需要的比例是 1：25，所以要对原图放大 4 倍。执行“修改”/“缩放”命令，或单击修改工具栏中的“缩放”按钮。

命令行内容如下：

命令：SCALE

选择对象：指定对角点：找到 186 个（选择全部楼梯剖面图）

选择对象：（按回车键，完成选择）

指定基点：（在图形中央位置任意选取一点）

指定比例因子或 [复制（C）/参照（R）]：4（输入比例因子，按回车键，完成缩放）

（3）编辑尺寸。

在图形被放大 4 倍的同时，尺寸数值也相应地放大了 4 倍，比如 100 就变成了 400。此时就要对其进行修改。修改操作如下：

① 选中其中一个尺寸，单击“标准”工具栏中的“特性”按钮，弹出“特性”对话框，如图 5-25 所示。在“标注线性比例”栏输入“0.25”即可，修改后尺寸数值又变回原来的数值。

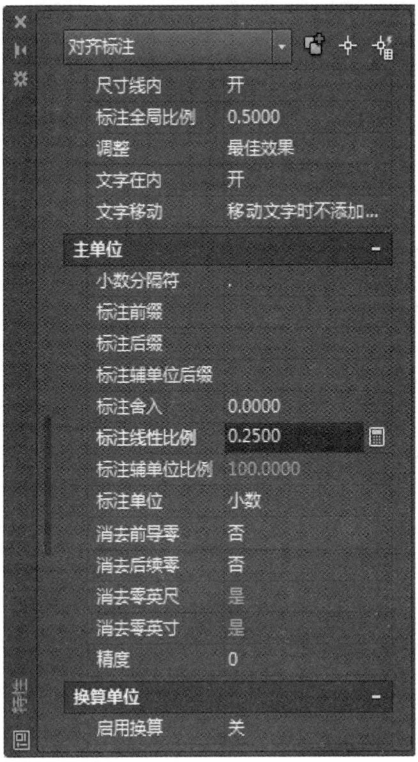

图 5-25 “特性”对话框

② 执行“修改”→“特性匹配”命令，或单击“标准”工具栏中的“特性匹配”按钮。令行内容如下：

命令：MATCHPROP

选择源对象：（点击选中修改好的尺寸）

当前活动设置：颜色 图层 线型 线型比例 线宽 透明度 厚度 打印样式 标汴 文字 填充图案 多段线 视口 表格材质 多重引线 中心对象

选择目标对象或 [设置（S）]：（点击未修改的尺寸）

选择目标对象或 [设置（S）]：（继续——点击未修改的尺寸）

选择目标对象或 [设置（S）]：（按回车键，完成特殊匹配）

此时，所有的尺寸都修改过来了。

步骤 4 文字注释。

所谓详图，就是要把所有的构件、材料、颜色以及作法都用文字注释出来。文字的注释方法前面已经讲解过，在此就不再做讲解。要注意的是，因为该剖面详图不能清楚地表达出构件的具体连接和作法，所以还要在该图的基础上进行剖切，添加上“*A-A*”剖切符号，以便下一步绘制其剖面详图。最后在图形正下方注明详图符号、图名、比例，完成楼梯剖面详图的绘制，效果如图 5-26 所示。

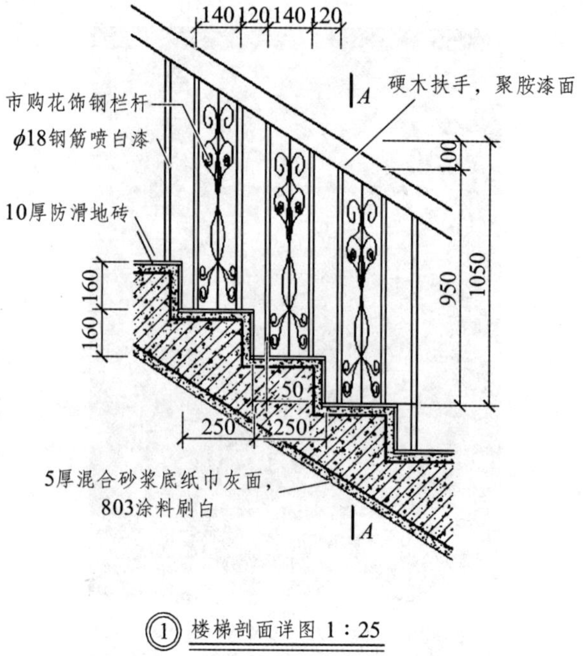

图 5-26　绘制好的楼梯剖面详图

5.2.3　绘制楼梯节点详图

由于该图主要是表达构件细部连接的图，也可称为节点详图。下面讲解楼梯节点详图的绘制方法，步骤如下：

步骤 1　绘制踏步。

（1）执行“矩形”和“直线”命令，绘制出踏步各层的轮廓线，效果如图 5-27 所示。

（2）执行“图案填充”命令，将“钢筋混凝土层”和“抹灰层”进行图案填充。填充完后将不需要的轮廓线删除，效果如图 5-28 所示。

图 5-27　绘制踏步轮廓线

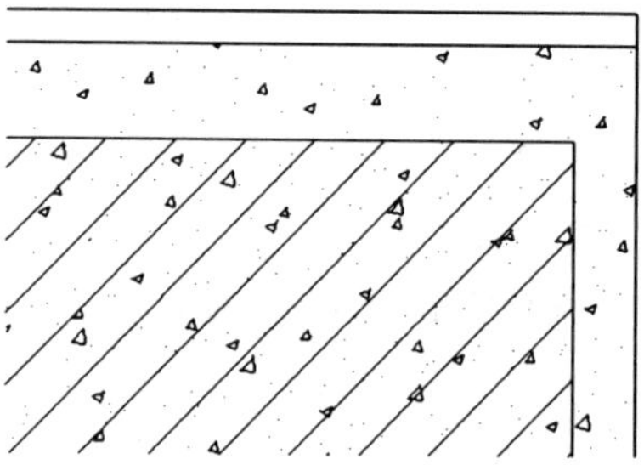

图 5-28　图案填充

步骤 2　绘制栏杆底部的构件。

（1）执行“直线”命令，绘制栏杆底部的构件，包括“预埋件”和“法兰”，如图 5-29 所示。

（2）按照视图规律，有些地方为不可视部分，所以要将其去除。执行“修剪”命令，将不可见部分修剪去除，如图 5-30 所示。

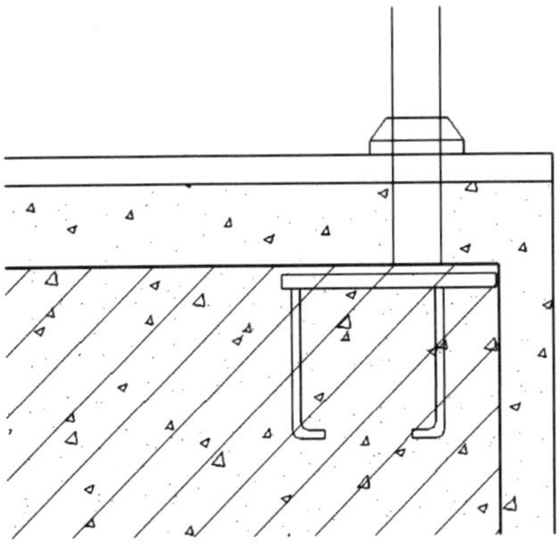

图 5-29 绘制栏杆底部构件

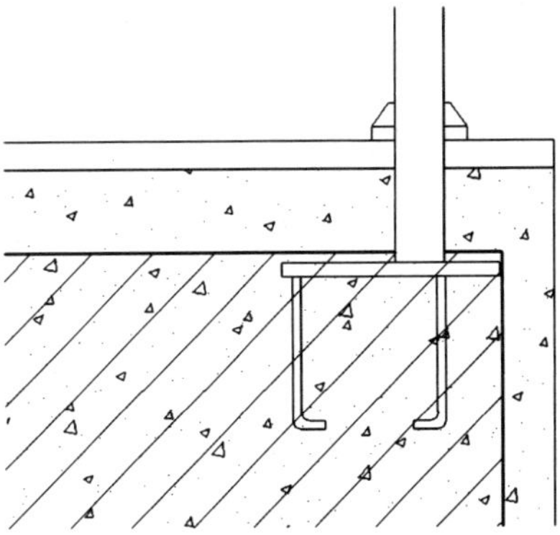

图 5-30 修剪不可见部分

步骤 3 绘制栏杆部分。

执行“延伸”命令，将栏杆延伸到规定长度。由于此图要放大很多倍，所以栏杆就显得比较长，也就很占地方，在此就将栏杆中间的相同部分省去，并用“折断线”将其隔开，效果如图 5-31 所示。

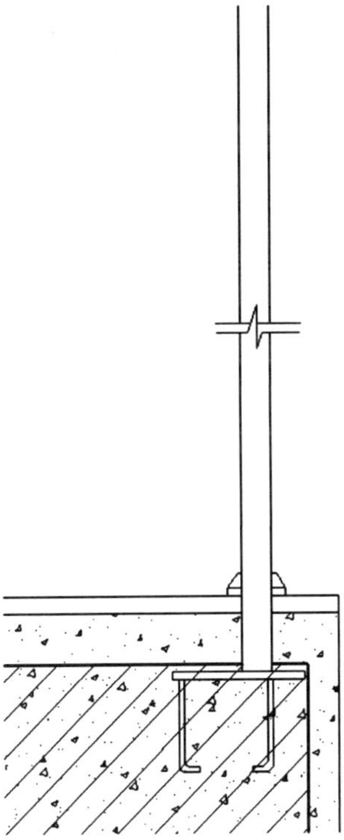

图 5-31 绘制栏杆部分

步骤 4 绘制扶手。

（1）根据扶手的形状和尺寸，执行“多段线”命令，绘制出扶手截面的初步外轮廓，如图 5-32 所示。

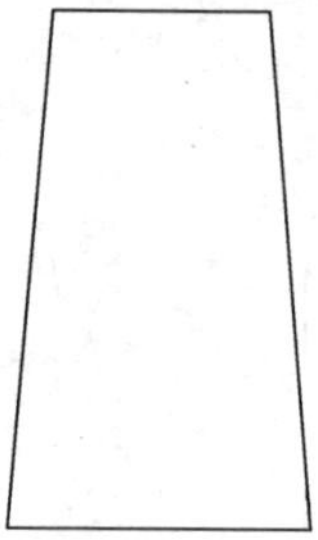

图 5-32　绘制扶手截面外轮廓

（2）执行“修改”→“圆角”命令，或单击“修改”工具栏中的“圆角”按钮，将扶手截面的外轮廓进行倒圆角。

命令行内容如下：

命令：FILLET

当前设置：模式 = 修剪，半径 = 0.0000

选择第一个对象或 [放弃（U）/多段线（P）/半径（R）/修剪（T）/多个（M）]：R 指定圆角半径 <0.0000>：50（输入字母 R，进行半径设置，按回车键确定后输入 50）

选择第一个对象或 [放弃（U）/多段线（P）/半径（R）/修剪（T）/多个（M）]：（选择一条边）

选择第二个对象，或按住 Shift 键选择对象以应用角点或[半径（R）]：（选择与其相连的另一条边）

倒圆角后的效果如图 5-33 所示。

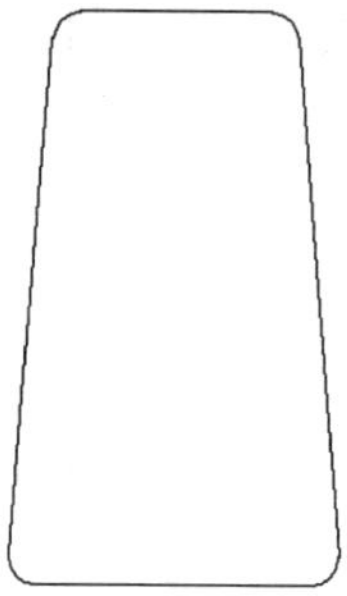

图 5-33　倒圆角后的效果

（3）执行“图案填充”命令，对扶手截面进行图案填充，效果如图 5-34 所示。

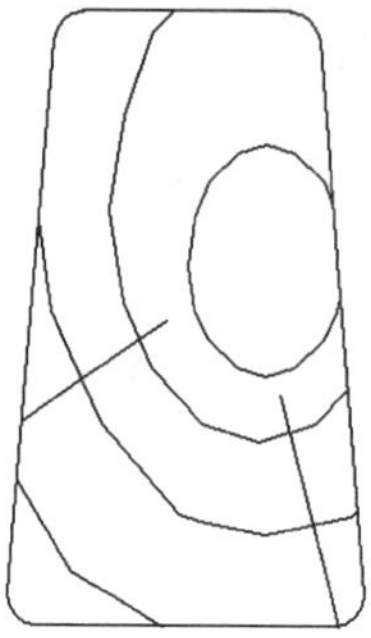

图 5-34　图案填充

（4）用以上方法，绘制出扶手构件，包括“连接扁钢条”与“木螺钉”，并进行图案填充，效果如图 5-35 所示。扶手绘制完成后，楼梯节点详图的整体图样就绘制完成了，效果如图 5-36 所示。

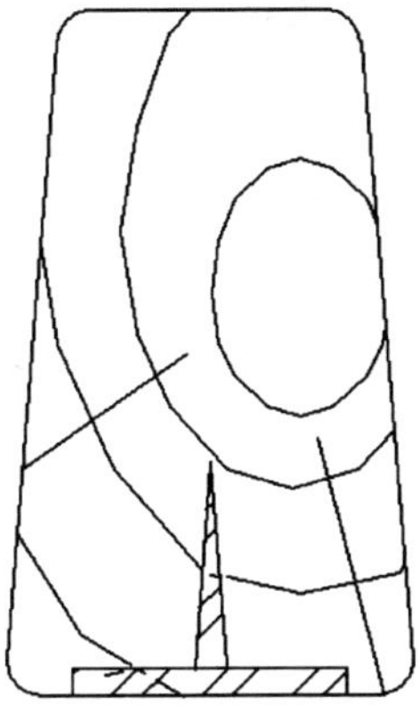

图 5-35 绘制扶手构件

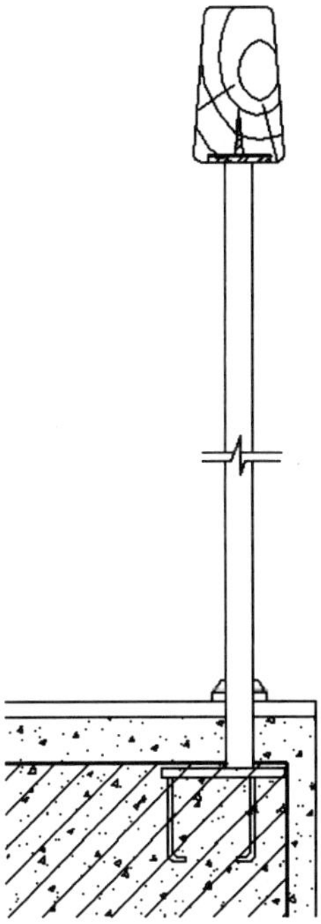

图 5-36 绘制好的楼梯节点图样

步骤 5 尺寸标注。

（1）尺寸标注。

用原比例（1：100）对楼梯节点详图进行标注。执行“线性标注”和“连续标注”命令，对楼梯详图进行详细的尺寸标注，效果如图 5-37 所示。

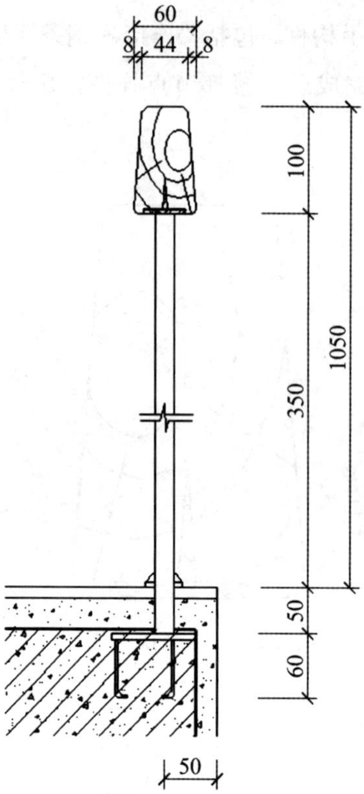

图 5-37　尺寸标注

（2）放大图形。

本楼梯节点详图需要的比例是 1∶10，所以要对原图放大 10 倍。执行“修改”→“缩放”命令，将全图放大 10 倍。

（3）编辑尺寸。

① 选中其中一个尺寸，单击“标准”工具栏中的“特性”按钮，在“特性”对话框中的“标注线性比例”栏输入“0.1”即可，修改后尺寸数值又变回原来的数值。

② 执行“修改”→“特殊匹配”命令，将全部尺寸修改。

③ 因为图样上的栏杆比实际长度短，所以尺寸数值也就不正确，这里只有通过修改将其变为正确的尺寸数值。单击“标准”工具栏中的“特性”按钮，在“特性”对话框中的“文字替代”栏输入“950”即可，如图 5-38 所示。

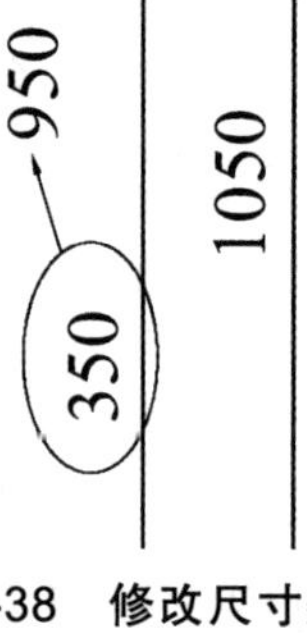

图 5-38　修改尺寸数值

步骤6　文字注释。

将所有构件的材料、颜色以及作法都用文字注释出来，最后在图形正下方注明详图符号、图名、比例，完成楼梯节点详图的绘制，效果如图5-39所示。

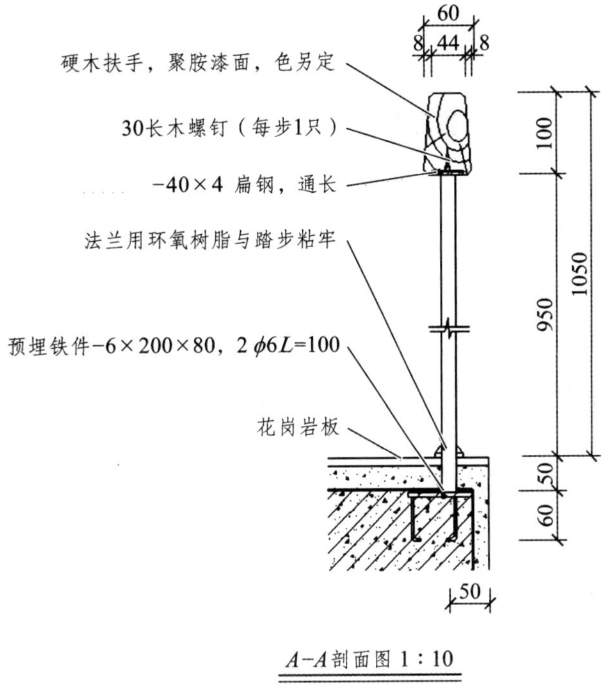

图5-39　绘制完成的楼梯节点详图

项目 6　创建建筑三维模型

6.1　建筑三维建模概述

6.1.1　建筑三维建模内容

本项目在绘制过程中，需要利用 AutoCAD 提供的绘制三维实体的方法，包括“长方体”命令、“拉伸”命令等。注：在进行本项目内容讲解时，用户需将工作空间设置为“三维建模”。在插入建筑物屋顶时，还需要用到“剖切”命令。在整个绘图过程中，需要不断地对用户坐标系进行更改，以方便用户灵活地运用各种二维操作和三维操作命令创建图形，因此用户要熟练地使用 UCS 命令。本项目绘制的主要内容概括为以下几部分：

（1）绘制墙体。

（2）绘制楼板。

（3）绘制门窗。

（4）绘制阳台。

（5）绘制屋面。

（6）绘制台阶。

（7）绘制装饰线。

6.1.2　建筑三维建模的步骤

在 AutoCAD 中，用户对建筑三维建模的步骤如下：

步骤 1　绘制墙体（如过楼层有差别，就做单独绘制）。

步骤 2　绘制楼板（看不到的可以不绘制）。

步骤 3　绘制屋面。

步骤 4　绘制阳台。

步骤 5　绘制台阶（只绘制室外的可见台阶）。

步骤 6　绘制装饰线。

步骤 7　绘制门窗。

建筑三维建模的目的是将建筑外形真实地展现出来，能够一目了然地看到建筑的造型，体量、色彩等视觉要素。下面以创建这幢山地别墅为例，介绍在三维空间内创建三维实体的方法和技巧，如图 6-1 所示。

图 6-1 别墅模型

6.2 建筑三维模型的创建

6.2.1 创建建筑主要平面轮廓图

创建三维模型必须依靠绘制建筑平面图的尺寸大小，尺寸的大小可根据书中提供的素材确定，或者由用户自己根据所绘制好的建筑物的尺寸大小来作参考。下面以创建该别墅模型为例，介绍在三维空间内创建三维实体的方法和技巧。

步骤 1 新建一个 CAD 文件，打开“图层特性管理器”，新建一个图层，命名为“一层平面图”层，将该图层设置为当前层。执行“视图”→“三维视图”→“俯视”，将视图设置为“俯视”状态。

步骤 2 将先前绘制好的一层平面图复制到这个文件的绘图区里，图 6-2 所示为该别墅第一层平面图。

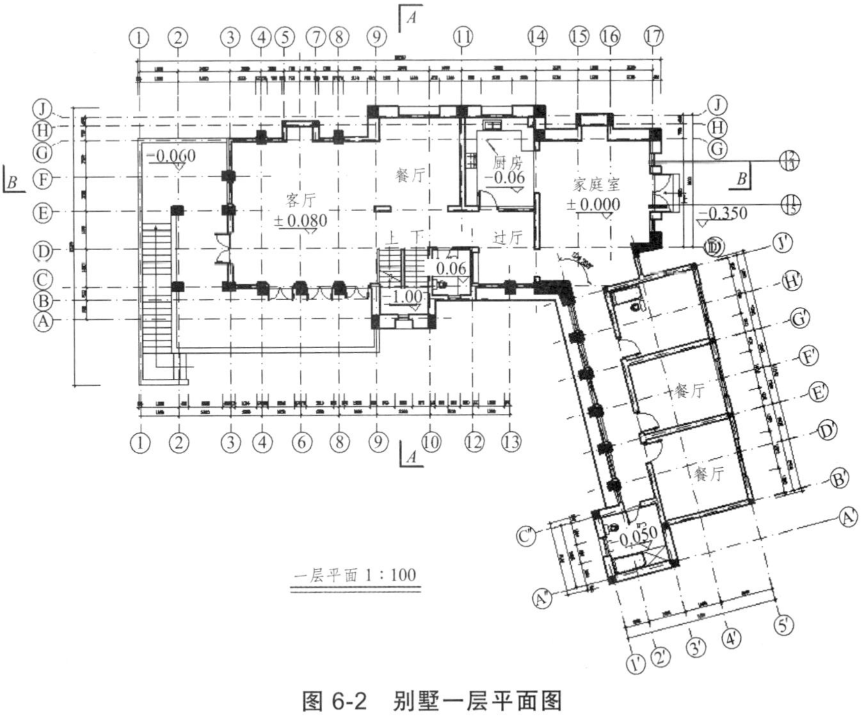

图 6-2 别墅一层平面图

步骤 3　关闭除建筑墙线层、窗层的其他图层，得到建筑的外轮廓图，如图 6-3 所示。目的是可以直接用它来作为创建模型尺寸定位参照图，在绘制轮廓时还可以直接进行捕捉，这样就可以省去很多步骤来节省时间。

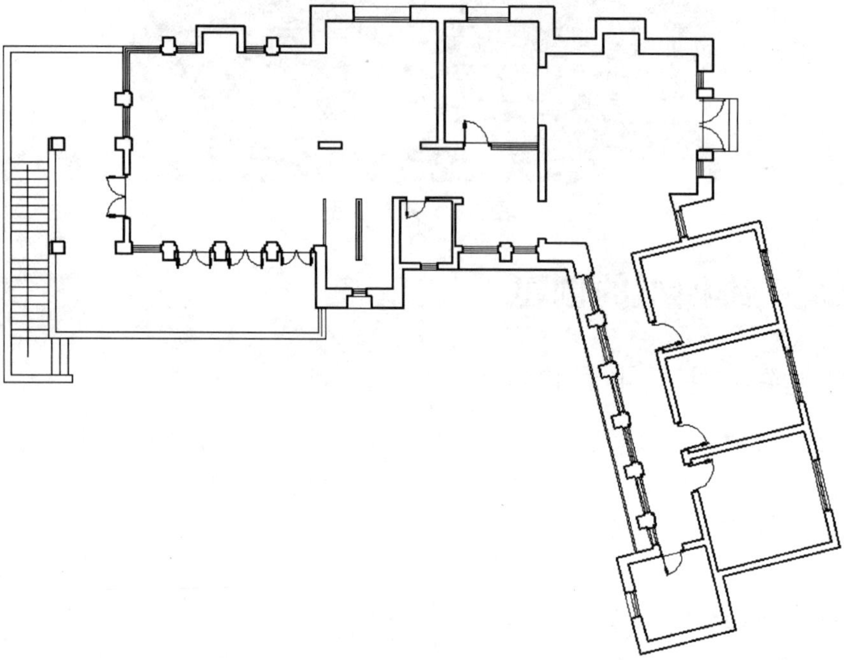

图 6-3　一层平面图的轮廓

步骤 4　图层设置。

因为是参考层，所以可以将可见图层改成灰色，以免在建模时线条较多引起混乱，然后将可见层锁定，如图 6-4 所示。

图 6-4　图层设置

步骤 5　分别再建“前立面图”层、“后立面图”层、“左立面图”层和“右立面图”层，并把四个立面图分别复制到该绘图区域里，调整好它们的位置，使得平面图和四个立面图一一对应，然后先关闭四个立面图层。

6.2.2　创建墙基模型

绘制三维外墙的方法较多，由于本别墅造型复杂，所以模型创建要通过多种方法来完成。下面通过设置标高和使用“多段线”命令的方法创建墙基层。

1. 新建图层

打开“图层特性管理器”，新建一个图层，命名为“墙基层”，将该图层设置为当前层。执行“视图”→“三维视图”→“俯视”，将视图设置为“俯视”状态。

2. 绘制轮廓

执行“多段线”命令，利用捕捉功能，沿着图 6-3 轮廓，绕外墙一圈，得到一个外轮廓封闭图形。

3. 面域处理

实体拉伸必须是封闭的整体，因此对图形还需要进行面域处理。单击“绘图”工具栏中的按钮，或选择“绘图”→“面域”命令。

命令行内容如下。

命令：REGION （启动“面域”命令）

选择对象：指定对角点：找到 10 个 （选择绘制好的轮廓多段线）

选择对象：（按回车键）

已提取 1 个环。

已创建 1 个面域。

4. 拉　伸

执行“绘图”→“建模”→“拉伸”命令，将封闭的轮廓线进行拉伸，命令行内容如下：

命令：EXTRUDE （启动“拉伸”命令）

当前线框密度：ISOLINES = 4，闭合轮廓创建模式 = 实体

选择要拉伸的对象或[模式（MO）]：MO 闭合轮廓创建模式[实体（SO）/曲面（SU）]（实体）：SO

选择要拉伸的对象：找到 1 个（选择面域对象）

选择要拉伸的对象或[模式 MO]：

指定拉伸的高度或[方向（D）/ 路径（P）/ 倾斜角（T）/表达式（E）]<150.0000>：3300（输入拉伸高度）

选择“视图”→“三维视图”→“西南等轴测视图”命令，拉伸后的效果如图 6-5 所示。

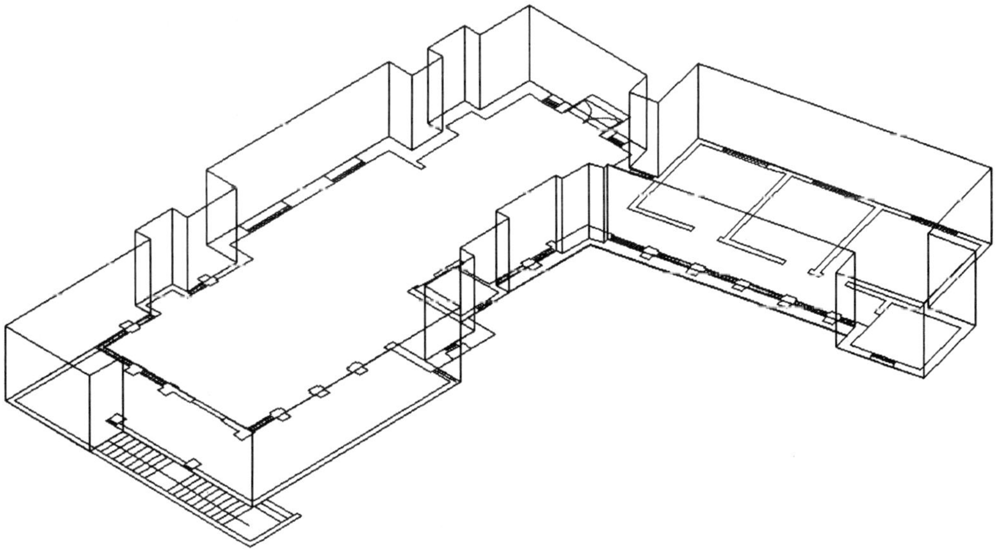

图 6-5　拉伸后的墙基

5. 创建车库

可运用“布尔运算”功能中的“差集”功能来实现。利用“长方体”命令来绘制车库门洞长方体。然后将其移到墙基体中车库所在位置，除去门洞长方体即可。操作步骤如下：

步骤 1　按照立面图上的准确尺寸绘制车库门洞剪切体（在“差集”中的减除体），执行“绘图”→“建模”→“长方体”命令。

命令行内容如下：

命令：BOX

指定第一个角点或[中心（C）]：（在绘图区任意拾取一点）

指定其他角点或[立方体（C）/长度（L）]：@4800，5000（输入底面另一个角点的坐标）

指定高度或[两点（2P）]<－5520.000>：2100（输入长方体高度）

步骤 2　执行“移动”命令，将该长方体准确移至墙基体中车库所在位置，如图 6-6 所示。

步骤 3　执行“修改”→“实体编辑”→“差集”命令。

命令行内容如下：

命令：SUBTRACT 选择要从中减去的实体、曲面和面域...

选择对象：找到 1 个（选择墙基体）

选择对象：（按回车键，完成选择）

选择要减去的实体、曲面和面域…

选择对象：找到 1 个（选择门洞长方体）

选择对象：（按回车键，完成选择，效果如图 6-7 所示）

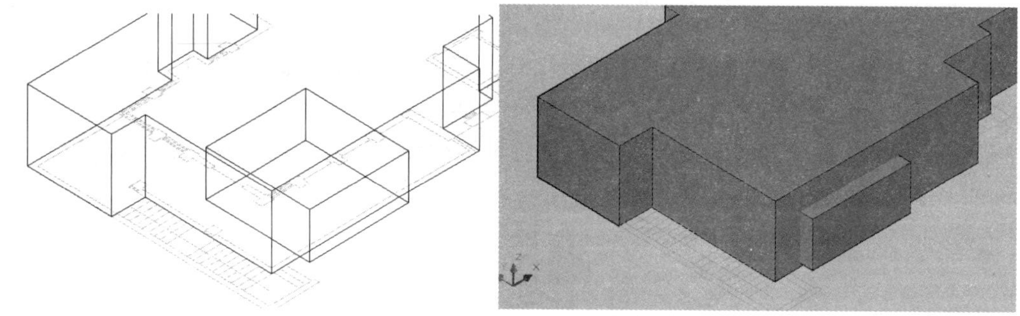

图 6-6　将长方体移至墙基体中

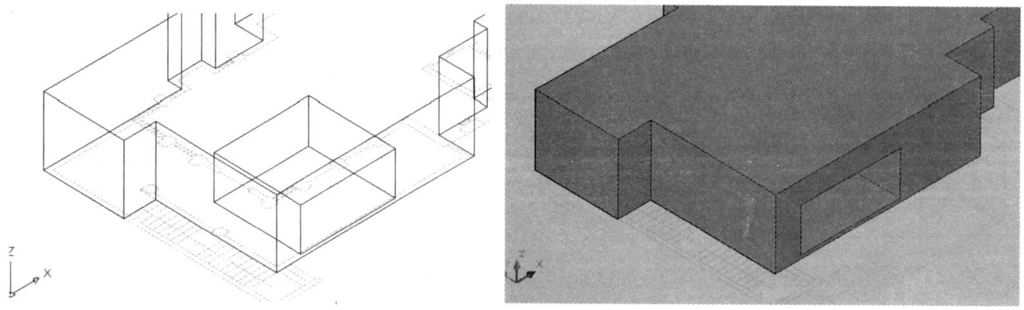

图 6-7　创建好的车库门洞效果

步骤 4　创建车库门。

按照立面图上的尺寸绘制车库门外形，由于整扇门都是一种材质，其具体的装饰纹样可以利用贴图来完成，所以这里只要创建一个门的形状体即可，下面绘制一个 4 800 mm × 2 100 mm × 200 mm 长方体放到门的实际位置，如图 6-8 所示。

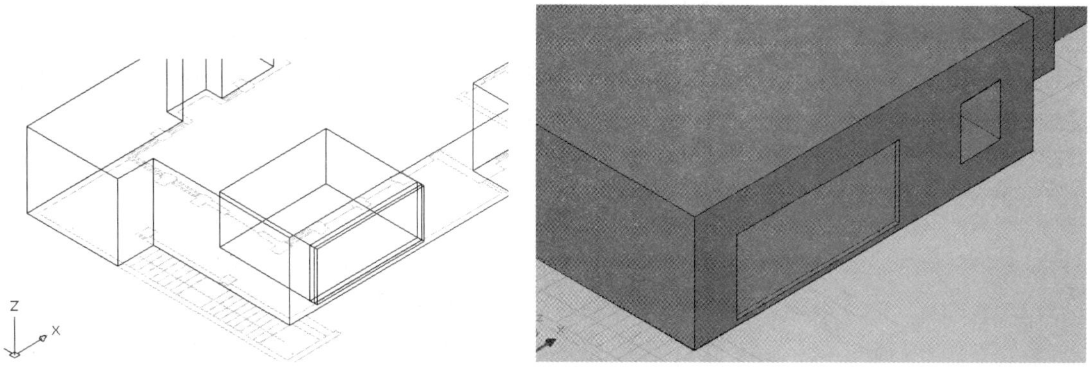

图 6-8 创建好的车库门

6. 创建车库窗户

步骤 1 创建窗洞。应用“布尔运算”的方法创建好窗洞，如图 6-9 所示。

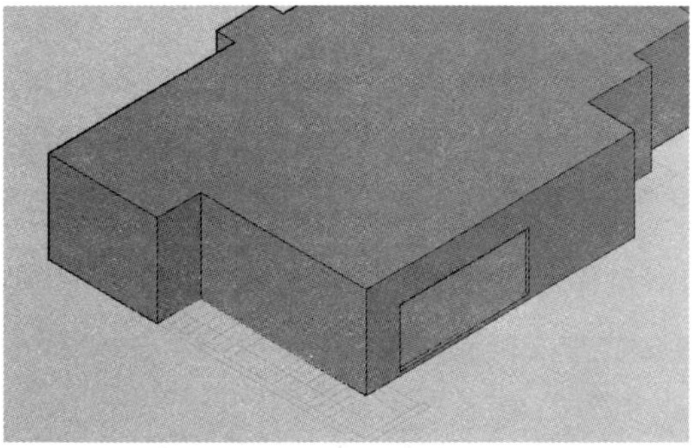

图 6-9 创建窗洞

步骤 2 创建窗框。将视图设置为前视状态。按照立面图中窗户的尺寸，用“长方体”命令绘制好窗的大体外轮廓，其尺寸为 1 500 mm × 1 200 mm × 80 mm，如图 6-10 所示。然后再创建一个尺寸为 1 200 mm × 900 mm × 80 mm 的长方体，移至绘制好的外轮廓长方体中央，再执行“修改”→“实体编辑”→“差集”命令，得到了窗框，效果如图 6-11 所示。

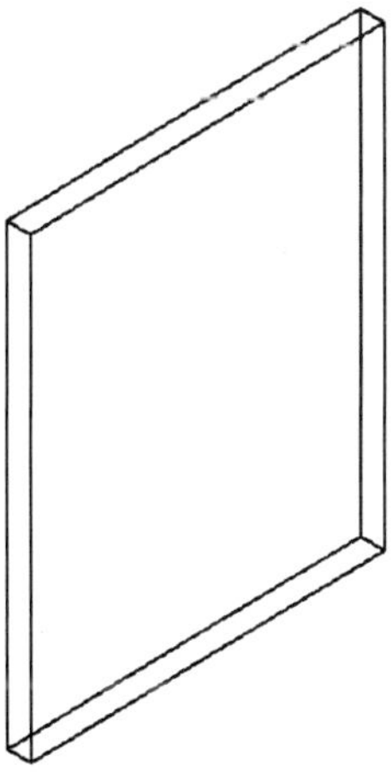

图 6-10 创建窗的外轮廓

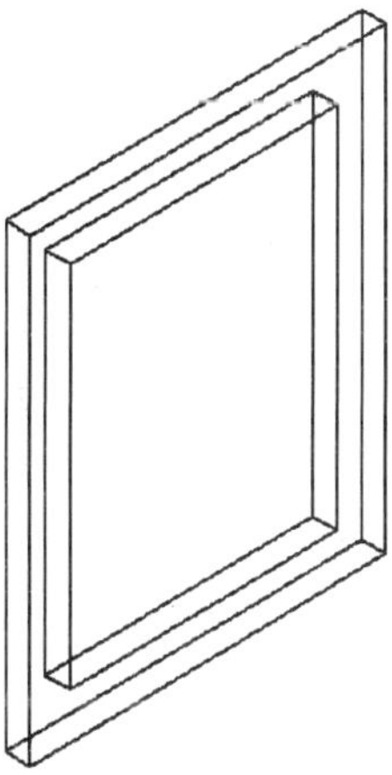

图 6-11 创建完成的窗的外轮廓

步骤 3 创建玻璃。用“长方体”命令绘制一个尺寸为 1 200 mm × 900 mm × 30 mm 的长方体，将其移至窗框中央，便创建好了窗户的玻璃，效果如图 6-12 所示。图 6-13 为窗户的三维概念模型图。

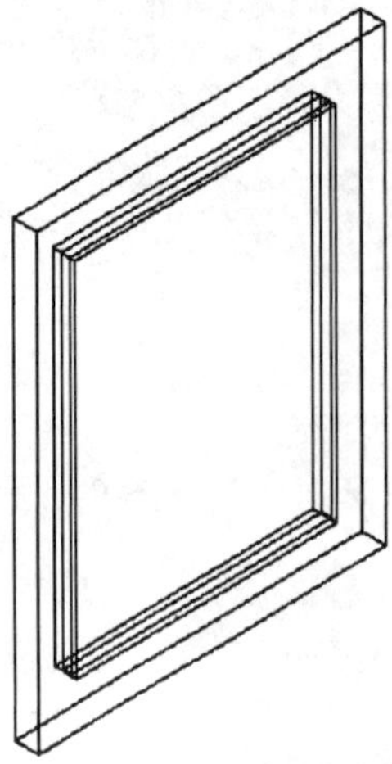

图 6-12 窗户三维线框

图 6-13 窗户三维概念模型

步骤 4 将创建好的窗户移至创建好的墙基窗洞处，效果如图 6-14 所示。

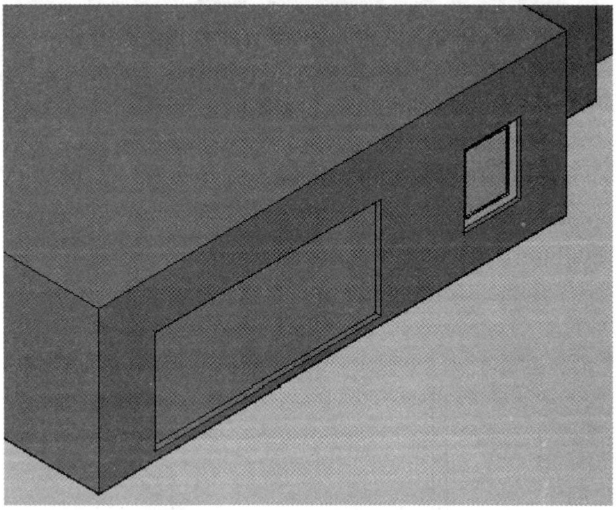

图 6-14 创建好的窗户

7. 创建拱形桥

步骤 1 创建圆柱体。

执行“绘图”→“建模”→“圆柱体”命令。

命令行内容如下：

命令：CYLINDER

指定底面的中心点或[三点（3P）/ 两点（2P）/ 切点、切点、半径（T）/ 椭圆（E）]:

（在绘图区内任意拾取一点）

指定底面半径或[直径（D）]<83.6220>：3980（输入半径值 3 980 mm）

指定高度或[两点（2P）/ 轴端点（A）]<53.6092>：8000（输入圆柱体的高度值 8 000 mm）

步骤 2　创建桥洞。

根据立面图中的具体尺寸，将创建好的圆柱体移至桥洞所在位置，执行“修改”→“实体编辑”→“差集”命令，在墙基体中除去圆柱体，即得到了桥洞，效果如图 6-15 所示。此时，墙基体就暂时创建完成。

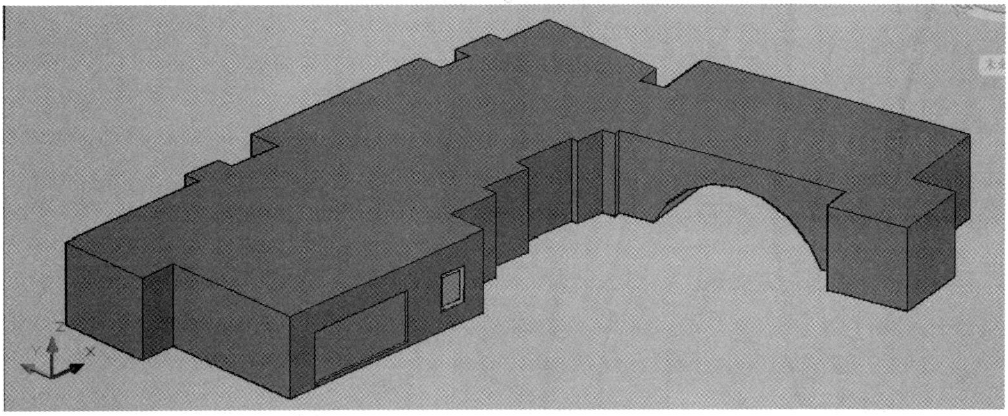

图 6-15　创建好的拱形桥

6.2.3　创建一层墙体模型

本别墅的一层外墙有两种，一种是垂直的普通墙，一种是倾斜的特殊装饰墙，又因为这一层墙体的有些部分分成上下两种材质，而且厚度不同，所以这些墙面都要分开绘制，但最基本的步骤还是：多段线绘制轮廓线→面域拉伸→差集。下面进行详细的讲解。

1. 绘制垂直墙体

步骤 1　打开“图层特性管理器”，新建一个图层，命名为“一层墙体”，并关闭“墙基体”层，以免给后面绘图造成干扰。将该图层设置为当前层，并将视图设置为“俯视”状态。

步骤 2　绘制轮廓。执行“多段线”命令，利用捕捉功能，沿着绘制好的一层平面图绘制轮廓，绕外墙一圈，得到一个封闭墙体多段线，如图 6-16 所示。

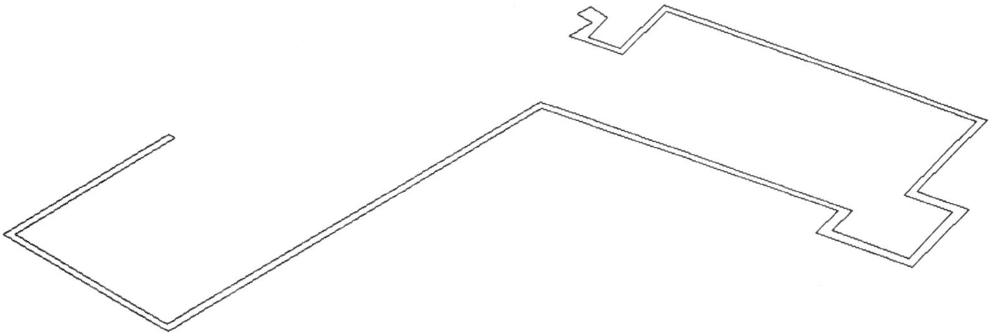

图 6-16　绘制墙体轮廓线

步骤 3 面域处理。单击“绘图”工具栏中的 按钮，或选择“绘图”→“面域”命令。将墙体轮廓线进行面域处理。

步骤 4 拉伸。执行“绘图”→“建模”→“拉伸”命令，将封闭的墙体轮廓线进行拉伸。

命令行内容如下：

命令：EXTRUDE（启动“拉伸”命令）

当前线框密度：ISOLINES = 4，闭合轮廓创建模式 = 实体

选择要拉伸的对象或[模式（MO）]：MO 闭合轮廓创建模式[实体（SO）/曲面（SU）]（实体）：SO

选择要拉伸的对象：找到 1 个（选择面域对象）

选择要拉伸的对象或[模式 MO]：

指定拉伸的高度或[方向（D）/ 路径（P）/ 倾斜角（T）]<150.0000>：2770（输入拉伸高度）

拉伸后效果如图 6-17 所示。

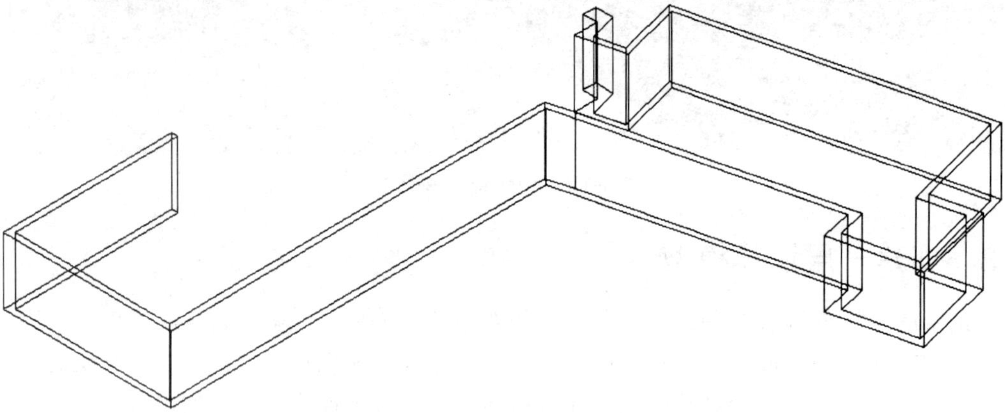

图 6-17 拉伸墙体

步骤 5 创建门、窗洞。与创建车库门洞一样，先按照各门、窗具体尺寸绘制出门、窗剪切体，然后将其移至墙体中各自的位置，执行“修改”→“实体编辑”→“差集”命令。创建好了的门、窗洞效果如图 6-18 所示。

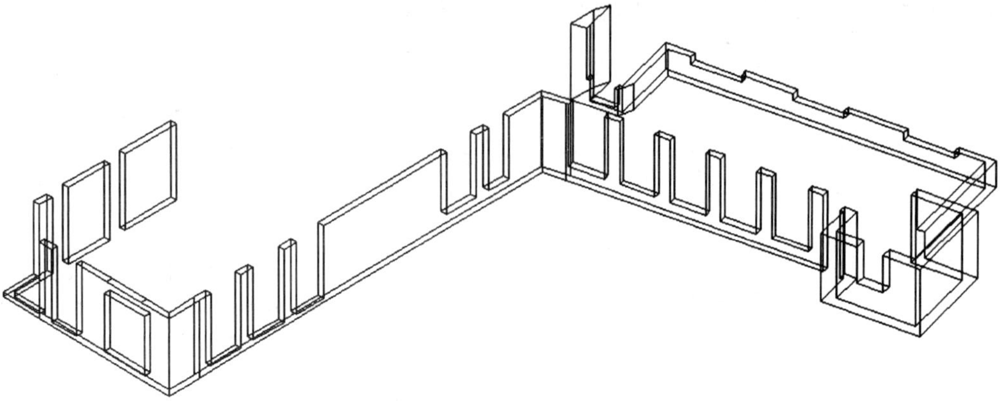

图 6-18 创建完成的门、窗洞

2. 绘制倾斜墙体

此处以窗间的斜柱为例进行讲解。

步骤 1　执行“绘图”→“建模”→“长方体”命令，创建一个 400 mm × 700 mm × 2 300 mm 的长方体，如图 6-19 所示。

步骤 2　执行“修改”→“实体编辑”→“倾斜面”命令，或单击“实体”功能区中的“倾斜面”按钮。

命令行内容如下：

命令：SOLIDEDIT

实体编辑自动检查：SOLIDCHECK = 1

输入实体编辑选项[面（F）/ 边（E）/ 体（B）/ 放弃（U）/ 退出（X）]<退出>：FACE

输入面编辑选项[拉伸（E）/ 移动（M）/ 旋转（R）/ 偏移（O）/ 倾斜（T）/ 删除（D）/ 复制（C）/ 颜色（L）/ 材质（A）/ 放弃（U）/ 退出（X）]<退出>：TAPER

选择面或[放弃（U）/ 删除 CR）]：找到一个面。（选择需要倾斜的面，如图 6-20 所示）

选择面或[放弃（U）/ 删除（R）/ 全部（ALL）]：（按回车键，完成选择）

指定基点：（拾取基点，如图 6-21 所示）

指定沿倾斜轴的另一个点：（拾取倾斜轴的另外一个点）

指定倾斜角度：5（输入倾斜角度）

已开始实体校验。

输入面编辑选项[拉伸（E）/移动（M）/旋转（R）/偏移（O）/倾斜（T）/删除（D）/复制（C）/颜色（L）/材质（A）/放弃（U）/退出（X）]（退出）：（按回车键，完成操作）

实体编辑自动检查：SOLIDCHECK = 1

输入实体编辑选项[面（F）/边（E）/体（B）/放弃（U）/退出（X）]：（按回车键，完成操作）

倾斜后效果如图 6-22 所示。

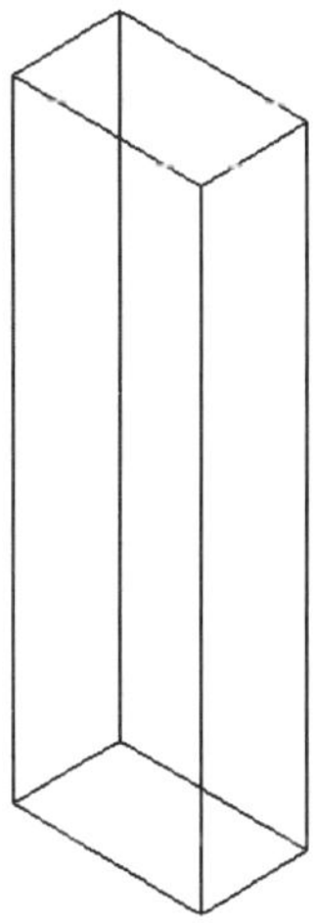

图 6-19　创建长方体

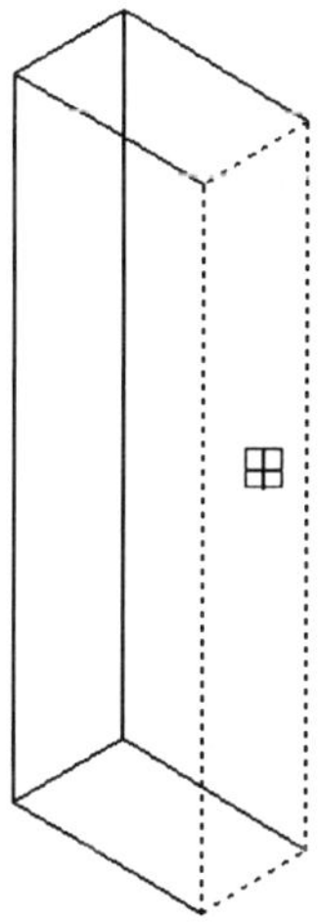

图 6-20　选择一个面

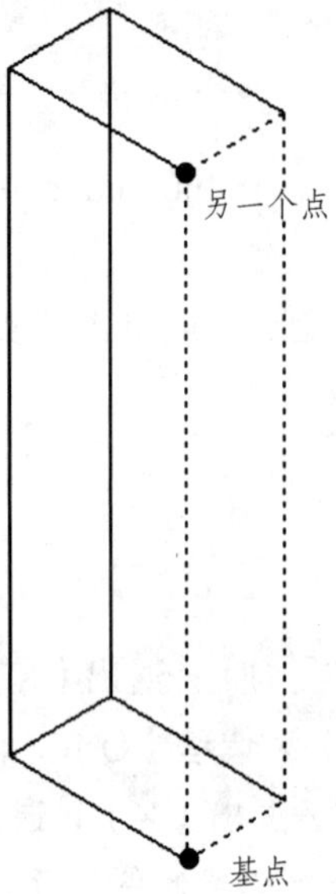

图 6-21　拾取两点

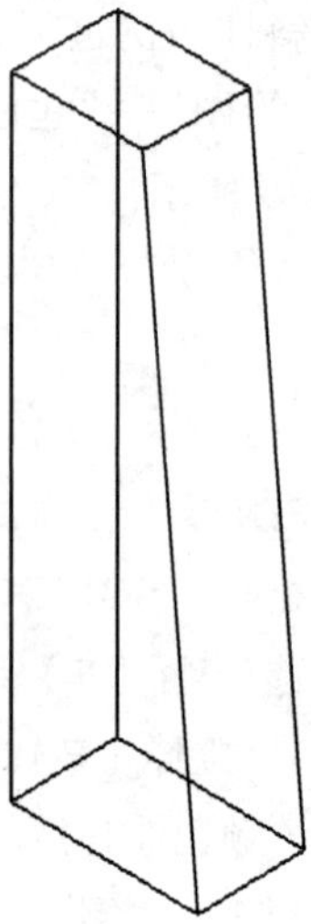

图 6-22　倾斜效果

步骤 3　创建柱体上方的装饰体，执行“长方体”命令，按尺寸绘制出柱体上方的装饰体，效果如图 6-23 所示。

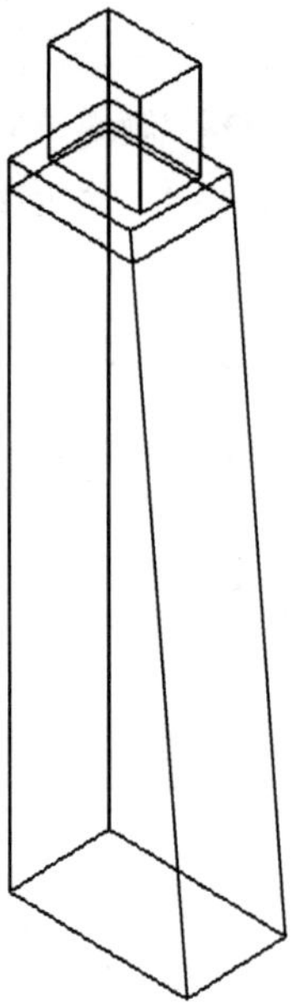

（a）三维线框

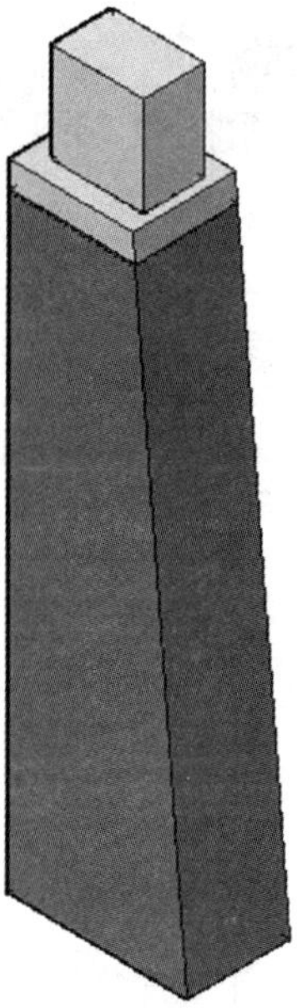

（b）概念模型

图 6-23　创建装饰体

步骤 4　执行“修改” →“复制”命令，或单击“修改”工具栏中的按钮。

命令行内容如下：

命令：COPY

选择对象：(选择整个柱体)

选择对象：（按回车键，完成对象选择）

当前设置：复制模式 = 多个

指定基点或[位移（D）/ 模式（O）]<位移>：（指定柱体上的一个角点）

指定第二个点或[阵列（A）]<使用第一个点作为位移>：（利用捕捉方式捕捉到柱体的具体位置）

指定第二个点或[阵列（A）/退出（E）/ 放弃（U）]<退出>：（对对象进行多次复制）

指定第二个点或[阵列（A）/退出（E）/ 放弃（U）]<退出>：（按回车键，完成复制）

注意：由于是在三维空间里面，特别是在线体比较多的情况下，捕捉到点虽然在二维视图里是在同一平面内，可实际上在三维视图内就会出现不在同一个平面的情况，这时就要再通过其他方式来避免这种情况的发生，主要方法有两种：① 关闭所有后面绘制的图层，只打开先前绘制好的一层平面图层，这样捕捉到的点也可以保证在这个平面图上，不会跑到其他空间里。② 如果已经出现这种情况了，先通过变换视图（俯视、左视、前视等），确定好在哪个视图平面内发生偏移，然后用“线性标注”工具测量出与目标位置发生偏移的距离，然后再执行“移动”工具，指定移动方向，输入位移数值，就可以将其准确的移至目标位置。

步骤 5　运用同样的方法绘制出其他倾斜墙体，并且创建出门、窗洞，效果如图 6-24 所示。

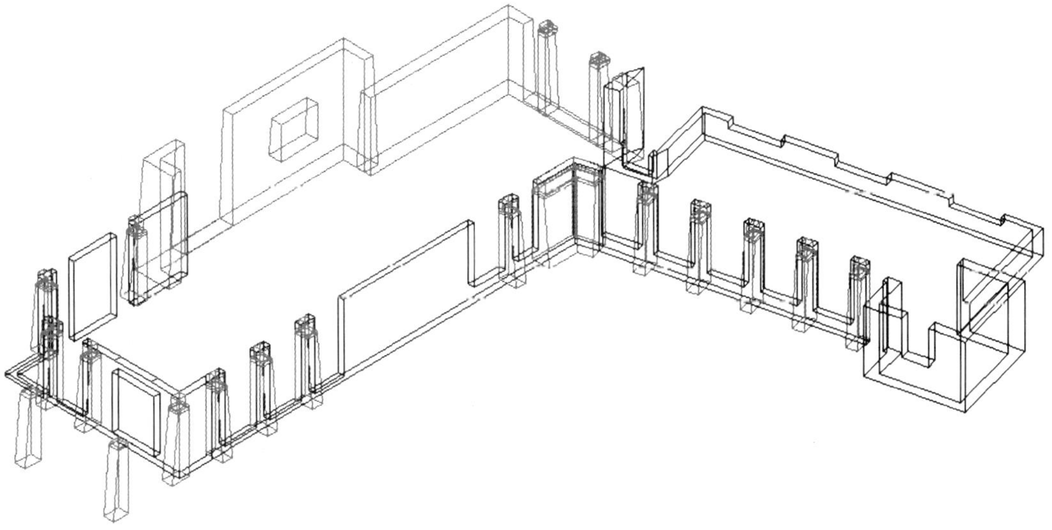

图 6-24　复制斜柱和创建其他斜墙

步骤 6　绘制上部分墙体，上部分墙厚只有 180 mm，所以可以在绘制墙体轮廓的时候可以在原来墙体（厚 240 mm）轮廓的基础上向内偏移 60 mm 而得到，而后的步骤与绘制原来的墙体一样。绘制效果如图 6-25 所示。

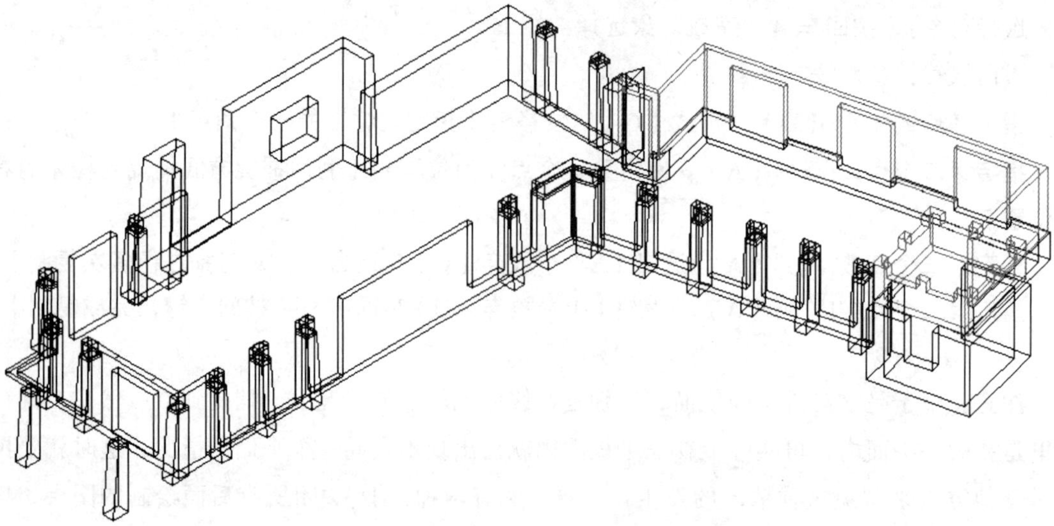

图 6-25　创建上部墙体

6.2.4　创建一层窗上梁

创建一层窗上梁有两种方法，一是可以用体堆积而成，另一种是用“扫掠”功能，在此推荐第二种方法。创建步骤如下：

步骤 1　绘制梁的截面轮廓线。将视图设置为“左视”状态，按照窗上梁的具体尺寸用多段线绘制其截面的轮廓线，如图 6-26 所示。

图 6-26　绘制梁截面轮廓线

步骤 2　绘制梁的截扫掠路径。将视图设置为“俯视”状态，用多段线绘制出梁的具体行走路线，也就是梁的扫掠路径，如图 6-27 所示。

注意：路径要求是梁的中央一条线。

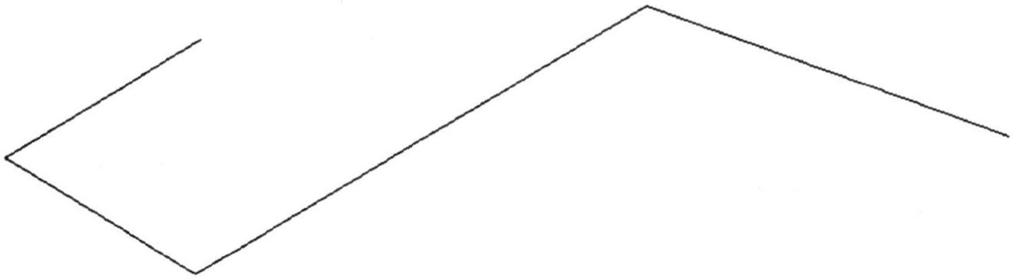

图 6-27　绘制梁路径

步骤 3　执行“绘图”→“建模”→“扫掠”命令来执行“扫掠”命令，或单击“实体”功能区中的“扫掠”按钮。

命令行内容如下：

命令：SWEEP

当前线框密度：ISOLINES = 4，闭合轮廓创建模式 = 实体

选择要扫掠的对象或[模式（MO）]：MO 闭合轮廓创建模式[实体（SO）/曲面（SU）]（实体）：SO

选择要扫掠的对象或[模式（MO）]：找到 1 个（选择绘制好的梁截面轮廓）

选择要扫掠的对象[模式（MO）]：（按回车键，完成扫掠对象选择）

选择扫掠路径或[对齐（A）/基点（B）/比例（S）/扭曲（T）]：（选择绘制好的梁路径，按回车键完成）

扫掠后的效果如图 6-28 所示。

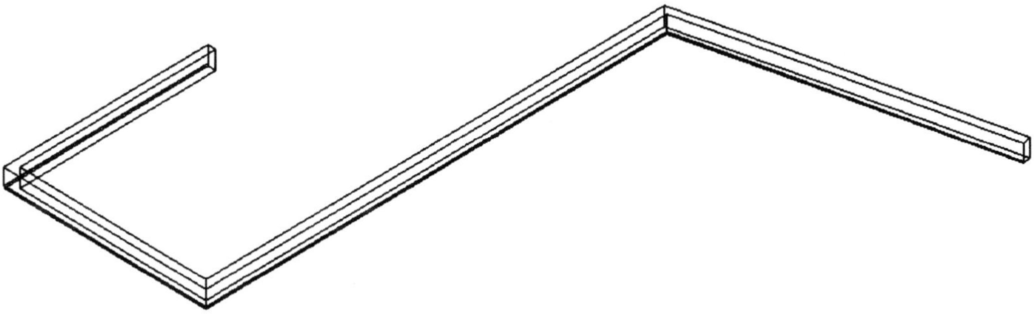

图 6-28　扫掠后得到的梁

步骤 4　将创建好的窗上梁移至一层墙体上的相应位置，效果如图 6-29 所示。

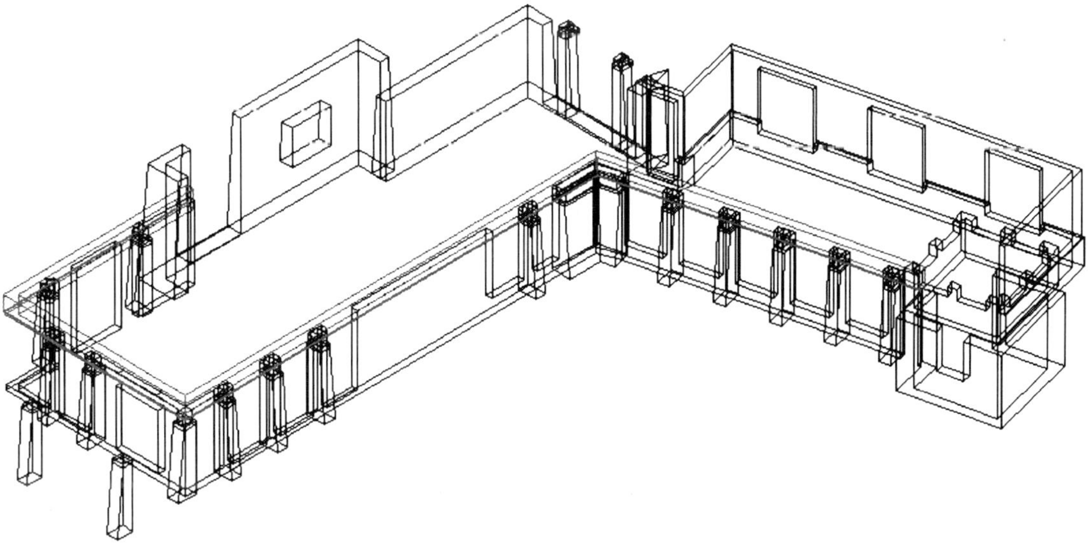

图 6-29　将窗上梁移至相应位置

6.2.5 创建二层墙体模型

1. 新建图层

打开“图层特性管理器”，新建一个图层，命名为“二层墙体”，并关闭“一层墙体”层，以免给后面绘图造成干扰。将该图层设置为当前层，并将视图设置为“俯视”状态。

2. 绘制轮廓

执行“多段线”命令，利用捕捉功能，沿着绘制好的二层平面图绘制轮廓，绕外墙一圈，得到一个封闭墙体多段线，如图 6-30 所示。

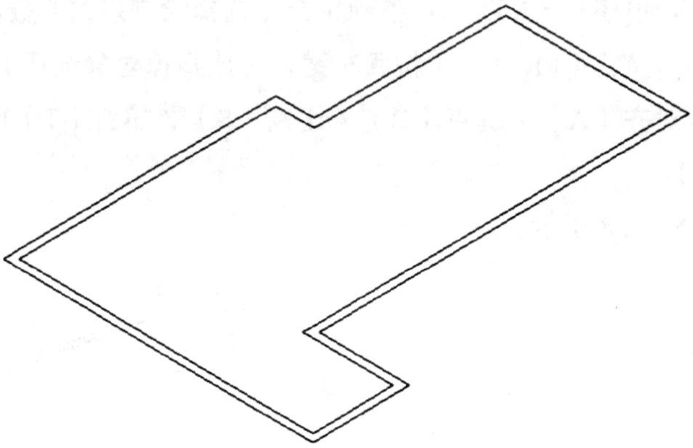

图 6-30 绘制二层墙体轮廓

3. 面域处理

单击“绘图”工具栏中的按钮，或选择“绘图”/“面域”命令。将墙体轮廓线进行面域处理。

4. 拉 伸

执行“绘图”→“建模”→“拉伸”命令，将封闭的墙体轮廓线进行拉伸。效果如图 6-31 所示。

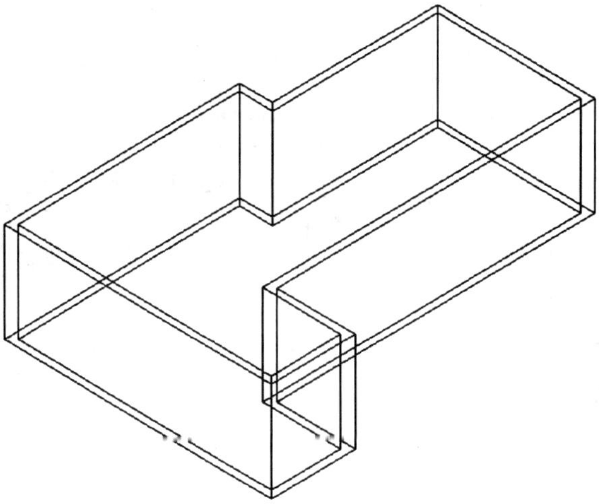

图 6-31 拉伸二层墙体

5. 创建门、窗洞

与创建一层墙体一样，先按照各门、窗具体尺寸绘制出门、窗剪切体，然后将其移至墙体中各自的位置，执行“修改”→“实体编辑”→“差集”命令。创建好的门、窗洞效果如图 6-32 所示。

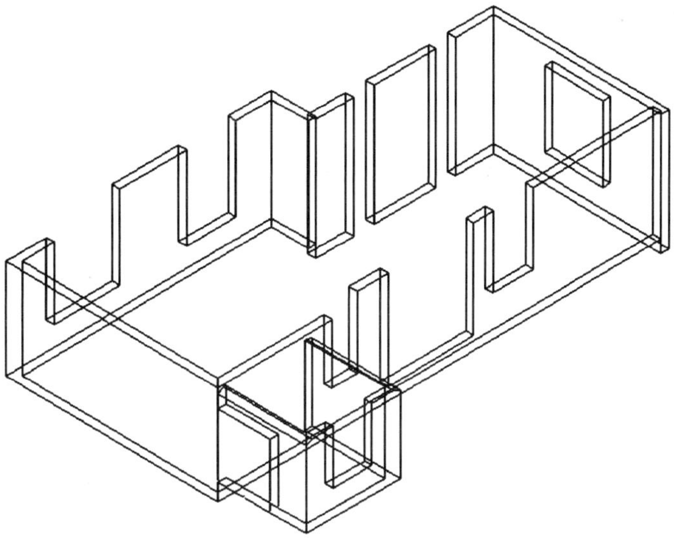

图 6-32　创建门、窗洞

6. 将二层墙体移至相应位置

打开“一层墙体”层，将刚创建好的二层墙体移至一层墙体上相应位置，效果如图 6-33 所示。

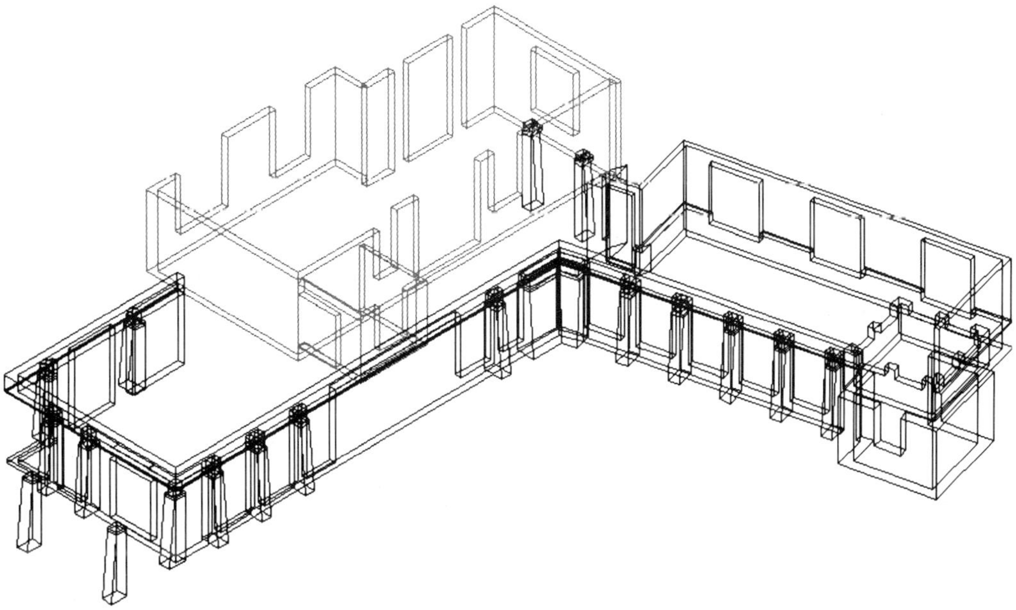

图 6-33　将二层墙体移至相应位置

6.2.6 创建屋顶

本别墅的屋顶属于坡屋顶，其绘制方法是：多段线绘制轮廓线→面域拉伸，然后再进行一些修剪补缺处理。下面以二层屋顶的创建为例进行详细的讲解。

1. 新建图层

打开“图层特性管理器”，新建一个图层，命名为“屋顶层”，将该图层设置为当前层，并将视图设置为“左视”状态，打开“左立面图”层。

2. 绘制轮廓

执行“多段线”命令，利用捕捉功能，沿着绘制好的屋顶侧面绘制轮廓，得到一个封闭墙体多段线，如图 6-34 所示

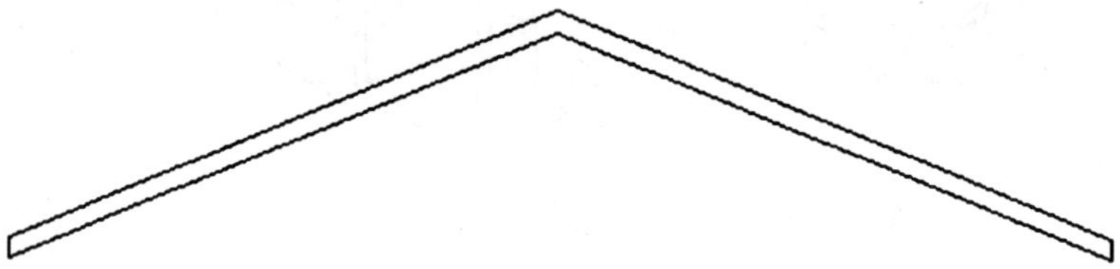

图 6-34 绘制屋顶侧面轮廓

3. 面域处理

将墙体轮廓线进行面域处理。

4. 拉 伸

执行“绘图”→“建模”→“拉伸”命令，将封闭的轮廓线进行拉伸，效果如图 6-35 所示。

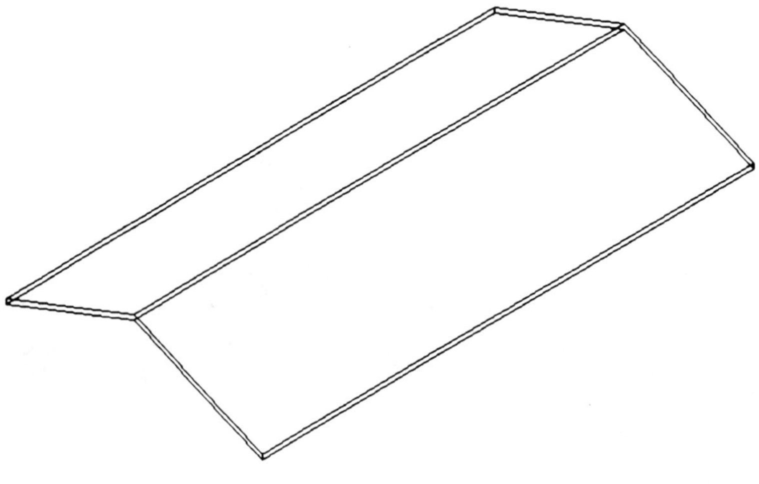

图 6-35 拉伸屋顶

5. 剪切修补

因为该层的两端进深不一样，所以屋面也不一样。通过“差集”功能，将屋面小的一部分切除，如图 6-36 所示。

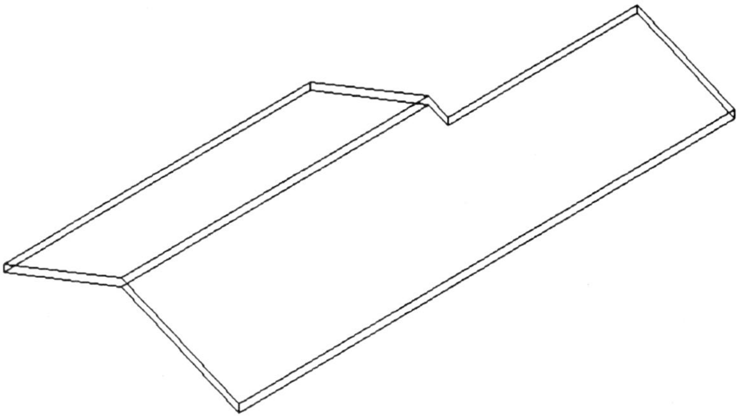

图 6-36 剪切屋顶

6. **补全切除的屋顶**

因为屋顶前后两个坡屋面是对称的，所以后面空缺的那部分屋面可以用前面的屋面通过“镜像”得到，现在要做的是把前面那部分需要“镜像”的屋面与其他屋顶分离出来。

步骤 1 将原来的屋顶复制一个。

步骤 2 将复制的屋顶需要去除的那一部分通过“差集”命令切除，如图 6-37 所示。

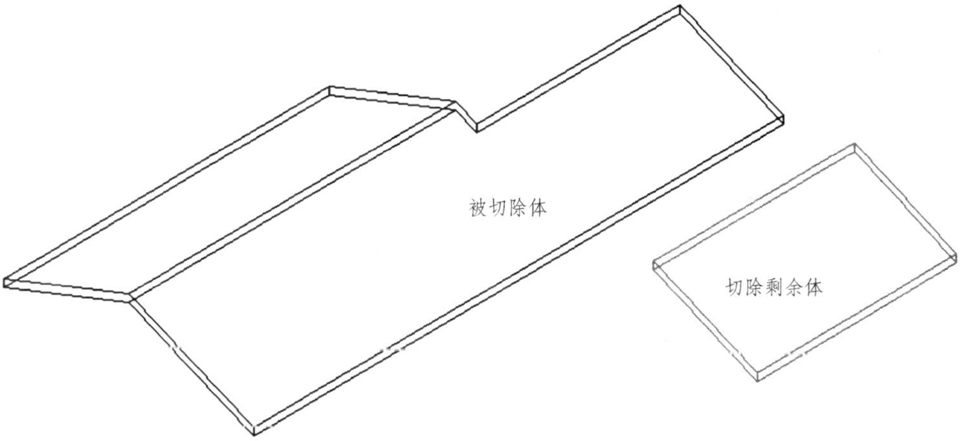

图 6-37 剪切屋顶

步骤 3 将切除剩余体进行镜像。

选择“修改”→“镜像”命令，或单击“镜像”按钮，或在命令行中输入“MIRROR”均可执行该命令。

命令行内容如下：

命令：MIRROR

选择对象：找到 1 个（选择切除剩余体）

选择对象：（按回车键，完成对象选择）

指定镜像线的第一点：（捕捉切除剩余体上与屋脊线平行边上的一端点）

指定镜像线的第二点：（捕捉这条边上的另一端点）

要删除原对象吗? [是（Y）/否（N）]<否>：Y（输入 Y，删除原对象）

将镜像的屋面移至屋顶上的相应位置，完成屋顶的创建，效果如图 6-38 所示。

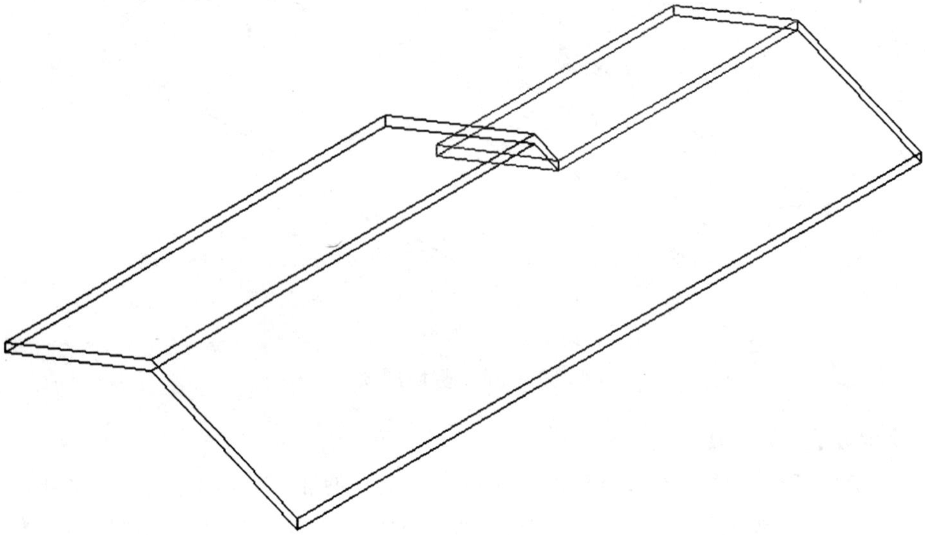

图 6-38　完成屋顶创建

7. 创建锥形屋顶

步骤 1　执行“绘图”→“建模”→“棱锥体”命令，或单击“实体”功能区中的“棱锥体”按钮，来执行“棱锥体”命令。

命令行内容如下：

命令：PYRAMID

4 个侧面　外切

指定底面的中心点或[边（E）／侧面（S）]：（指定棱锥体的底面中心）

指定底面半径或[内接（I）]：2220（输入底面外接圆半径数值为 2 220 mm）

指定高度或[两点（2P）／轴端点（A）／顶面半径（T）]（1200.0000）：1330（指定棱锥体高度为 1 330 mm）

完成棱锥体的创建，效果如图 6-39 所示。

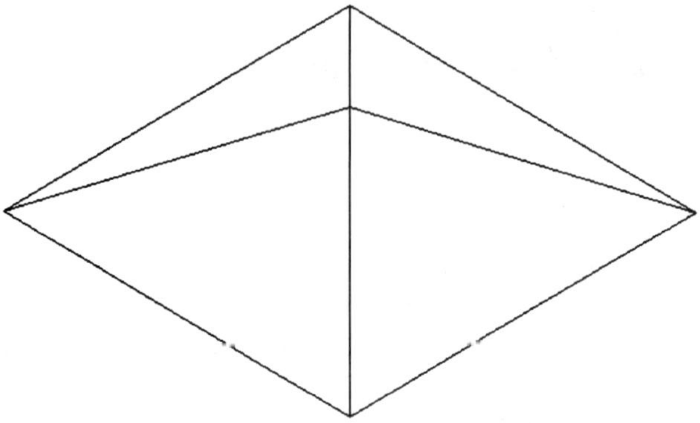

图 6-39　棱锥体屋顶创建

步骤 2　执行“修改”→“实体编辑”→“拉伸面”命令，或单击“实体”功能区的“拉伸面”按钮。

命令行内容如下：

命令；SOLIDEDIT

实体编辑自动检查：SOLIDCHECK = 1

输入实体编辑选项[面（F）/ 边（E）/ 体（B）/ 放弃（U）/ 退出（X）]<退出>：FACE

输入面编辑选项[拉伸（E）/移动（M）/ 旋转（R）/偏移（O）/ 倾斜（T）/ 删除（D）/ 复制（C）/ 颜色（L）/ 材质（A）/ 放弃（U）/退出（X）]<退出>：EXTRUDE

选择面或[放弃（U）/删除（R）]：找到一个面。（选择棱锥的底面）

选择面或[放弃（U）/删除（R）/全部（ALL）]：（按回车键，完成面选择）

指定拉伸高度或[路径（P）]：140（输入拉伸高度为 140 mm）

指定拉伸的倾斜角度<0>：0（输入拉伸角度为 0 度）

已开始实体校验。

输入面编辑选项[拉伸（E）/移动（M）/旋转（R）/偏移（O）/倾斜（T）/删除（D）/

复制（C）/颜色（L）/材质（A）/放弃（U）/退出（X）]<退出>：（按回车键，完成操作）

实体编辑自动检查：SOLIDCHECK = 1

输入实体编辑选项[面（F）/边（E）/体（B）/放弃（U）/退出（X）]：（按回车键，完成操作）

完成棱锥体低面的拉伸，棱锥形屋顶也就创建好了，效果如图 6-40 所示。

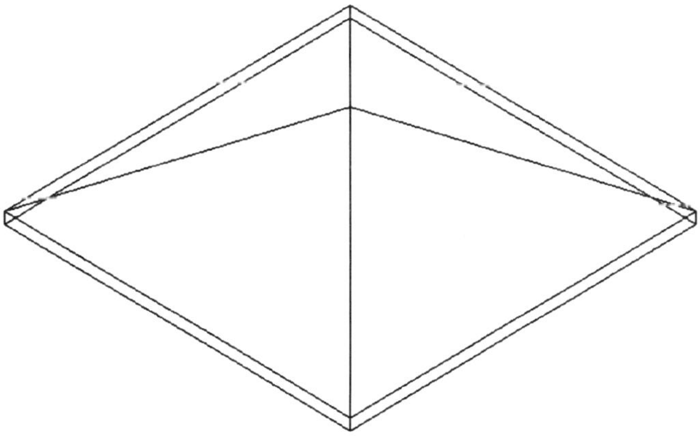

图 6-40　完成棱锥形屋顶创建

8. 将各屋顶移至相应位置

应用以上同样的方法将其他屋顶创建完成，然后将它们分别移至各自相应位置，效果如图 6-41 所示。

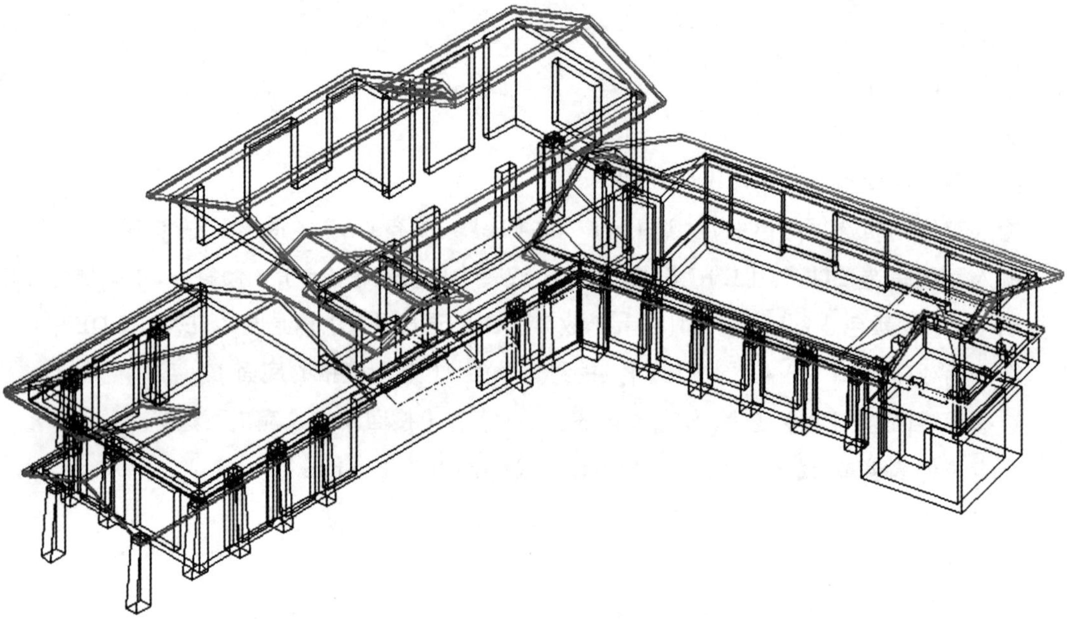

图 6-41 将各屋顶移至相应位置

6.2.7 创建楼梯

本别墅有室内外两种楼梯，因为室内的楼梯看不到，所以就不必要绘制了，这里只需要绘制室外楼梯，其绘制方法是：多段线绘制轮廓线→拉伸→差集。

1. 创建楼梯踏步

步骤 1 打开“图层特性管理器”，新建一个图层，命名为“楼梯层”，将该图层设置为当前层，并将视图设置为“左视”状态，打开“左立面图”层。

步骤 2 绘制轮廓。执行“多段线”命令，利用捕捉功能，绘制好楼梯侧面轮廓，得到一个封闭墙体多段线，如图 6-42 所示。

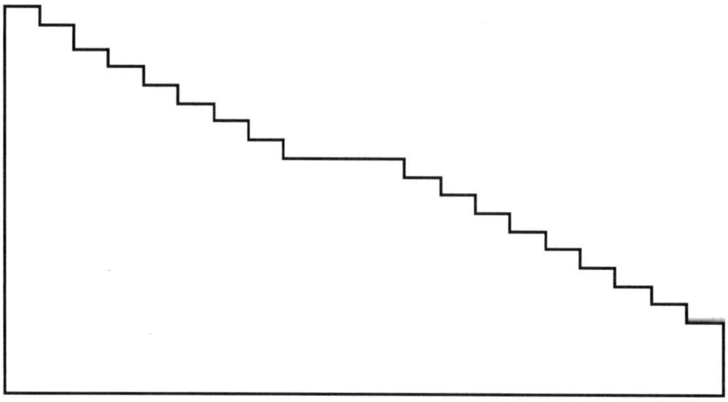

图 6-42 绘制楼梯侧面轮廓

步骤 3　面域处理，将墙体轮廓线进行面域处理。

步骤 4　拉伸。执行“绘图”→“建模”→“拉伸”命令，将封闭的楼梯轮廓线进行拉伸，效果如图 6-43 所示。

步骤 5　采用同样的方法创建出另一跑踏步。

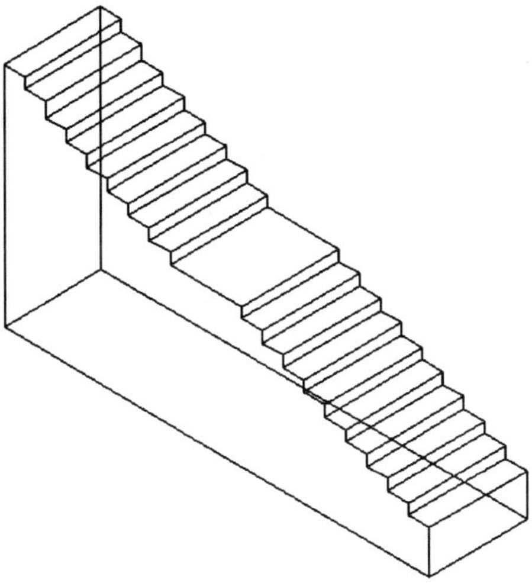

图 6-43　拉伸楼梯

2. 创建楼梯外墙

步骤 1　将视图设置为“俯视”状态，用上面的方法绘制外墙俯视轮廓，然后拉伸，如图 6-44 所示。

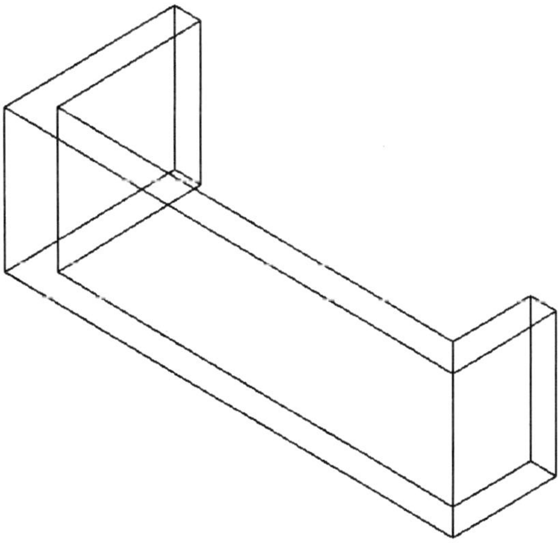

图 6-44　拉伸得到的楼梯外墙

步骤 2　执行“修改”→“实体编辑”→“倾斜面”命令，或单击“实体”功能区的“倾斜面”按钮。将墙的外侧向内倾斜。

步骤 3　执行“修改”→“实体编辑”→“差集”命令，将外墙不需要的部分切除，完成楼梯外墙的绘制，效果如图 6-45 所示。

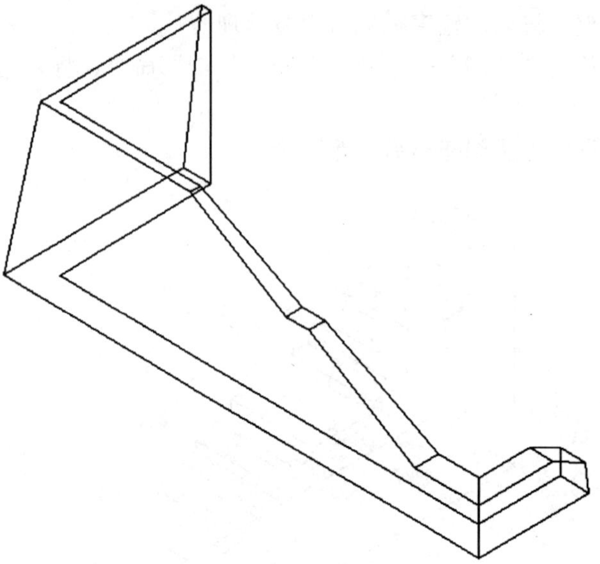

图 6-45　创建完成的楼梯外墙

3. 创建楼梯扶手

（1）绘制扶手截面轮廓

将视图设置为"左视"状态，单击绘图工具栏中的"圆"按钮，绘制一个半径为 50 mm 的圆。

（2）绘制扶手路径

楼梯的扶手并不是在一同个平面内，所以其路径也不在同一个平面内。在绘制这个路径的时候要注意在各个视图切换中完成，绘制步骤如下：

步骤 1　用"多段线"命令在相应的视图里绘制出各段路径（本路径先分三段绘制）。

步骤 2　将视图设置为"西南等轴侧"状态，利用捕捉方式，使三段路径首尾相接，如图 6-46 所示。

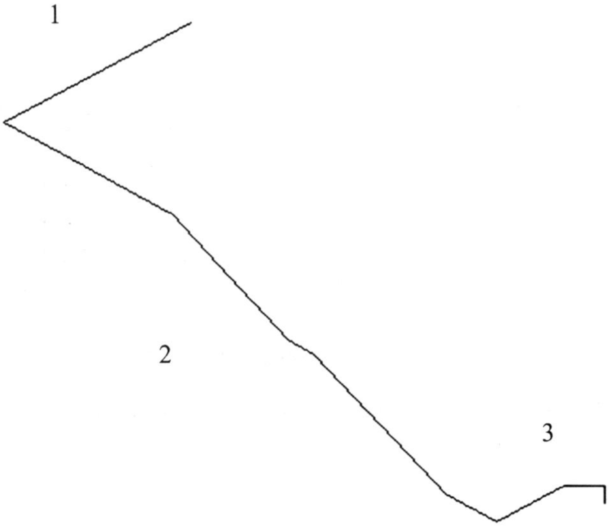

图 6-46　绘制扶手路径

步骤 3 以上绘制的路径无法连接合并，所以只是作为后面绘制路径的辅助线，要绘制出完整的三维路径，要运用“三维多段线”来绘制。执行“绘图”→“三维多段线（3)”命令，或在命令行中输入“3dpoly”。

命令行内容如下：

命令：3dpoly

指定多段线的起点：（捕捉辅助路径的起点）

指定直线的端点或 [放弃（U）]：（捕捉辅助路径的第二点）

指定直线的端点或 [放弃（U）]：（捕捉辅助路径的第三点）

指定直线的端点或 [闭合（C）/放弃（U）]：（捕捉辅助路径的第四点）

指定直线的端点或 [闭合（C）/放弃（U）]：（继续捕捉路径上是转折点，直至端点）

指定直线的端点或 [闭合（C）/放弃（U）]：（按回车键，完成绘制）

步骤 4 执行“绘图”/“建模”/“扫掠”命令来执行“扫掠”命令，或单击“实体”中的“扫掠”按钮。

命令行内容如下：

命令：SWEEP

当前线框密度：ISOLINES = 4，闭合轮廓创建模式 = 实体

选择要扫掠的对象或[模式（MO）]：MO 闭合轮廓创建模式[实体（SO）/曲面（SO）]（实体）：SO

选择要扫掠的对象或[模式（MO）]：找到 1 个（选择绘制好圆）

选择要扫掠的对象或[模式（MO）]：（按回车键，完成扫掠对象选择）

选择扫掠路径或[对齐（A）/ 基点（B）/ 比例（S）/ 扭曲（T）]：（选择绘制好的扶手路径，按回车键完成，效果如图 6-47 所示）

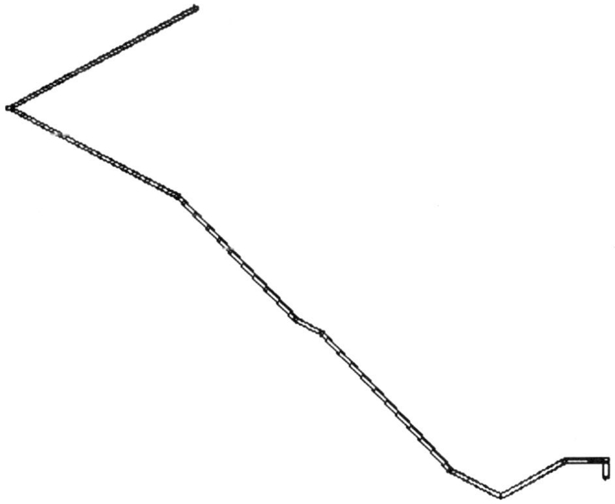

图 6-47 扫掠得到的扶手

步骤 5 用“圆柱体”绘制出一个扶手的支杆，然后复制到相应的位置。

步骤 6 将扶手移至楼梯外墙上，再将整个楼梯移至“墙基体”上的相应位置，效果如图 6-48 所示。

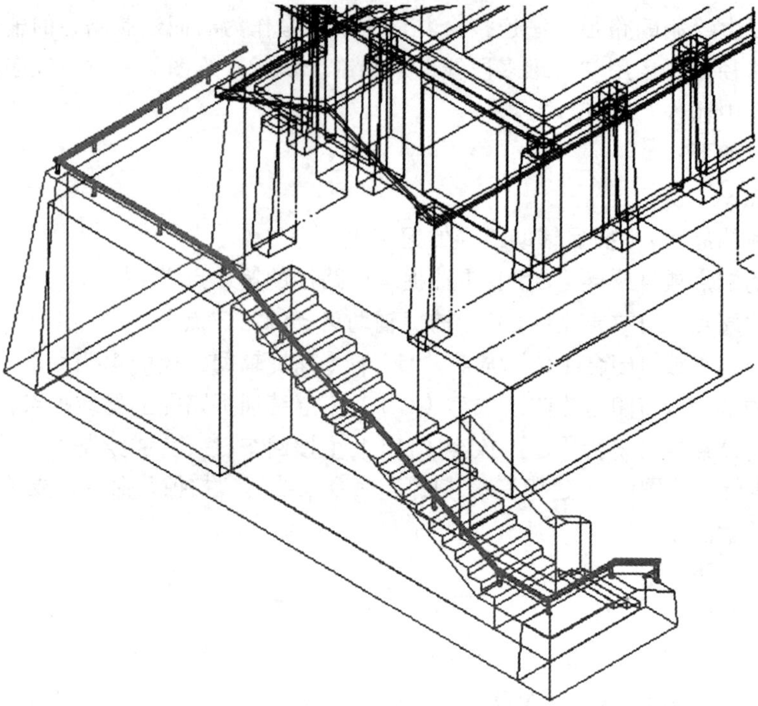

图 6-48 绘制好的楼梯

6.2.8 创建阳台

1. 创建阳台楼板

步骤 1 打开“图层特性管理器”，新建一个图层，命名为“阳台”，将该图层设置为当前层，并将视图设置为“俯视”状态。

步骤 2 根据具体尺寸，绘制三个长方体组成阳台楼板，效果如图 6-49 所示。

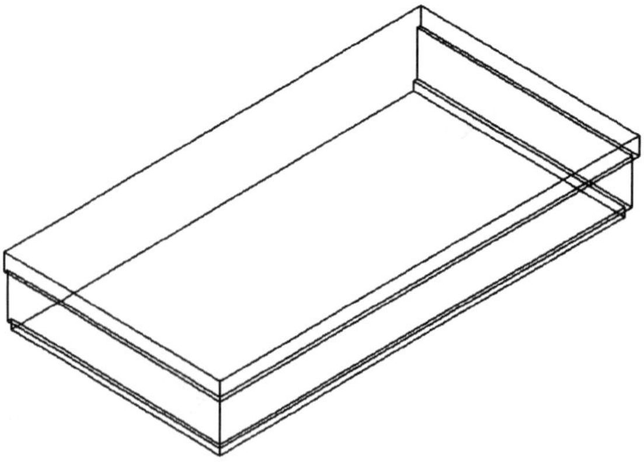

图 6-49 绘制完成的阳台楼板

2. 创建阳台栏杆

步骤 1 将视图设置为“左视”状态。执行“绘图”→“样条曲线”命令，或单击绘图工具栏中的“样条曲线”按钮，绘制栏杆外形样条线，如图 6-50 所示。

图 6-50 绘制栏杆外形样条线

步骤 2 执行“绘图”→“建模”→“旋转”命令，或单击“曲面”功能区中的“旋转”按钮。

命令行内容如下：

命令：REVOLVE

当前线框密度：ISOLINES = 4，闭合轮廓创建模式 = 实体

选择要旋转的对象或[模式（MO）]：MO 闭合轮廓创建模式[实体（SO）/曲面（SO）]（实体）：SO

选择要旋转的对象[模式（MO）]：找到 1 个（选择绘制好的栏杆外形样条线）

选择要旋转的对象[模式（MO）]：（按回车键，完成选择）

指定轴起点或根据以下选项之一定义轴 [对象（O）/X/Y/Z] <对象>：（捕捉轴线的起点）

指定轴端点：（捕捉轴线的端点，绘制出旋转轴线，如图 6-51）

指定旋转角度或 [起点角度（ST）/反转（R）/表达式（EX）] <360>：360（输入旋转角度后，按回车键，完成旋转）

旋转后效果如图 6-52 所示。

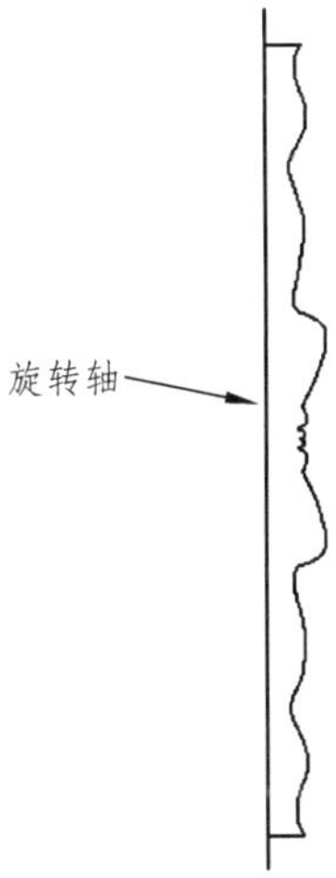

图 6-51 栏杆外形样条线与旋转轴线

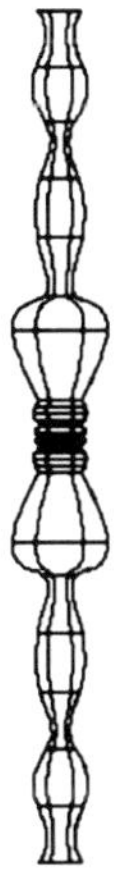

图 6-52 旋转后的栏杆效果

步骤 3　执行“修改”→“阵列”命令，或单击“修改”工具栏中的“阵列”按钮。打开“阵列”对话框，如图 6-53 所示。在对话框中设置好各参数，将栏杆的数量和位置创建好，效果如图 6-54 所示。

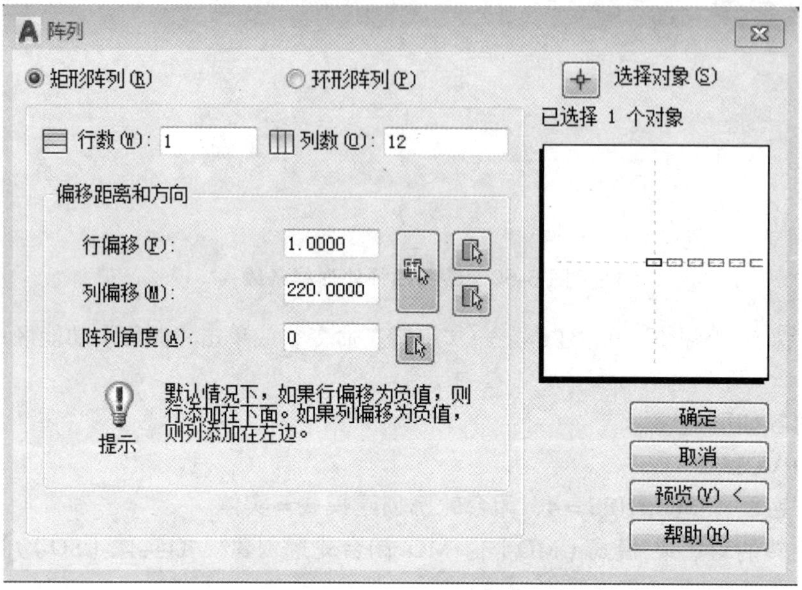

图 6-53　“阵列”对话框

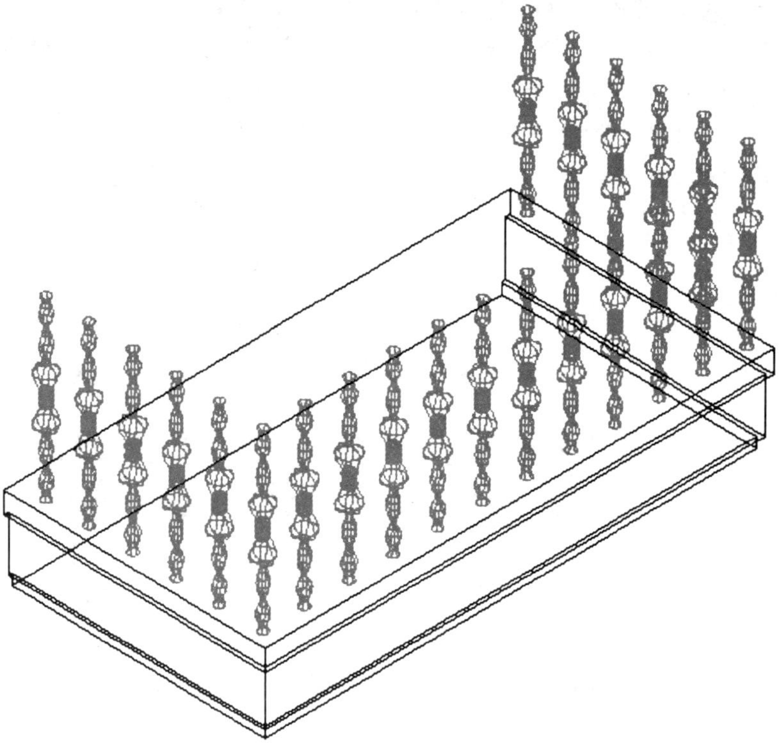

图 6-54　“阵列”后的栏杆

3. 创建阳台扶手

将视图设置为“俯视”状态。先绘制好扶手是俯视轮廓，然后通过“拉伸”功能，将扶手创建好，并将其移至栏杆上方相应位置，自此，整个阳台就创建好了，效果如图6-55所示。

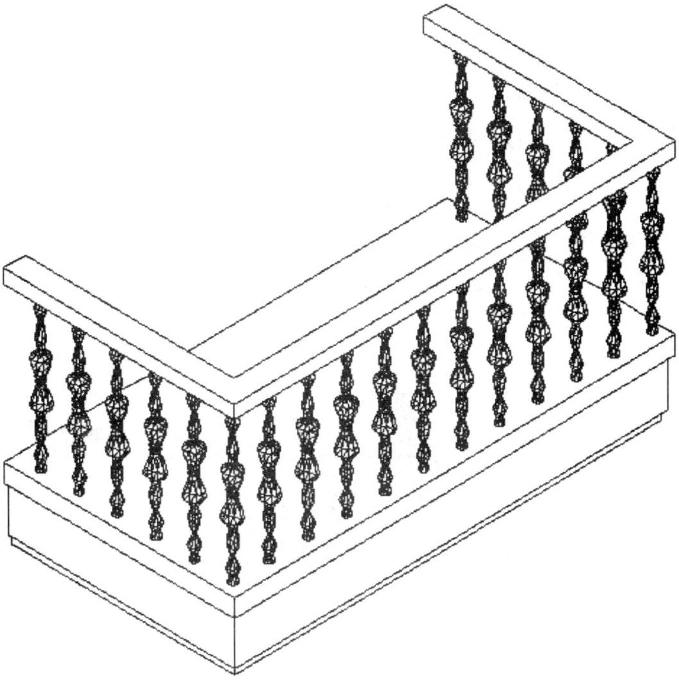

图6-55　创建好的阳台

4. 将创建好的阳台、露台移至建筑中相应的位置

用同样的方法创建出其他阳台，同样也可以将一层露台创建出来，并把创建好的阳台、露台移至建筑中相应的位置，效果如图6 56所示。

图6-56　将创建好的阳台、露台移至建筑中相应的位置

6.2.9 创建烟囱和墙、窗装饰线条

1. 创建烟囱

步骤 1 打开“图层特性管理器”，新建一个图层，命名为“烟囱”，将该图层设置为当前层，并将视图设置为“左视”状态。

步骤 2 根据具体尺寸，用“多段线”绘制出烟囱侧面轮廓线，然后执行“拉伸”命令，将烟囱的基本形状拉伸出来，效果如图 6-57 所示。

步骤 3 分别创建三个不同尺寸的长方体，堆积成烟囱顶部的装饰线，效果如图 6-58 所示。

步骤 4 为了使烟囱更形象，还要创建出烟囱洞口。运用布尔运算的“差集”命令，在最上方的长方体中央剪切掉一个小长方体，就形成了烟囱洞口，效果如图 6-59 所示。

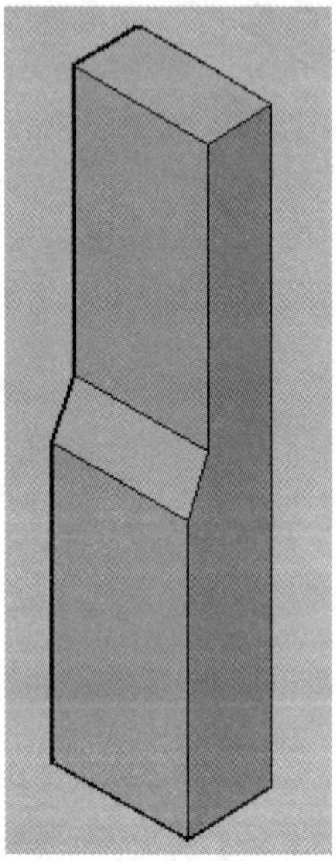

图 6-57 拉伸烟囱形体

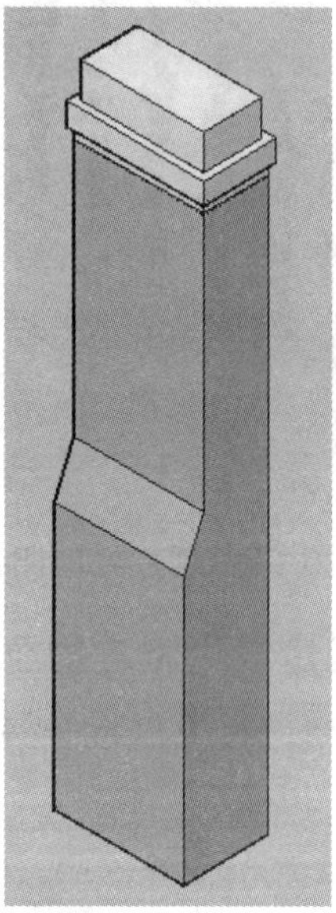

图 6-58 创建烟囱装饰线

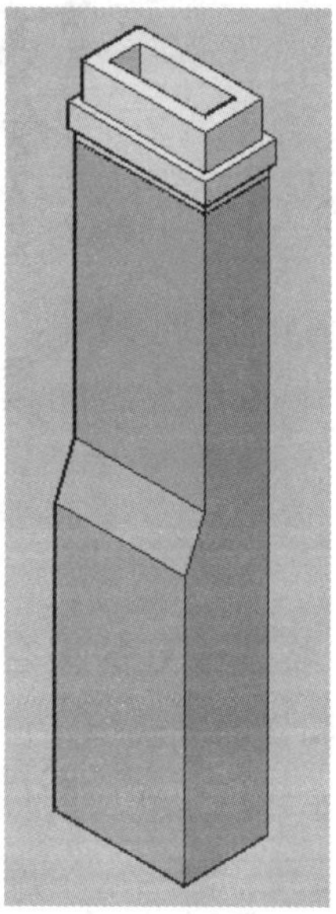

图 6-59 创建烟囱洞口

2. 创建墙、窗装饰线条

到此为止，整个建筑的基本体已经创建完毕，下面要绘制的是墙体上与窗户四周的装饰线条。

创建这些装饰线条比较简单，根据装饰线条的复杂程度，可以通过选择前面讲解过的一些方法完成。下面以一个较复杂的露台外檐装饰线条为例，来讲解装饰线的绘制方法。根据檐口形状，运用“扫掠”功能，就可以很快捷地达到效果。

步骤 1 绘制外檐截面轮廓线。将视图设置为“左视”状态。根据这个装饰外檐的具体尺寸，用“多段线”绘制出其截面轮廓线，如图 6-60 所示。

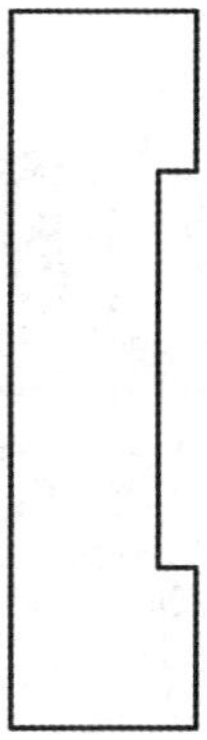

图 6-60　绘制截面轮廓线

步骤 2　绘制外檐路径。将视图设置为“俯视”状态，根据具体尺寸或利用捕捉功能绘制出露台外檐的路径，如图 6-61 所示。

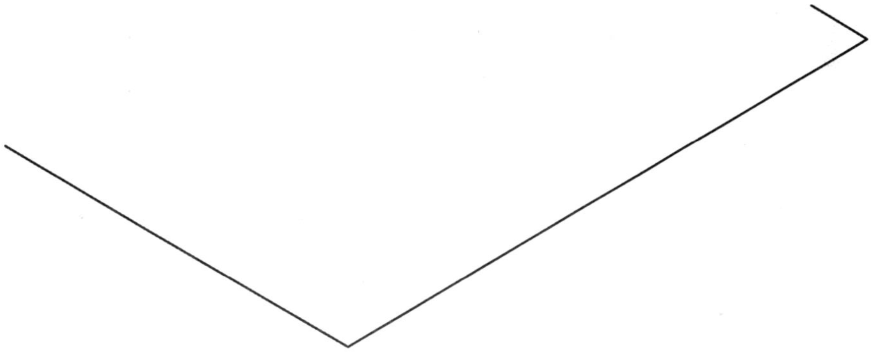

图 6-61　绘制外檐路径

步骤 3　扫掠外檐效果。执行“扫掠”命令，就可以扫掠出外檐的形状，效果如图 6-62 所示。

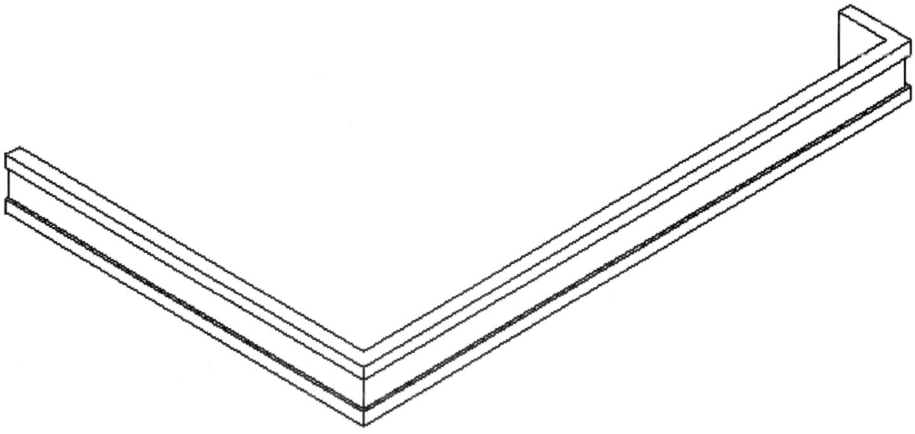

图 6-62　扫掠外檐效果

步骤 4 将所有的墙、窗装饰线条绘制完成后，一一移至建筑中相应的位置，效果如图 6-63 所示。

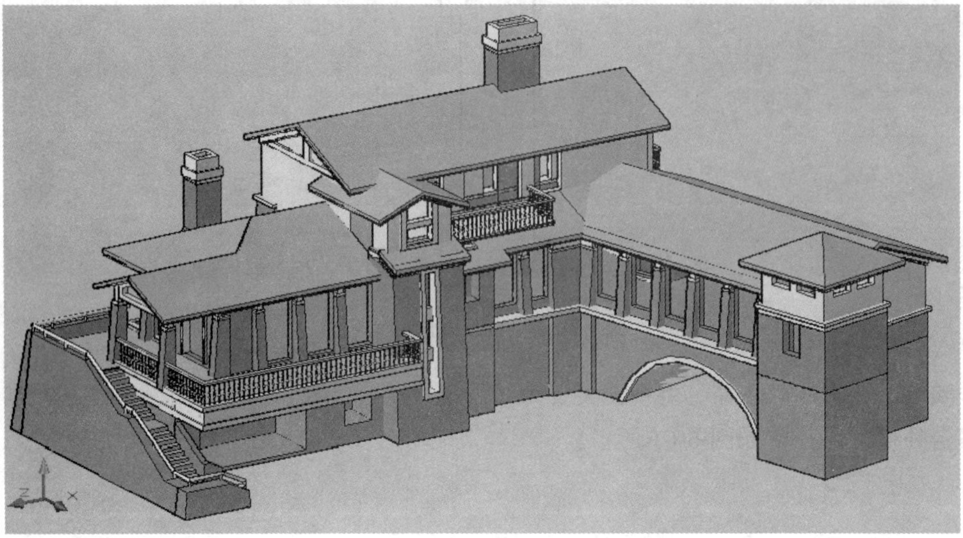

图 6-63 绘制好烟囱和装饰线条的建筑效果

6.2.10 创建门窗

前面已经讲过用“差集”命令来创建窗户的方法，但是创建起来步骤比较多，并且在窗框造型复杂时就很难达到效果。在此，再介绍另一种相对简便的方法，也就是运用“扫掠”命令。

步骤 1 打开“图层特性管理器”，新建一个图层，命名为“门窗”，将该图层设置为当前层，并将视图设置为“左视”状态。

步骤 2 绘制窗框截面轮廓线。根据具体尺寸，用“多段线”绘制窗框截面轮廓线，窗户的外框和内框有所不同，如图 6-64 所示。

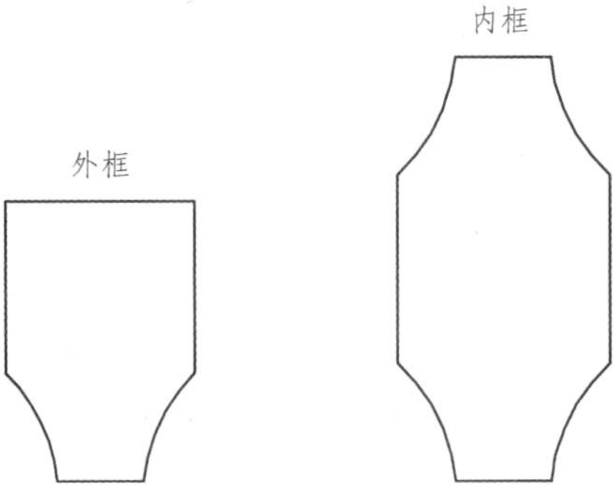

图 6-64 窗框截面轮廓

步骤 3 绘制窗框的路径。按照窗户的尺寸，绘制出窗户的外形轮廓，也就是窗框的路径，如图 6-65 所示。

注意：外框的路径线要和内框路径先分开，因为截面轮廓不一样。

图 6-65　窗框路径

步骤 4　运用扫掠创建窗框。先对外框进行扫掠，按“绘图”→“建模”→“扫掠”步骤来执行“扫掠”命令，或单击“实体”功能区中的“扫掠”按钮。

命令行内容如下：

命令：SWEEP

当前线框密度：ISOLINES = 4，闭合轮廓创建模式 = 实体

选择要扫掠的对象或[模式（MO）]：MO 闭合轮廓创建模式[实体（SO）/曲面（SO）]（实体）：SO

选择要扫掠的对象[模式（MO）]：找到 1 个（选择绘制好的外框截面轮廓线）

选择要扫掠的对象[模式（MO）]：（按回车键，完成扫掠对象选择）

选择扫掠路径或[对齐（A）/ 基点（B）/ 比例（S）/ 扭曲（T）]：（选择绘制好的外框路径，按回车键完成）

用同样的方法对内框进行扫掠，效果如图 6-66 所示。

图 6-66　创建好的窗框

步骤 5　绘制玻璃。

用“多段线”捕捉窗户外框内侧绘制出玻璃的轮廓线，然后执行“拉伸”命令，拉伸高度为 20 mm，调整好位置，窗户就完全创建好了，效果如图 6-67 所示。

图 6-67　创建好玻璃的窗户

步骤 6　因为本别墅的窗户有很多种规格，相同的可以复制已经创建好的窗户，不相同的可以运用同样的方法重新创建，最后将所有的窗户移至建筑中相应的窗洞中，整幢别墅的模型也就创建完成了，效果如图 6-68 所示。

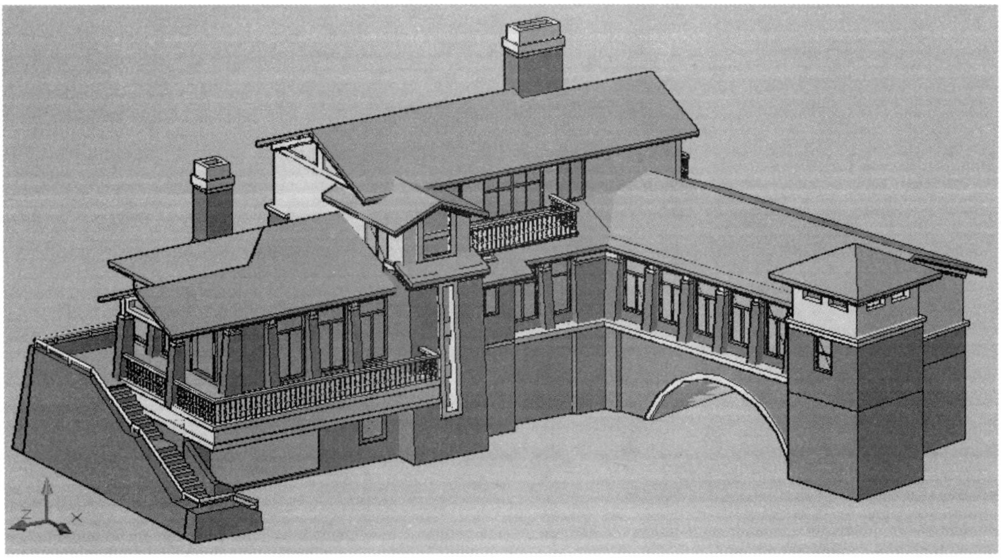

图 6-68　创建好的建筑模型效果

6.3　建筑三维模型的渲染

6.3.1　创建材质

下面以“墙基体”的材质创建为例，来介绍 AutocAD 的材质创建。

执行“视图”→“渲染”→“材质编辑器”命令，或单击“视图”功能区中的按钮，打开“材质编辑器”面板，如图 6-69 所示。单击“材质编辑器”面板左下角“创建或复制材质”按钮，弹出如图 6-70 所示的对话框。

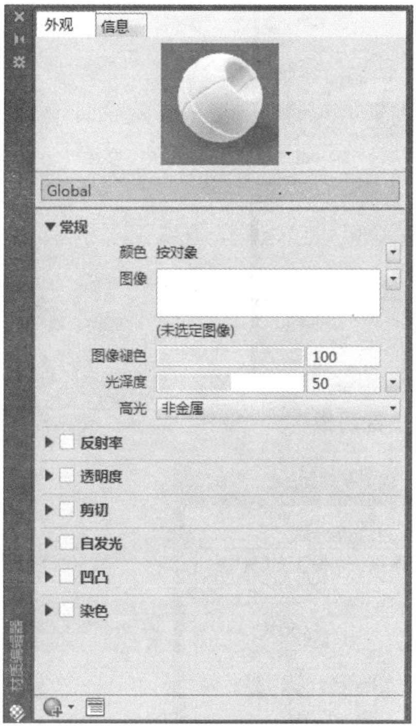

图 6-69　材质编辑器面板

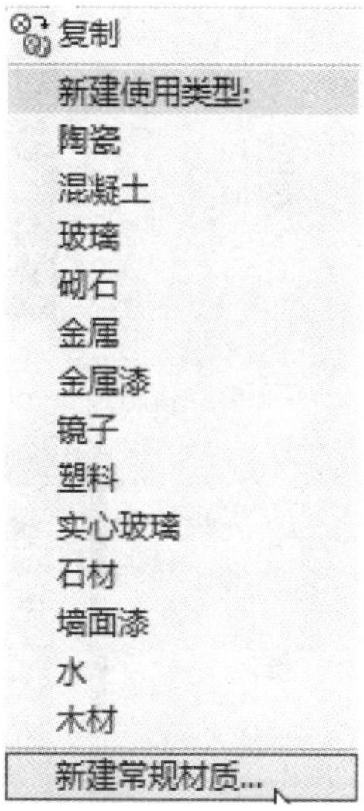

图 6-70　“创建或复制材质”对话框

使用材质包括如下步骤：

步骤 1　定义材质，包括颜色、反射或亮度，图形中的对象附着材质。

步骤 2　在材质编辑器中设置。在“创建或复制材质”下拉列表框中选择“石材”，如图 6-71 所示。

步骤 3　单击“染色”的红框区域，弹出“选择颜色”对话框，颜色设为与材质相似的色彩，如图 6-72 所示。

颜色：调整材质的主颜色（漫反射）。调整颜色时可以使用“值”，也可以使用“颜色”区域中的控件。

色调、亮度、饱和度：直接调整颜色的 HLS（色调、亮度、饱和度）分量。可以输入值，也可以使用滚动条。调整“色调”可改变颜色的灰度；增加“亮度”可通过添加“白色”来提高颜色的亮度；增加“饱和度”可提高颜色的纯净度，饱和度越高，颜色的灰度越低。

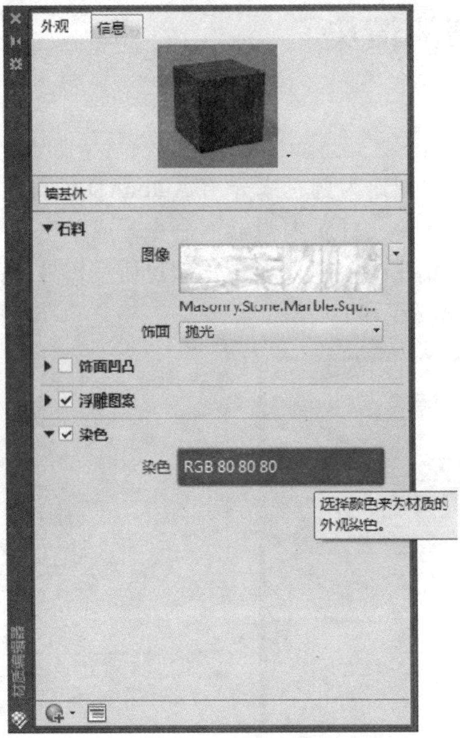

图 6-71　材质设置面板

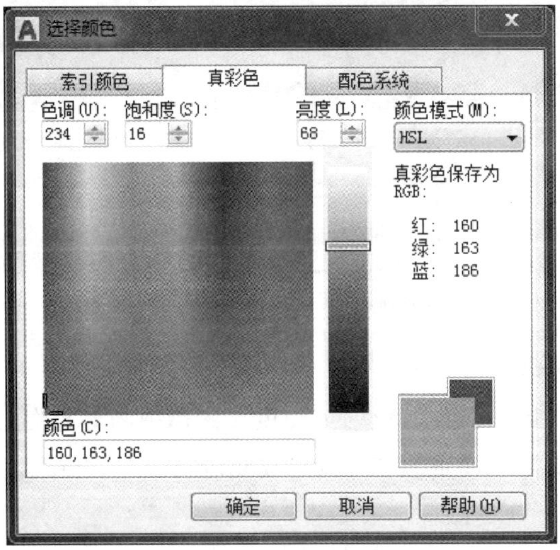

图 6-72　“选择颜色”对话框

步骤 4　其他设置（如反射率、透明度、自发光等）。

可以采用默认设置。如果需亮度大一些，可设置值高一些。但必须根据材质的性质来确定，墙体具有反光度不大、不透明、折射率小等特点，因而其各项参数值相对较小。

步骤 5　在“饰面凹凸”类型栏中选择“抛光花岗岩”，数量可采用默认设置，也可根据材质的性质来确定，如图 6-73 所示。单击“图像”红色区域，弹出“纹理编辑器”对话框，如图 6-74 所示。单击“源”红色区域，就可以进入贴图文件夹中选择合适的贴图，如图 6-75 所示。

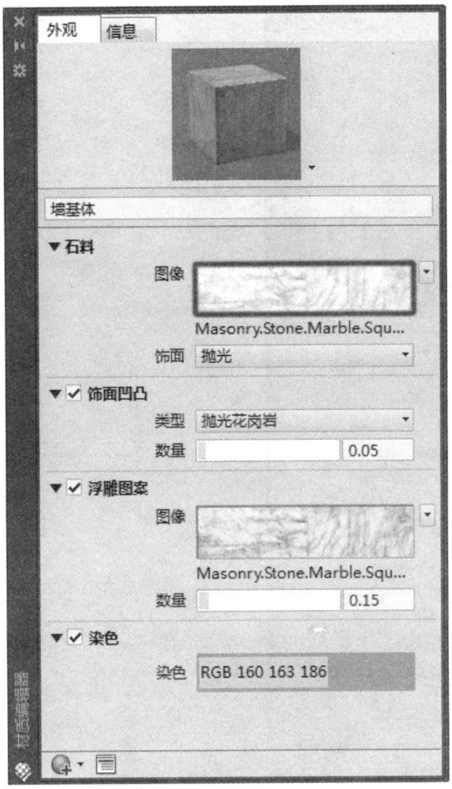

图 6-73　材质编辑器

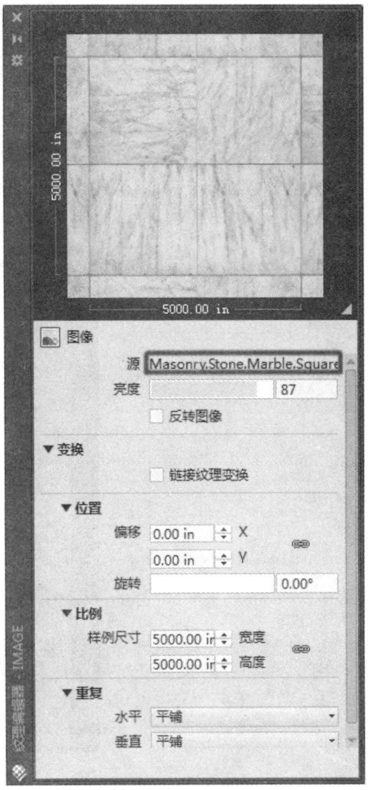

图 6-74　纹理编辑器

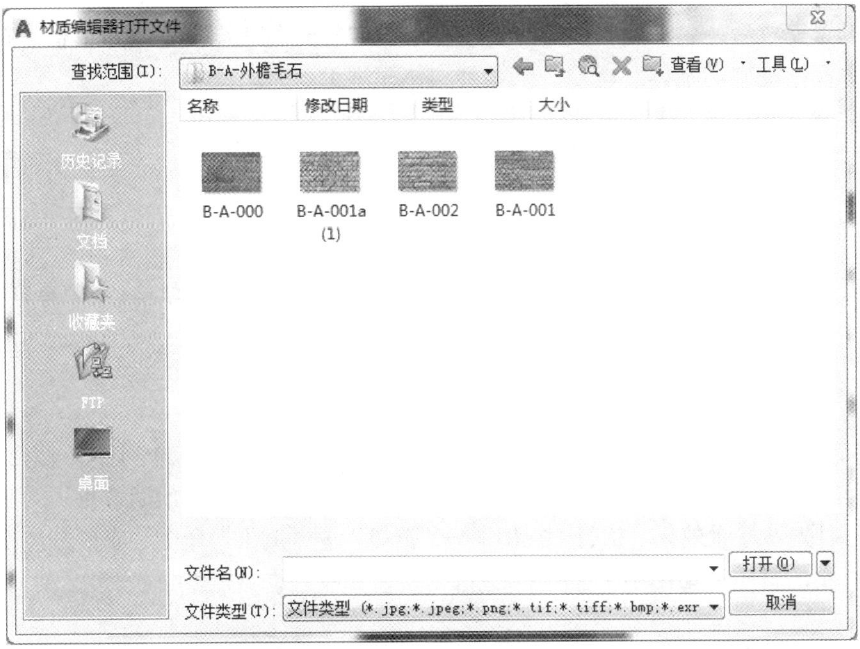

图 6-75　“选择图像文件”对话框

点击“打开”按钮选择好材质贴图，此时，材质面板如图 6-76 所示。在“比例”样例尺寸中设置好材质平铺的适当“宽度”和“高度”数值（这里要根据材质纹理的大小来设置）。

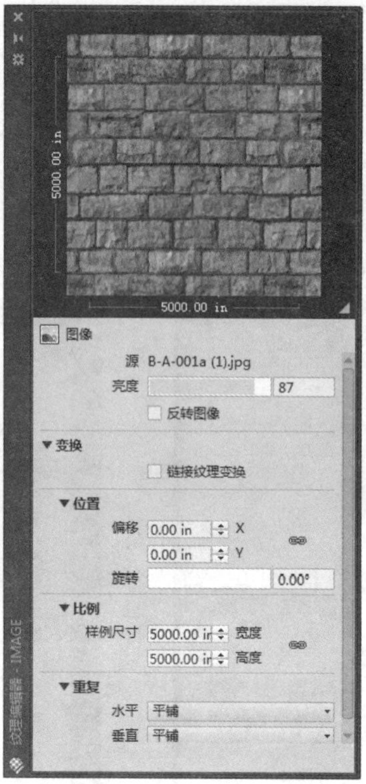

图 6-76 “纹理编辑器”对话框

步骤 6 给墙面赋予材质。

材质设置完成后，单击“材质编辑器”左下角“打开材质浏览器”对话框，在“文档材质”面板中，拖曳“墙基体”材质，赋予到实体模型上。

步骤 7 调整贴图方式。

执行“视图”→“渲染”→“贴图”→“长方体贴图”命令。

命令行内容如下：

命令： MaterialMap

选择选项 [长方体（B）/平面（P）/球面（S）/柱面（C）/复制贴图至（Y）/重置贴图（R）] <长方体>：B

选择面或对象：找到 1 个（选择墙基体）

选择面或对象：（按回车键结束选择）

接受贴图或 [移动（M）/旋转（R）/重置（T）/切换贴图模式（W）]：（按回车键结束）

这时，前期的材质贴图就完成了，当然，有些材质不一定达到预期效果，为了进行下一部调整，可以先看一看效果。执行“视图”→“渲染”→“渲染”命令，或单击渲染按钮 ，就可以把真实的材质渲染出来了。

6.3.2 设置相机

将视图设置为“俯视”状态。执行“视图”→“创建相机”命令，或单击“可视化”功能区中的“创建相机”按钮 。

命令行提示如下：

命令：camera

当前相机设置：高度 = 0.0000 mm　焦距 = 50.0000 mm

指定相机位置：（将相机指定在建筑的西南侧位置）

指定目标位置：（将目标线拉向建筑）

输入选项 [?/名称（N）/位置（LO）/高度（H）/坐标（T）/镜头（LE）/剪裁（C）/视图（V）/退出（X）] <退出>：（按回车键结束设置）

相机创建好以后，可通过各控制点来移动调整相机的目标位置，如图 6-77 所示。此时，还会弹出“相机预览”对话框，如图 6-78 所示。里面显示的是相机状态下的画面，可以参考里面的画面角度来对相机进行准确调整。

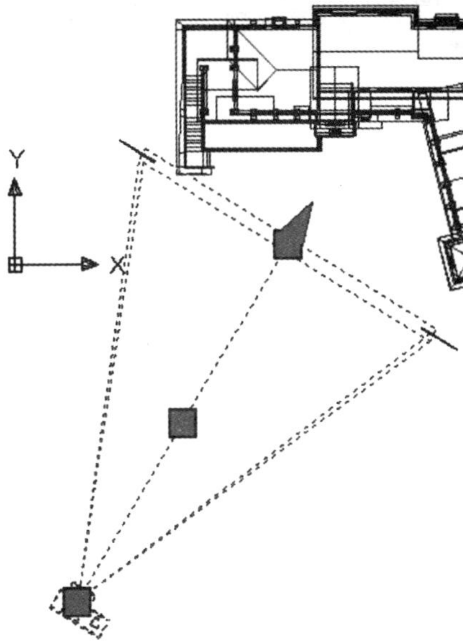

图 6-77　在“俯视”状态下调整相机

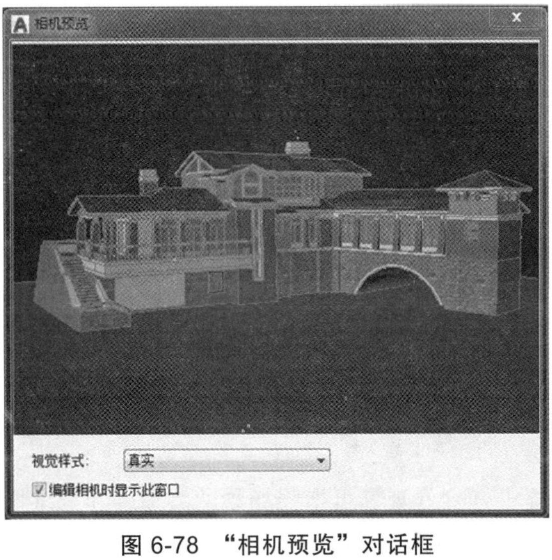

图 6-78　“相机预览”对话框

俯视状态下的相机设置好以后，将视图设置为“左视”状态，在这个视图里面可以调整相机和目标的高度，如图 6-79 所示。直到“相机预览”对话框里面显示的画面效果达到最佳状态就设置完毕。

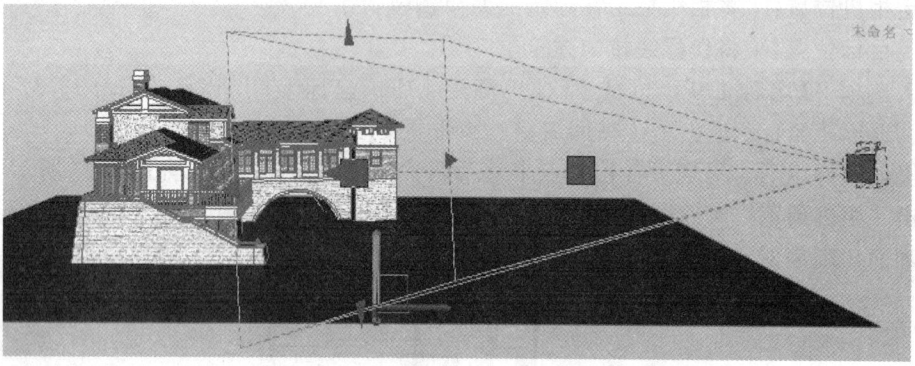

图 6-79　在“左视”状态下调整相机

6.3.3　设置光源

AutoCAD 2019 可以生成真实准确的模拟光照效果，包括光线跟踪和折射以及全局照明。在渲染过程中，光线的应用非常重要。光线由强度和颜色两个因素决定。在 AutoCAD 中，不仅可以使用自然光（环境光），也可以使用点光源、平行光源及聚光灯光源，以照亮物体的特殊区域。

1. 光源的基本知识

（1）环境光

环境光并不是来自某一特殊光源，而是从各个方向射来，其强度固定。因此它可作为背景光，并能够直接通过“光源”对话框来调整。

（2）平行光

平行光照射每一目标。它们相互平行，来自同一方向并且强度相同。

（3）点光源

点光源是从某一点发射的光，例如灯泡。

（4）聚光灯

聚光灯光线是圆锥形光源辐射的光线。在侧锥形光线内，光线最亮处即光源点。

（5）默认光源

AutoCAD 2019 默认光源来自视点后面的两个平行光源，场景中没有光源时，将使用默认光源对场景进行着色或渲染。这种是被动适应光源，就是寻找最佳光源投影方向，需要来回移动模型，模型中所有的面均被照亮，以使其可见。在渲染中可控制亮度和对比度，但不需要自己创建或放置光源。如果对此光源投射不理想，可以自定义光源或阳光，当自定义光源或阳光被启用时，默认光源即被禁用。

（6）标准光源流程

添加光源可为场景提供真实外观，可增强场景的清晰度和三维性。标准光源流程相当于 AutoCAD 2019 之前的版本光源流程。

（7）光度控制光源流程

要更精确地控制光源，可使用光度控制光源照亮模型。光度控制光源使用光度（光能量）值。通过改变光强度和颜色，将光源真实准确地按距离的平方衰减。并且可以将光度特性添加到人工光源和自然光源。

（8）阳光与天光

阳光是一种类似于平行光的特殊光源。不同时期或地域的阳光其强度与颜色不同，因此需要为模型指定地理位置和日期以及当日特定时间段的阳光角度。从而达到可以更改阳

光的强度及其光源颜色的目的，在“阳光与天光模拟”选项中调整其特性。

2. 光源的选择

取决于场景是模拟自然照明还是人工照明。自然照明的场景（如阳光或月光）是显著的自然照明。人工照明场景具有多种强度类似的光源（如电灯）。

（1）自然光源

自然光源是来自单一方向的平行光线，其方向和角度根据时间、纬度和季节的变化而变化。如晴天时，日光颜色为浅黄色；多云天气会使日光呈蓝色；而暴风雨天气会使日光呈深灰色；空气中的微粒会使日光呈橙色或褐色，日出和日落时，橙色或红色会比黄色多。

（2）人工光源

由人工方式设置的点光源、聚光灯或平行光照明的称为人工光源。光源是对场景的最后处理，可以使用命令“lightingunits”来创建光源。

使用“特性”选项板更改选定光源的颜色或其他特性。还可以将光源及其特性存储到工具选项板上，以便在同一个图形或其他图形中再次使用。

3. 为建筑设置光源

该山地别墅建筑是暴露在自然环境之中的，所以可以直接使用自然光源，执行“视图”→“渲染”→“光源”→“阳光特性”命令，或单击“视图”功能区中的按钮，弹出“阳光特性”设置对话框，如图 6-80 所示。设置里面的参数，如将该建筑需要的阳光设置为状态：开，强度因子：1.000，阴影：开，时间：15：00。

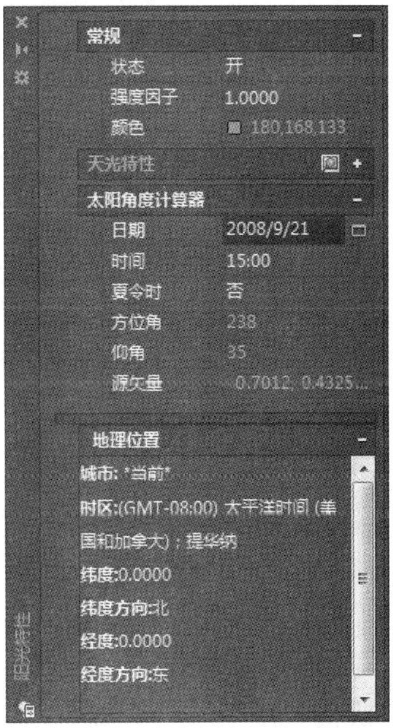

图 6-80 “阳光特性”设置对话框

6.3.4 渲 染

1. 设置背景

渲染时要对周围环境进行设置，以使渲染效果更加真实。单击“可视化”功能区的“渲染”，在下拉列表中选择“渲染环境和曝光”，弹出“渲染环境和曝光”对话框，如图 6-81 所示。将“环境”打开，由于本建筑要表现的是下午 15:00，阳光明媚的效果，所以将“基于图像的照明”设置为“暖光”；单击“背景”，弹出“选择颜色”对话框，如图 6-82 所示，“背景”设为天空的蓝色，“曝光”参数：用户可以自行设置。因为建筑自身会产生光线的反射与折射，为了使建筑能够接收到地面反射来的光线，有必要创建一个地面模型，并将其添加上与地面近似的颜色或铺地。

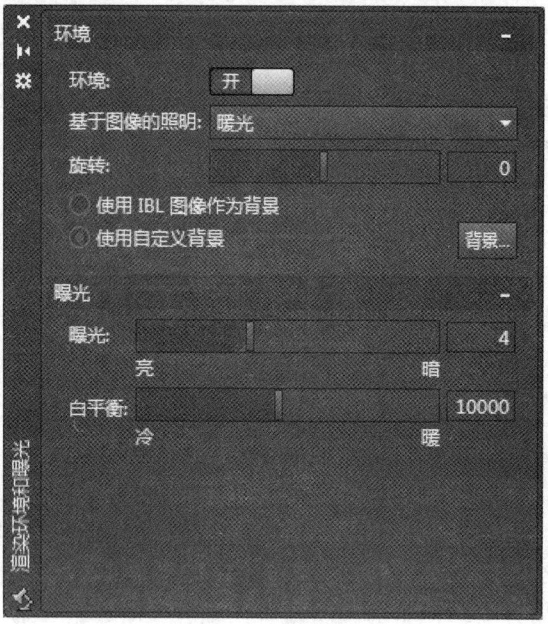

图 6-81　渲染环境和曝光

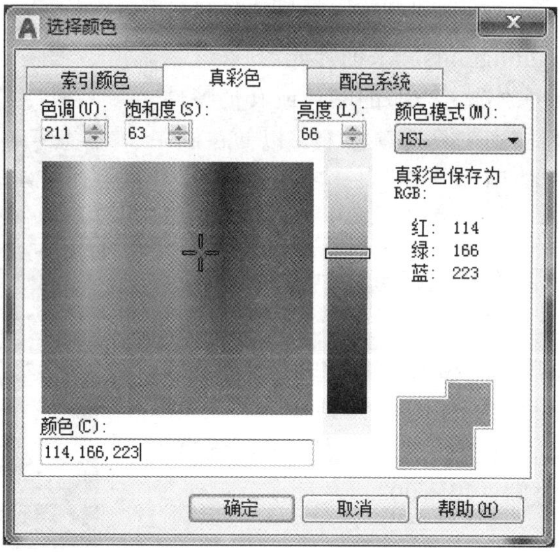

图 6-82　选择颜色

2. **高级渲染设置**

执行“视图”→“渲染”→“高级渲染设置”命令，或单击“可视化”功能区“渲染”面板右下角按钮，弹出“高级渲染设置”对话框，如图 6-83 所示。用户可以自行设置当前预设、渲染持续时间。在试渲染前，先设置“渲染精确性”，用户可以选择“草稿”或“低”（这样在试渲染时计算速度相对较快，不会浪费时间，因为在没有经验的时候，往往要经过多次设置，多次试渲染。），然后单击渲染按钮进行渲染，同时弹出“渲染显示”对话框，如图 6-84 所示。当渲染效果达到要求时，就可以正式渲染了。在正式渲染之前要重新设置“输出尺寸”和“渲染质量”，把输出尺寸和渲染精确度都调高，设置完成后就可以正式渲染了。

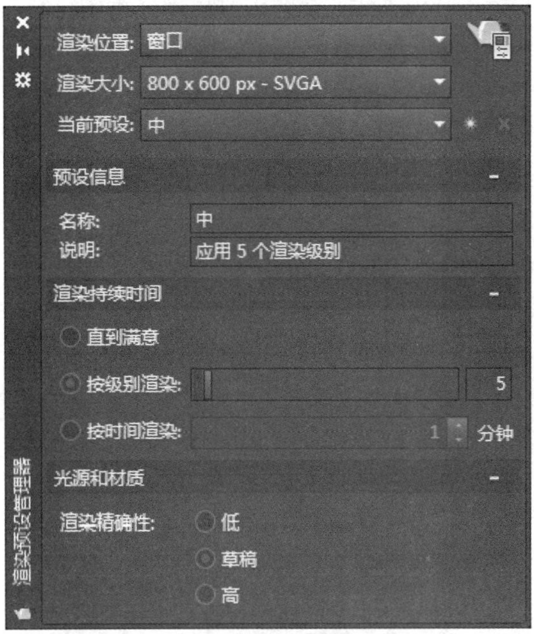

图 6-83 “高级渲染设置”对话框

图 6-84 渲染显示面板

渲染的最终效果如图 6-85 所示，接下来就是对这幅渲染图进行后期处理，效果图里面的绿化等环境效果都是通过后期处理完成的。对这幅图来说，后期处理需要完成的有地面起台、地面绿化、天空贴图等环境效果，还有图面色彩、对比度、角度画面质量。后期效果处理常用的软件是 Photoshop，这里不做讲解。

图 6-85　渲染效果

项目 7　AutoCAD 绘图实训

实训任务 7.1　AutoCAD 的基本参数设置

7.1.1　AutoCAD 的基本设置

AutoCAD 老用户都有自己的使用习惯，在使用新版本 AutoCAD 时，常常会不习惯，可执行以下操作：启动 AutoCAD 2019，在右下角点击“Auto CAD 经典”。

设置好 AutoCAD 的使用环境，可以加快绘图速度，提高绘图精度，起到事半功倍的效果，设置 AutoCAD 使用环境的具体操作步骤如下：

（1）设置丁字尺→下拉菜单→工具→选项→显示→十字光标→输入“100”→“确定”按钮。

（2）设置白底黑线→下拉菜单→工具→选项→显示→颜色→“白”→“应用并关闭”按钮。（注：使用白底屏幕，符合人们做图的习惯，“白纸黑字”显示色差比较大，反差明显，可以发现图中的细节，否则，一些小线段和点在绘图时“隐身”，打印时又出现了，给绘图工作带来麻烦。）

（3）捕捉功能设置→下拉菜单→工具→草图设置→对象捕捉→设置→end（端点）、mid（中点）、int（交点）、cen（圆心）、per（垂足）、nea（最近点）。

（4）设置拾取框大小：下拉菜单→工具→选项→选择集→拾取框大小：中（拉到中间）。

（5）弹出菜单设置：Shift + 鼠标右键→设置捕捉。

（6）设置中轴线→下拉菜单→格式→线型→加载→Center→“确定”按钮（设置中轴线比例）显示细节→全局比例因子→“0.2”→“确定”按钮。

（7）设置虚线→下拉菜单→格式→线型→加载→hidden→“确定”按钮。

（设置虚线比例）显示细节→全局比例因子→“0.2”→“确定”按钮。

（8）设置双线绘制墙线→下拉菜单→绘制→多线（Mlinc）→输入“S”→回车→“2.4”回车。

注：240 mm ÷ 100 = 2.4，设置比例。若 ML 偏移参数为 1.2，此处比例设为 1。

7.1.2　墙线绘制参数设置

如图 7-1 所示，多线参数设置（绘图比例：1 ∶ 100），具体操作步骤如下：

（1）24 墙图元偏移：0.5 及 – 0.5，S 比例为：2.4。

（2）24 墙图元偏移：1.2 及 – 1.2，S 比例为：1。

（3）30 墙图元偏移：2.0 及 – 1.0，S 比例为：1。

（4）20 墙图元偏移：1.0 及 – 1.0，S 比例为：1。

（5）37 墙图元偏移：2.5 及 – 1.2，S 比例为：1。

（6）20 墙图元偏移：1.0 及 – 1.0，S 比例为：1。
多线样式中的参数：
命令：格式→多线样式→修改。

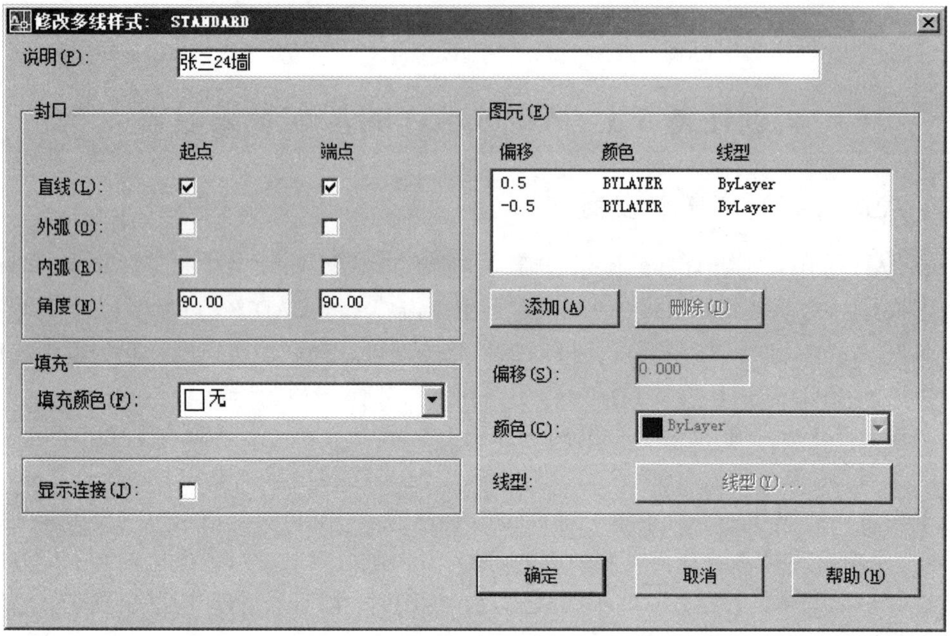

图 7-1

下面开始绘制墙线：
（1）MLINE（ML）回车。
（2）输入“S”→回车。
（3）输入“2.4”→回车。
（4）输入“J”→回车。
（5）输入“Z”→回车。
编辑多线：MLEDIT。

7.1.3 窗线绘制参数设置

一次性绘制四条线窗的做法，具体操作步骤如下：
图元上增加两条线，绘图比例为 1∶100。

绘制方法 1

（1）偏移：0.5 和 – 0.5。
图元，增加，偏移 0.2。
图元，增加，偏移 – 0.2。
24 墙上的窗：0.5 ÷ 3 = 0.167（分为 3 等分）。
24 墙上的窗：0.2 及 – 0.2（0.2≈0.167）。
设置对话框如图 7-2 所示。

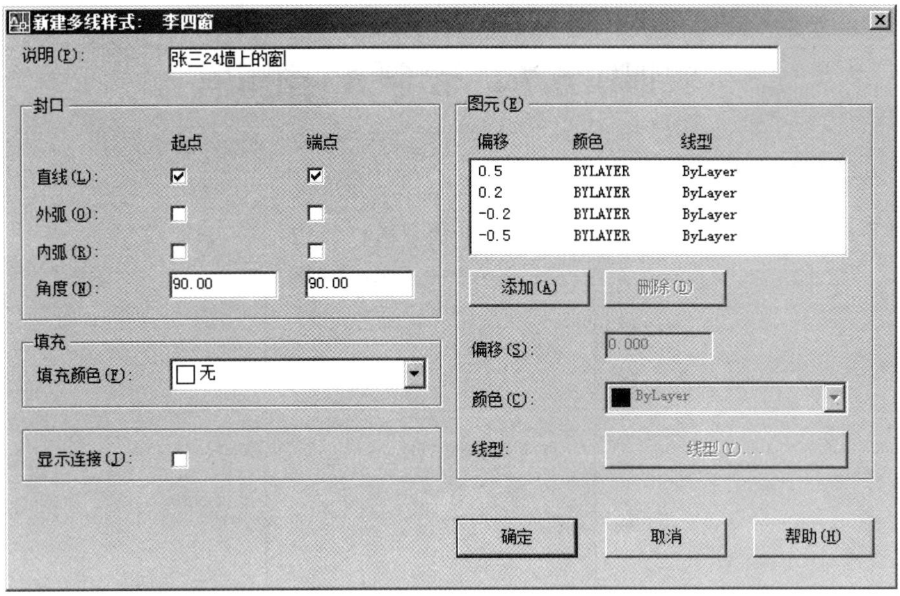

图 7-2

（2）开始绘制窗线：MLINE（ML）回车。

① 输入“S”→回车。

② 输入“2.4”→回车。

③ 输入“J”→回车。

④ 输入“Z”→回车。

绘制方法 2

（1）偏移：1.2 和 – 1.2（中轴线各一半）。

注：（240mm ÷ 100 = 2.4，设置比例 1 ∶ 100）。

24 墙上的窗：1.2 ÷ 3 = 0.4（分为 3 等分）。

图元，增加，偏移 0.4。

图元，增加，偏移 – 0.4。

24 墙上的窗：0.4 及 – 0.4。

偏移值：

① 1.2。

② – 1.2。

③ 0.4。

④ – 0.4。

（2）正式开始绘制窗线前的参数设置：

MLINE（ML）回车。

① 输入“S”→回车。

② 输入“1.0”→回车。

③ 输入“J”→回车。

⑤ 输入“Z”→回车。

实训任务 7.2　绘制 A3 图图框

7.2.1　工程图纸的定义

如图 7-3 所示，工程图图纸的面积约为 1 平方米，长边是短边的 $\sqrt{2}$ 倍。

图 7-3

解：$X\times(X\times\sqrt{2})=1\ \text{m}^2$

$\rightarrow X^2=1\div\sqrt{2}$

$\rightarrow X=\text{SQRT}(1/1.414)\times 1\,000$

$\rightarrow X=840.959\,9\approx 841$（mm）

长边：$\sqrt{2}X=1\,189$（mm）

7.2.2　图纸幅面规格

图纸幅面及图框尺寸规格，应符合表 7-1 的规定。

表 7-1

尺寸代号 \ 幅面代号	A0	A1	A2	A3	A4
$b\times l$	841×1189	594×841	420×594	297×420	210×297
c	10			5	
a	25				

A0 图纸：841 × 1 189。

A0 图纸长边对折得到 A1 图纸：594 × 841。

A1 图纸长边对折得到 A2 图纸：420 × 594。

A2 图纸长边对折得到 A3 图纸：297 × 420。

A3 图纸长边对折得到 A4 图纸：210 × 297。

A3 图是建筑工程中最常用的一种图幅，通过绘制 A3 图框，可以熟悉《房屋建筑制图统一标准》【GB50001—2010】，同时，在绘图的过程中熟悉 AutoCAD 常用命令。

A3 图标准尺寸如图 7-4 所示。

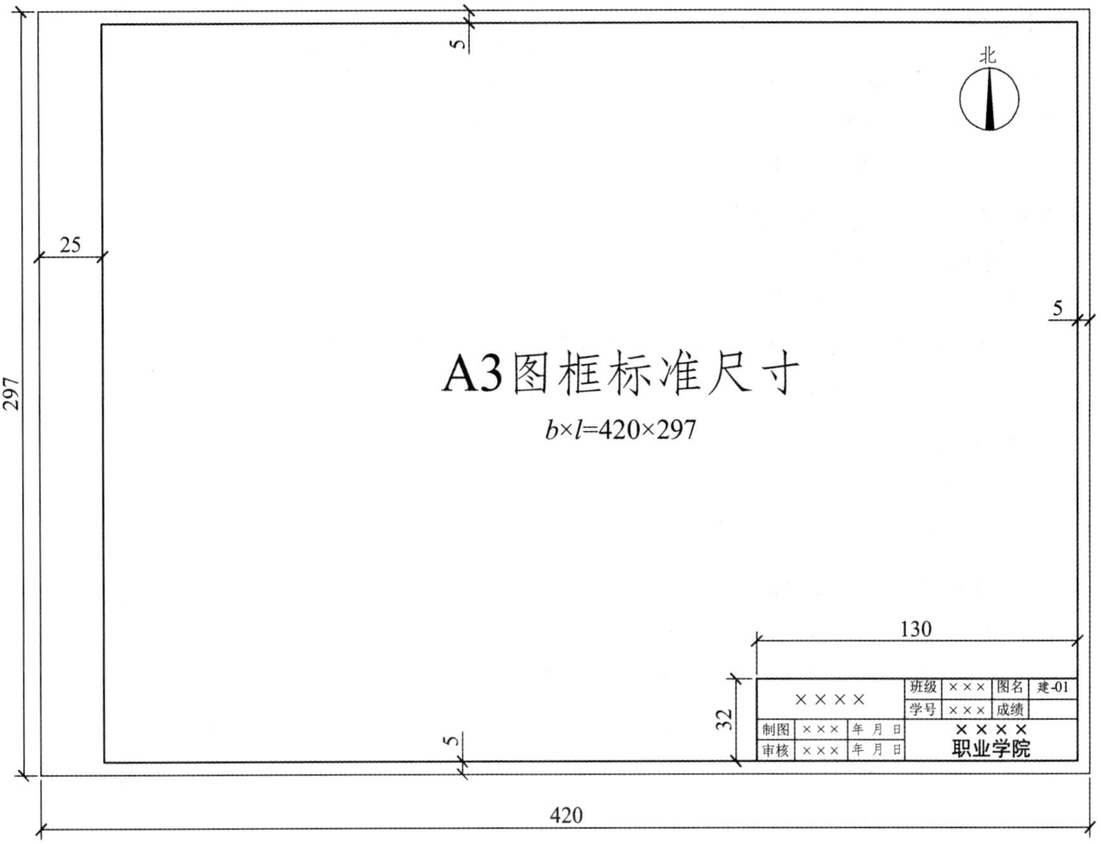

图 7-4

绘制方法 1

（1）按 F8 打开“正交”，绘两条相互垂直的直线。

（2）用 LINE 命令，绘两条相互垂直的直线。

（3）用“偏移”offset 命令，分别偏移 420，偏移 297，绘出两外框。

（4）用“圆角”fillet 命令，修圆三个角。（注意：绘图参数 $r = 0$）

（5）用“偏移”offset 命令，分别偏移 5，偏移 25，绘出四条内框线。

（6）用“圆角”fillet 命令，修圆四个内框角。

绘制方法 2

（1）绘图→矩形（rectang）。

（2）鼠标在屏幕上任点上点。

（3）输入@420，297（A3 图右上角相对坐标）。

（4）用“偏移”offset 命令，分别偏移 5，绘出三条内框线。

（5）用“分解”explode 命令，分解内框。

（6）用“偏移”offset 命令，偏移 20，绘出左侧装订线。

（7）用“圆角”fillet 命令，修圆左侧装订线的两个内框角。

绘制方法 3

用相对坐标（极坐标）。

（1）Line（或输入 L）。

（2）@420<0（绘第一条线）。

（3）@297<90（绘第二条线）。

（4）@420<180（绘第三条线）。

（5）C（闭合）（绘制完外框）。

（6）用“偏移”offset 命令，分别偏移 5，偏移 25，绘出四条内框线。

（7）用“圆角”fillet 命令，修圆四个内框角。

绘制方法 4

使用捕捉“自”方法绘图。

（1）绘制外框

① 绘图→矩形（rectang）。

② 鼠标在屏幕上任点上点。

③ 输入@420，297（A3 图右上角相对坐标）。

（2）绘制内框

① 捕捉“自”绘图→矩形。

② Shift + 鼠标右键→“自”，点左下角，输入@25，5。

③ Shift + 鼠标右键→“自”，点右上角，输入@－5，－5。

实训任务 7.3　绘制标题栏

标题栏位置如图 7-5 所示。

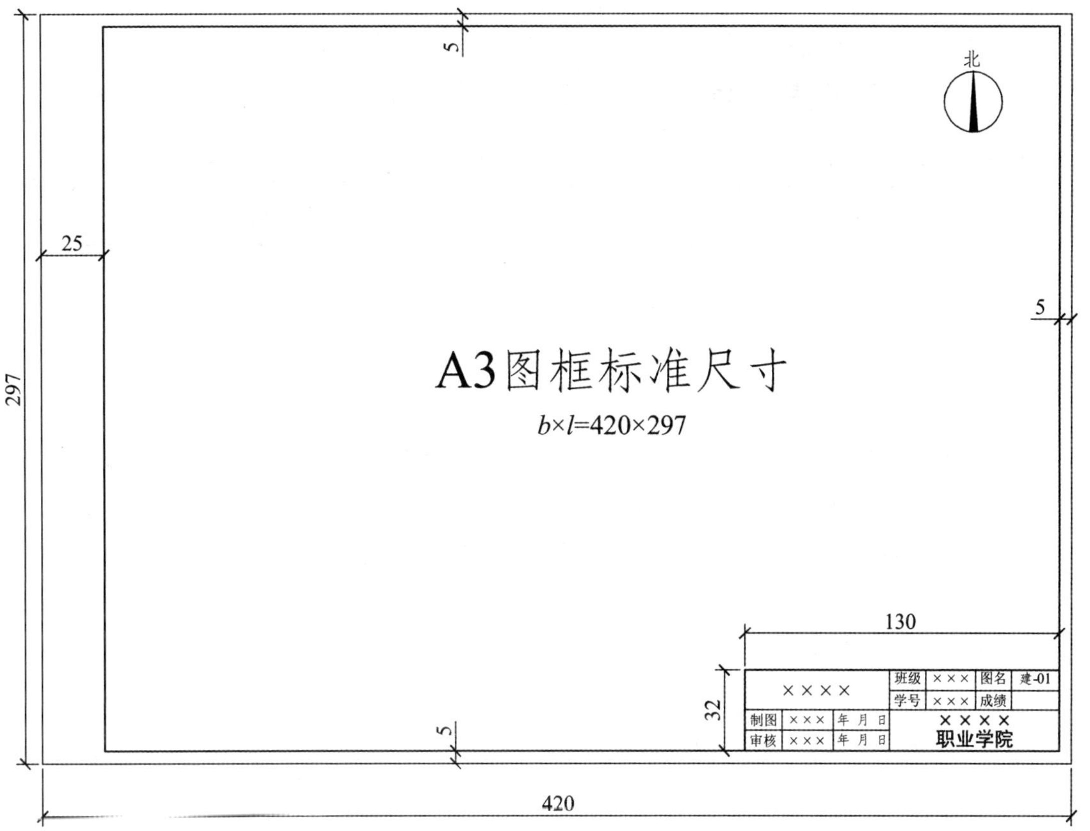

图 7-5

修改标题栏，如图 7-6 所示。

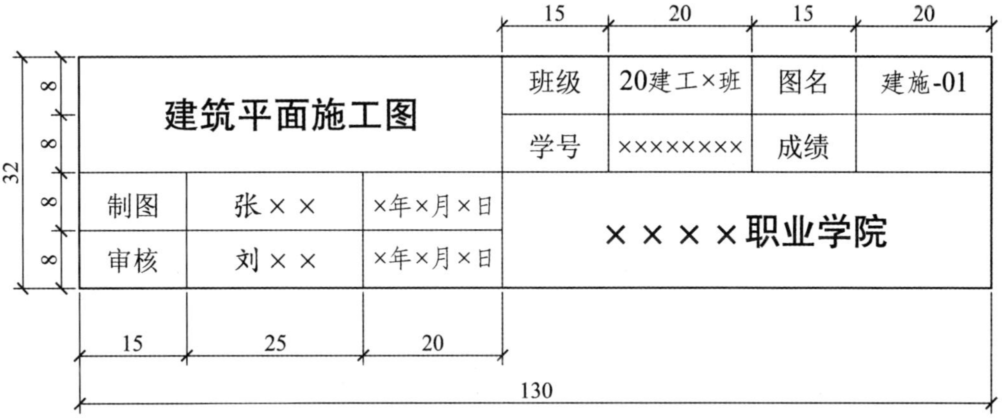

图 7-6

标题栏中的字体设置如图 7-7 所示。

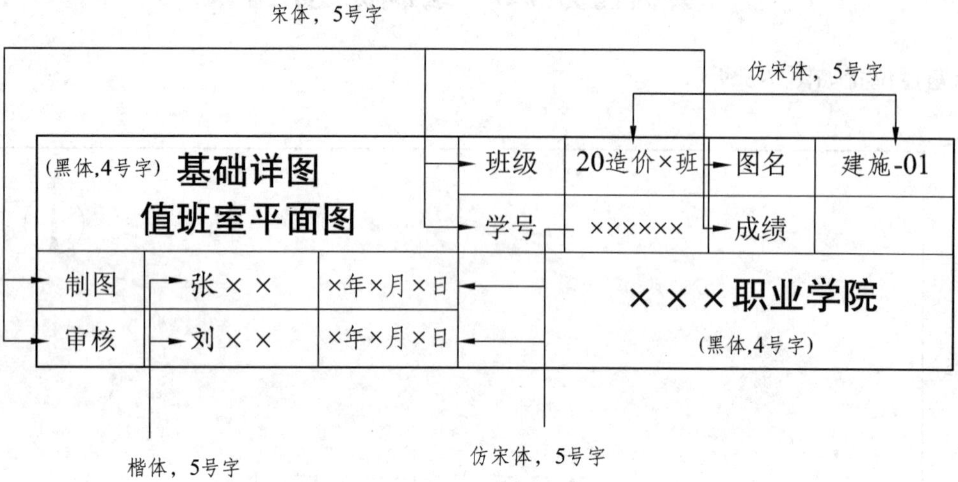

图 7-7

（1）作出 A3 图内、外图框（420 mm × 297 mm），要求制图准确，图框不要求标尺寸。

（2）作出学生用标题栏。要求作图准确，标题栏不要求标尺寸。

（3）按附图要求的尺寸作图，要求按照《房屋建筑制图统一标准》GB 50001—2010 中有关习惯画法。指北针、尺寸标注、墙线线型、中轴线线型、标高符号、轴线标注符号、字体规范等进行绘图。要求制图准确、符号正确、尺寸标注完整。

（4）样式名：用自己的名称 + 字体名。

例如：首先设置默认字体“Standard”，“宽度比例”→0.7

① 罗马字体，样式名为：Standard

字体名：Romantic，“宽度比例”→0.7

② 仿宋体，样式名为：张三仿宋体

字体名：T 仿宋体，“宽度比例”→0.7

③ 黑体，样式名为：张三黑体

字体名：T 黑体，“宽度比例”→0.7

④ 楷体，样式名为：张三楷体

字体名：T 楷体，“宽度比例”→0.7

⑤ 宋体，样式名为：张三宋体

字体名：T 宋体，“宽度比例”→0.7

实训任务 7.4　绘制标准层平面图

绘制标准层平面图步骤如下：

（1）先绘制图框、标题栏及轴线，效果如图 7-8 所示。

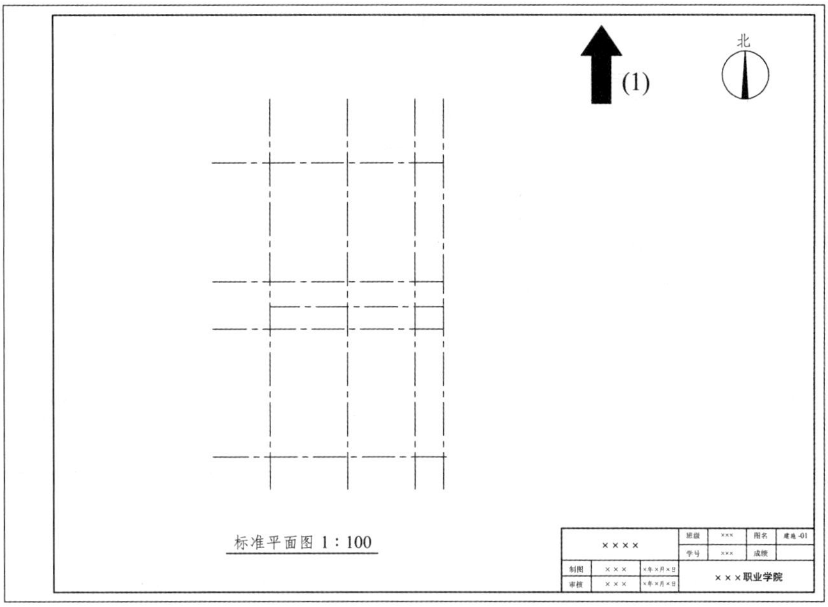

图 7-8

（2）绘制墙线效果如图 7-9 所示。绘制墙线前，要设置要绘制参数，可参见实训任务 1。

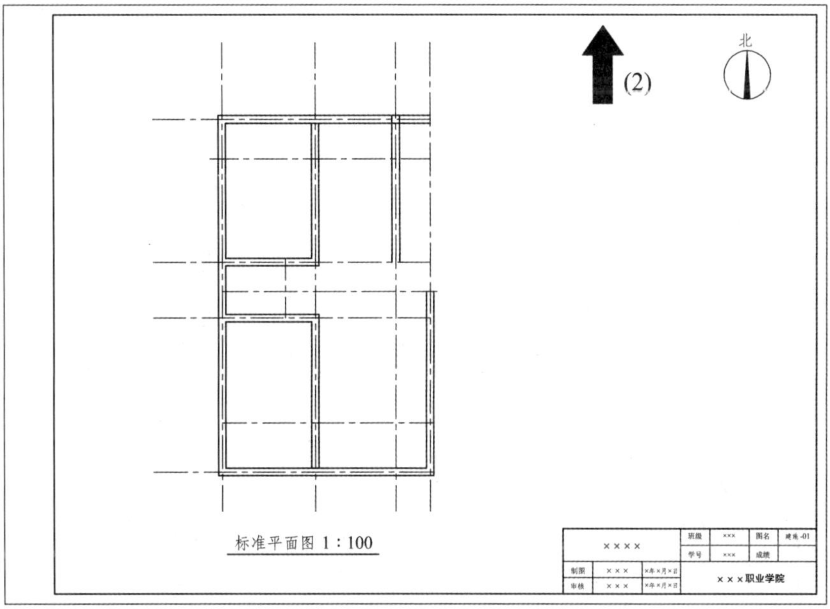

图 7-9

（3）绘制门窗、标注文字、标高，效果如图 7-10 所示。

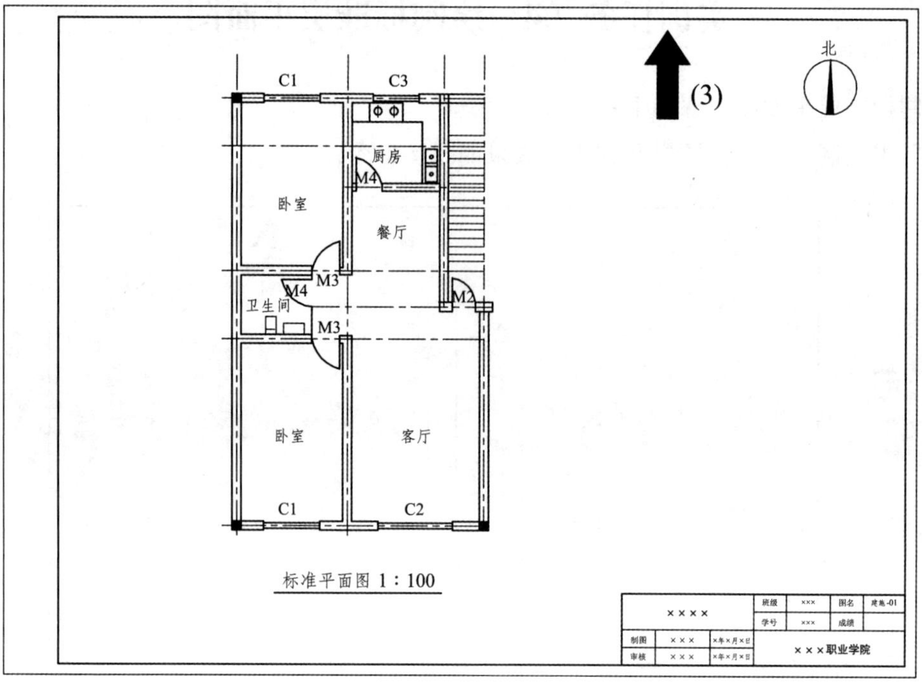

图 7-10

（4）镜像图纸，标注尺寸、轴线、绘制面积统计表、标注图各及比例，完成标题栏填写、指北针等，进一步完善图纸，效果如图 7-11 所示。

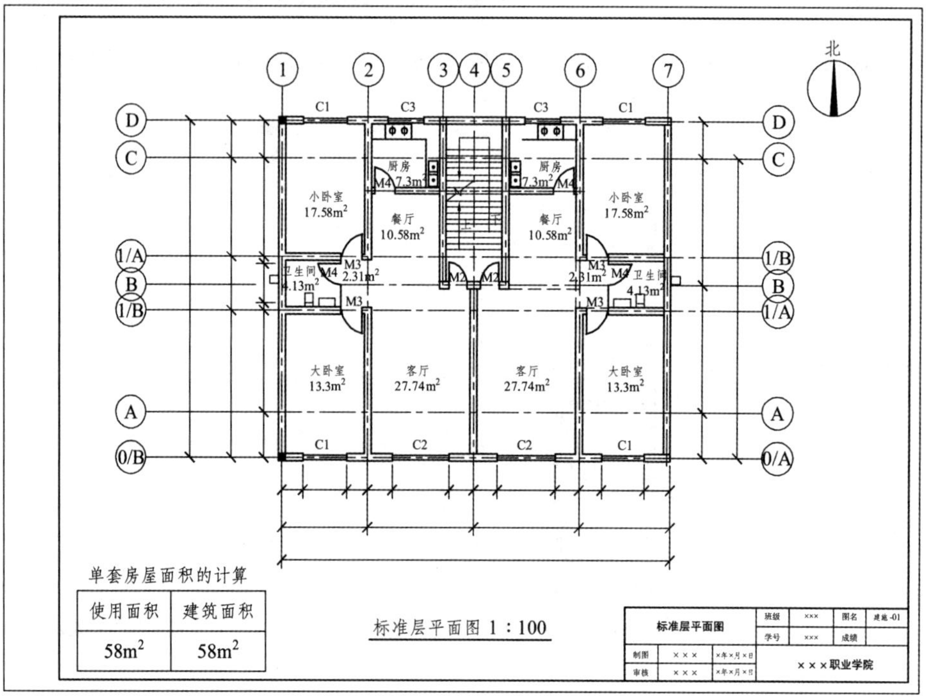

图 7-11

实训任务 7.5　绘制基础断面详图

绘制如图 7-12 所示的基础断面详图。

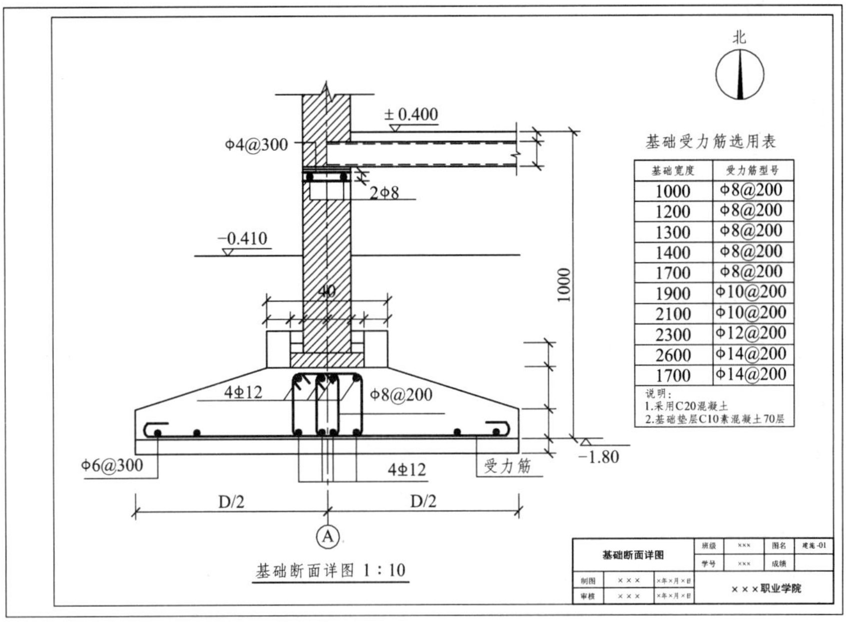

图 7-12

在绘制左右对称的图纸时，可先绘制一半，然后用镜像命令复制出另一半图纸。如图 7-13 所示，在绘制基础断面详图时，就可以使用镜像命令，可以节省一半绘图工作量。

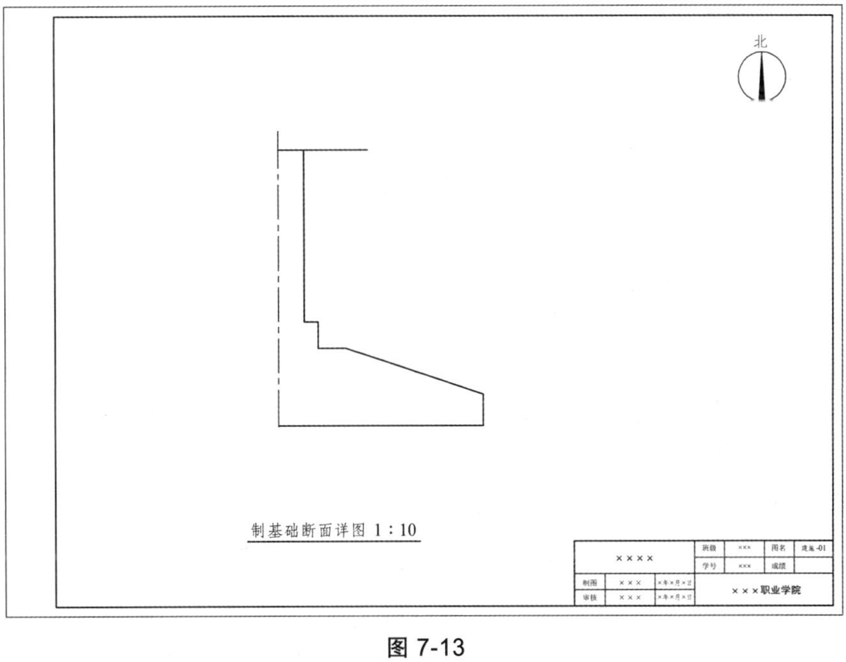

图 7-13

基础断面详图中钢筋绘制方法：
Pline——绘制多段线（PL）多义线；
Pedit——编辑多段线（多段线）（PE）。
Pline 多段线的常用参数：
J（合并，选择线）；
W（宽度）0.5，回车。

例 1：画粗线

PL 回车，指定起点；
W（宽度）0.5，回车。

例 2：画钢筋

PL 回车，画一段粗线（指定宽度为 0.5）；
钢筋弯钩：输入 A（圆弧），可屏幕画一段，或指定半径 5，再输入 L 画一段直线，结束。

例 3：画箍筋

（1）画矩形；
（2）修改→分解，选矩形，分解矩形；
（3）修改→圆角，R = 3，分别圆角四个角；
（4）输入 PE，任选一段线，输入“J”，选矩形框，输入“W”，输入“0.5”；
（5）画两个箍筋的弯钩。工具→草图设置→极轴追踪→增量角 45°。

例 4：画钢筋断面

绘图→圆环（DONUT）参数：
内径 0，外径 3
绘图→表格：插入表格数据，如图 7-14 所示。

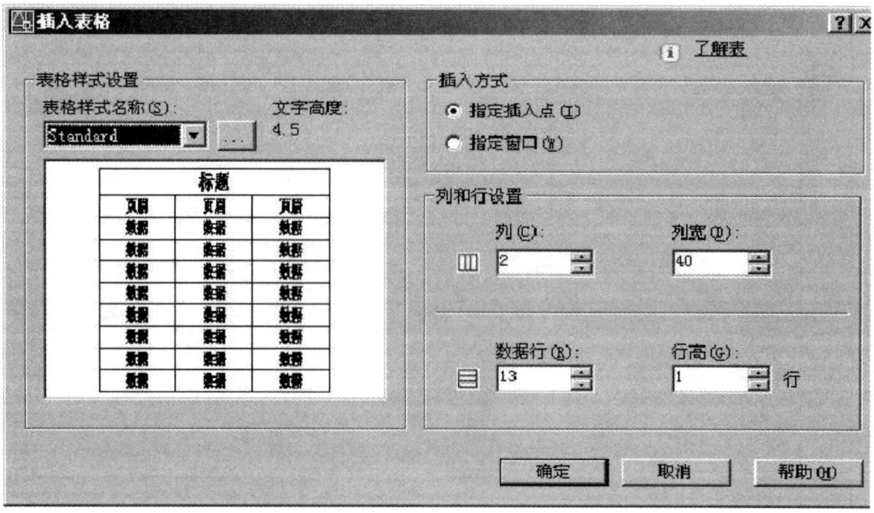

图 7-14

列：2　　　　　　　列宽：40

数据行：13　　　　行高：1

筋符号加载步骤：

（1）找到 CAD 安装目录，"C：\Program Files\AutoCAD 2007\acad.exe"，拷贝字库 tssdeng 到该目录下“C：\Program Files\AutoCAD 2007\fonts”目录下；

（2）关闭 CAD，重新启动 AutoCAD；

（3）格式→文字样式→Standard；

字体名：tssdeng，宽度比例：0.7；

（4）在 CAD 命令行下，执行 REINIT 初始化命令。

注：如已重启，则不需执行要此命令。

tssdeng.shx字体加载钢筋符号使用：

一级钢筋符号：Φ10@200 ← %%130

二级钢筋符号：Φ20@200 ← %%131

三级钢筋符号：Φ30@200 ← %%132

四级钢筋符号：Φ40@200 ← %%133

注：可用单行文字 DT 命令输入文字。

实训任务 7.6　绘制房屋剖面图

7.6.1　绘制窗

步骤 1　绘制两条窗户线。

方法 1：

① 绘图→矩形（_rectang）左键点一下，输入（@12，2）。

② 绘图→矩形（_rectang）。Shift + 鼠标右键→“自”→左键点一下左上角，（@1，0）回车，（@10，15）回车

方法 2：

① 绘图→矩形（_rectang）左键点一下，输入（@12，2）。

② 绘图→矩形（_rectang）左键点一下，输入（@10，15）。

③ 修改→移动→窗中点与窗台中点重合。

④ 绘图→直线（L）→捕捉中点，画窗户两条线。

步骤 2　工具→草图设置→设置中点捕捉，如图 7-15 所示。

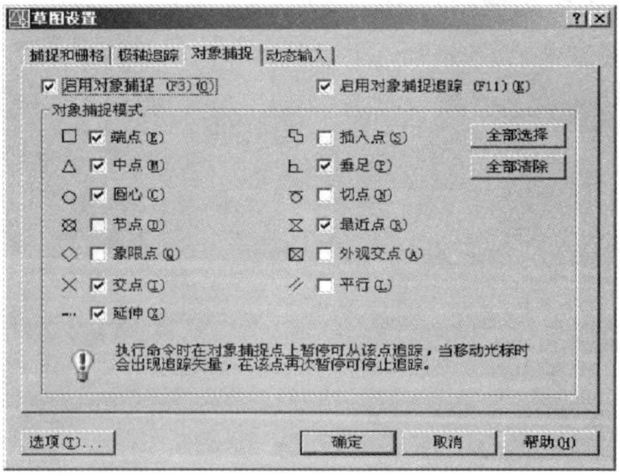

图 7-15

步骤 3　连接窗的两个中点，完成绘制窗户。

步骤 4　修改→阵列（ARRAY）命令，如图 7-16 所示。

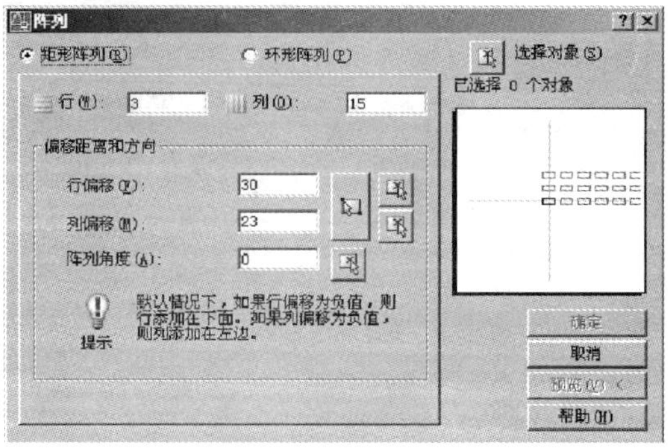

图 7-16

选择对象→用“C 窗”选择绘制好的窗户。

注：行偏移计算，15 + 15 = 30；列偏移计算，10 + 13 = 23，见图 7-16。

7.6.2 绘制辅助线

连拉 2、3 窗台底部：

OFFSET（偏移）→9。

7.6.3 绘制外墙线三个方框

步骤 1 绘图→矩形（_rectang）。

左键点一下，输入（@90，94）。

步骤 2 绘图→矩形（_rectang）。

左键点一下右下角，输入（@138，62）。

步骤 3 绘图→矩形（_rectang）。

左键点一下右下角，输入（@113，94）。

移动外墙线三个方框。修改→移动（MOVE）→C 窗选中三个方框→移动鼠标到左框中点→移动到辅助线中点重合。

注意：捕捉“中点”打开。

7.6.4 绘制大门

步骤 1 绘图→矩形（_rectang）。

Shift + 鼠标右键→“自”→

左键在左下角点一下，输入（@4，0）。

步骤 2 输入@42，3。

步骤 3 绘图→矩形（_rectang）左键点一下左上角。

Shift + 鼠标右键→“自”→@4，0 回车，@34，23 回车。

步骤 4 连接门上、下中点，完成门绘制。

注：也可以在图外画好大门，然后移到图中。操作：

① 绘图→矩形（_rectang）左键点一下。

输入@42，3,（第一个框）回车。

② 左键点一下，输入@34，26，画第二个框，连接中点。

③ 移动第二个框中点与第一个框中点重合，合成大门。

④ 房屋左下角画一竖线，然后偏移 4。

⑤ 移动大门到第二竖线顶，删除竖线即可。

7.6.5 绘制屋顶

绘制方法 1

步骤 1 绘图→矩形（_rectang）。

左键在左下角点一下，输入@96，3，回车。

步骤 2　修改→移动（MOVE）→C 窗选中一个方框→移动鼠标到左侧屋顶中点与屋顶重合。

步骤 3　绘图→矩形（_rectang）。

左键在左下角点一下，输入@117，3，回车。

步骤 4　修改→移动（MOVE）→C 窗选中一个方框→移动鼠标到右侧屋顶中点与屋顶重合。

绘制方法 2

第 1 个屋顶：绘图→矩形（_rectang）左键点一下左下角，Shift + 鼠标右键→“自”→@-3，0 回车，@96，3，回车。

第 2 个屋顶：绘图→矩形（_rectang）左键点一下左下角，Shift + 鼠标右键→“自”→@ – 2，0 回车，@117，3，回车。

7.6.6　外轮廓加粗

单击格式→线宽，弹出如图 7-17 所示对话框，外墙线宽 = 0.3，勾上“显示线宽”。

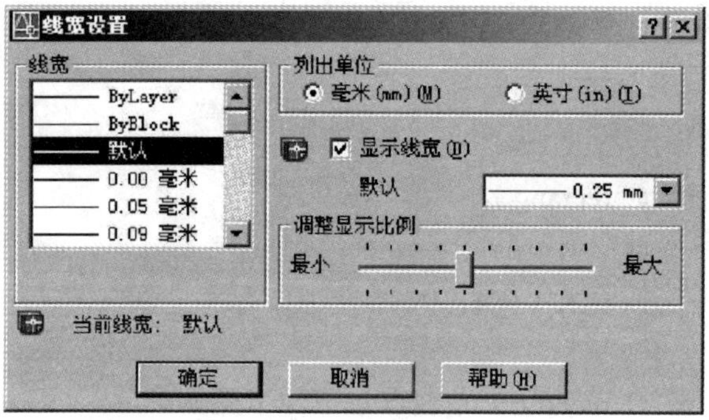

图 7-17

修改→“特性匹配”，刷粗线，效果如图 7-18 所示。

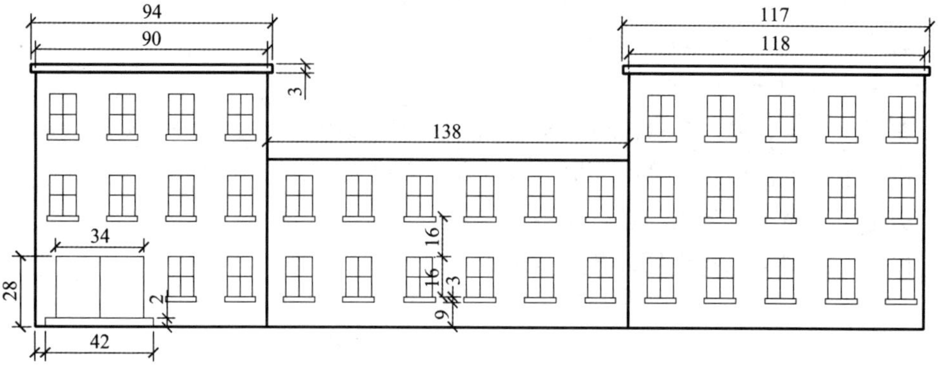

图 7-18

实训任务 7.7　用阵列命令绘制花瓣

步骤 1　画一直线段，长 75，如图 7-19 所示。

命令：L，屏幕任选一点，@75，0。

步骤 2　线段两端各画半径为 50 的圆，如图 7-19 所示。

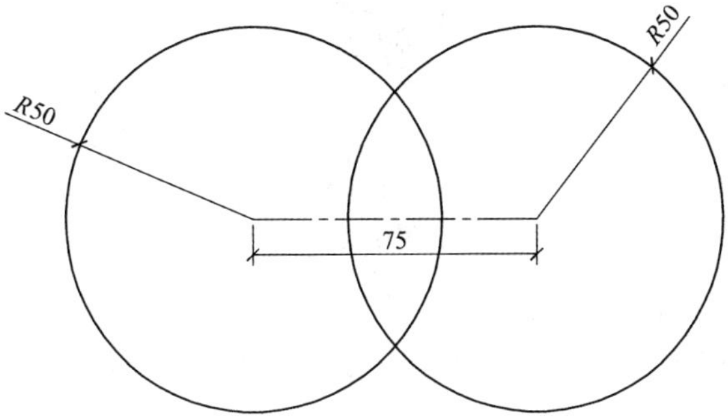

图 7-19

步骤 3　连接两圆交点，如图 7-20 所示。

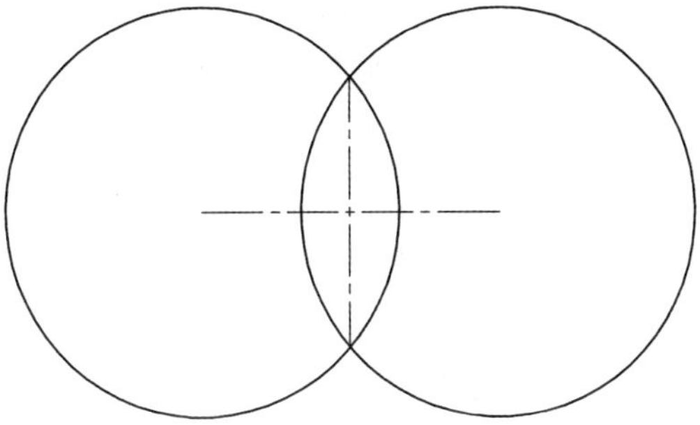

花瓣练习

1∶100

图 7-20

步骤 4　绘制工作完成后，修剪多余的线段，使用“trim”修剪命令，先选择好修剪边界，然后输入回车键，确认修剪边界，点击需要修剪的部分，即可开始修剪工作。修剪完成后效果如图 7-21 所示。

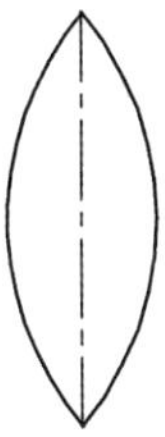

花瓣练习

1∶100

图 7-21

步骤 5　复制花瓣，选用“阵列”命令。具体操作方法：

选择对象：竖线。中心点为直线上方。

项目总数：16；填充角度：35°。

阵列完成后效果如图 7-22 所示。

花瓣练习

1：100

图 7-22

步骤 6　修剪花瓣以外掉多余的线段。

修剪边界：选择对象半圆。选择好修剪边界后，然后按回车键，确认修剪边界，修剪半圆之外线段，修剪后效果如图 7-23 所示。

花瓣练习

1：100

图 7-23

步骤 7　使用“镜像”复制出完整的花瓣。

镜像命令：用 W 窗，选择半圆，线段中点为中点。

镜像完成后的效果如图 7-24 所示，将此完整的花瓣再复制一份，以备下一步使用。

花瓣练习

1：100

图 7-24

步骤 8　绘制其余花瓣。

阵列命令 1：

选择对象：花瓣，中心点为直线上方，如图 7-25 所示。

项目总数：16；填充角度：360°。

图 7-25

阵列命令 2：

选择对象：复制步骤 6 中的备用花瓣，中心点为直线下方，如图 7-26 所示。

项目总数：16；填充角度：360°。

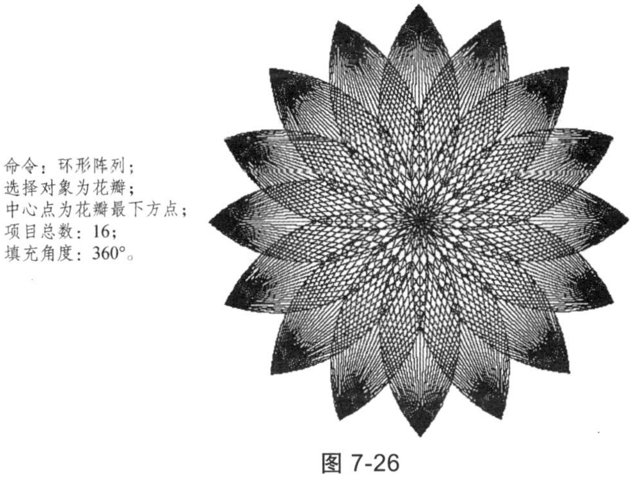

图 7-26

注：步骤 8 可采用两种阵列方法复制花瓣，以加深对阵列命令的理解，使用阵列命令时，参数变化所产生的不同效果。

参考文献

[1] 何培伟，张希可，高飞. AutoCAD2017 中文版基础教程[M]. 北京：中国青年出版社，2016.
[2] 九天科技. AutoCAD2016 中文版基础教程（附光盘）[M]. 北京：中国铁道出版社，2016.
[3] 陈娟浓，陈稳. AutoCAD2014 建筑制图教程[M]. 北京：清华大学出版社，2015.
[4] 罗朝宝. 建筑 CAD[M]. 北京：人民邮电出版社，2015.
[5] 巩建学，毕莹莹，张建新. 建筑 CAD[M]. 北京：中国建材工业出版社，2014.
[6] 孙玲. 建筑 CAD[M]. 北京：机械工业出版社，2011.
[7] 张丽军. 建筑 CAD[M]. 武汉：武汉理工大学出版社，2017.
[8] 王中发，金爱梅. 建筑 CAD[M]. 重庆：重庆大学出版社，2019.
[9] 游普元，孙磊. 建筑 CAD[M]. 重庆：重庆大学出版社，2014.